信息资源管理概论

（第2版）

主　编　孙建军
副主编　柯　青　陈晓玲　成　颖

东南大学出版社
·南京·

内 容 提 要

本书首先介绍了信息与信息资源管理的基本内容,然后分别扼要介绍了信息资源管理的理论基础与技术基础,进而阐述了信息资源的内容管理、系统管理以及网络信息资源管理,最后分析了信息资源管理实践,从而体现了全书理论与实践相结合的特色。

本书除了对信息资源管理的基本理论、方法与实践进行了深入的阐述之外,还融入了作者多年的教学经验与科研成果。本书不仅可作为高等院校信息管理与信息系统专业本科主干课的教材,也可作成人教育、函授教育、高职高专相关专业主干课的教材;并可供各种与信息资源管理有关的机构或部门的工作人员学习参考。

图书在版编目(CIP)数据

信息资源管理概论/孙建军主编. —2 版. —南京:东南
大学出版社,2008.10
ISNB 978 - 7 - 5641 - 1444 - 2

Ⅰ. 信… Ⅱ. 孙… Ⅲ. 信息管理-高等学校-教材
Ⅳ. G203

中国版本图书馆 CIP 数据核字(2008)第 166985 号

东南大学出版社出版发行
(南京四牌楼 2 号 邮编 210096)
出版人:江 汉
江苏省新华书店经销 南京京新印刷厂印刷
开本:B5 印张:16.50 字数:332 千字
2008 年 11 月第 2 版 2008 年 11 月第 4 次印刷
ISBN 978 - 7 - 5641 - 1444 - 2/TP · 236
印数:9201~14200 册 定价:28.00 元

(凡因印装质量问题,可直接向东大出版社读者服务部调换。电话:025—83792328)

面向 21 世纪信息管理与信息系统专业

核心课程教材建设委员会

第二版前言

随着现代信息技术的迅速发展,特别是网络环境的形成,信息的生产、存储和传递方式发生了革命性的变化,人们越来越深刻地认识到信息资源是重要的财富和资产,是最活跃的生产要素,国家的科技创新能力以及与此相关的国际竞争力都依赖于其快速、有效的开发与利用信息资源的能力。发达国家大力推进信息社会建设,把信息和知识作为现代社会的关键资源,形成了信息资源理论体系、技术体系和政策法规体系。我国从上世纪 80 年代开始重视信息资源的开发利用,逐步形成了国家信息化发展战略,并先后出台了关于加强信息资源建设和开发利用的一系列指导性文件。1993 年成立专门信息化领导机构,九五计划开始实施信息化专项规划,并先后出台了关于加强信息资源建设和开发利用的一系列指导性文件。2004 年 10 月 27 日召开的国家信息化领导小组第四次会议审议通过了《关于加强信息资源开发利用工作的若干意见》,明确提出加强信息资源开发利用工作将是今后一段时期信息化建设的首要工作,把对信息资源开发利用提高到了前所未有的高度。2005 年 11 月 3 日,国家信息化领导小组在温家宝总理主持下召开第五次会议,审议并原则通过《国家信息化发展战略(2006－2020 年)》,提出了在制定和实施国家信息化发展战略中,要着力解决好的七大问题。

我国对信息资源开发利用的重视,是适应全球信息化浪潮的需要,是提高我国综合国力和竞争力的需要,是发展我国社会经济的需要,是建设精神文明的需要,是维系我国信息安全,国家安定的需要。从本质上说,国家信息资源开发利用的一系列战略刺激了社会上各行各业对具有高水平信息资源管理人才的需求,所以开设"信息资源管理"课程就显得十分必要,南京大学信息管理系在经过多年本科教学活动中积累了丰富的经验。由本人主编的《信息资源管理概论》自出版以来,得到了全国高校信息管理、图书馆等专业教师与学生的一致好评,近年来,已有不少兄弟院系在开设"信息资源管理"课程中采用此书作为教材。根据信息资源管理领域最新的研究进展和教学科研的需要,五年后,由本人在2003 年版的基础上对该书进行重新修订,再次出版。本次再版,考虑到理论的更新和教学的实际情况,对原书的框架体系重新进行调整,并补充了新的内容。

全书共分八章。第一章对信息资源管理进行概述,为全书的基本理论部分,勾勒了此课程的概貌。第二章介绍了目前信息资源管理学科的理论基础。第三章介绍信息资源管理技术与信息系统的初步知识。第四章为信息资源的内容管理方法和技术。第五章重点研究了网络信息资源管理的相关问题。第六章结合信息化实践,介绍了信息化与信息资源管理知识。第七章为信息政策与信息法规。第八章为关注信息资源管理的最新热点问题——知识管理。相比上一版本,本书在修订中保留了上版的核心内容,增加了本书的第七、八章内容。

参加本版修订工作的人员是:孙建军、柯青、陈晓玲、成颖,增加的第七章由孙建军、柯青撰写,第八章由柯青、张煦撰写。全书由孙建军组织编写并负责统稿。

多年来,许多学术前辈、后起之秀和实际工作者在信息资源管理研究中倾注了大量心血,得出了很多成熟的结论,为本书的修订提供了有益的借鉴,借本书的再版之机,向他们表示真挚的感谢!

鉴于本人才疏学浅,书中难免存在一些不足之处,敬请各位专家与读者批评指正。

孙建军

于 2008 年 9 月

第一版前言

在历史演进的长河中,物质、能源和信息支配着人类最基本的生产活动,在不同的历史时期,三者所起的作用和地位交互更替。当今,信息资源作为一种战略资源,已经成为现代社会生产力的基本要素。信息资源的研究、开发和利用在很大程度上决定了一个国家和地区的经济水平和竞争实力。在这样的背景下,1998年,教育部重新修订的全国普通高等学校本科专业目录中,将原先的科技信息、信息学、管理信息系统、经济信息管理以及林业管理等五个专业合并为"信息管理与信息系统专业",其中信息资源管理被列为该专业的核心课程。据此,南京大学信息管理系在信息管理与信息系统专业的本科的教学活动中进行了信息资源管理课程的讲授,本书是作者多年课堂教学以及教学改革成果的总结。

全书共分八章,第一章信息与信息资源与第二章信息资源管理概述作为基础知识,为读者提供了必要的信息资源管理基本概念,勾勒了课程的概貌。第三章信息资源管理的理论基础扼要介绍了目前信息资源管理领域的基本理论与方法,正是这些理论支撑了信息资源管理这门学科。第四章讲解了信息资源管理的技术基础,即信息技术,阐述了信息资源管理中最常用的相关技术。第五、六章分别介绍了信息资源的内容管理与系统管理的基本方法与技术。因 Internet 迅猛发展的现实,本书将网络信息资源的管理单独列为一章加以介绍,阐述了网络信息资源的管理、利用与安全等相关问题。作为前面各章基础理论、方法的应用,同时也遵循理论与实践相结合的基本原则,本书最后一章介绍了信息资源管理的实践。

本书既注重理论,也注重实践内容的阐述;既注重最新内容的介绍,也注意了历史及未来发展。本书按照先总体、后展开的顺序进行内容的组织。

本书由南京大学孙建军、成颖、苏君华、林林、鞠秀芳,安徽财贸学院陈晓玲等合作编著。其中,第一章由孙建军、林林撰写;第二章由陈晓玲撰写;第三章由苏君华撰写;第四章由成颖撰写;第五章由苏君华撰写;第六章由陈晓玲撰写;第七章由孙建军、成颖、鞠秀芳撰写;第八章由林林撰写。全书由孙建军组织编写并负责统稿,丁芹、李君君协助完成了大量的校对工作。

在本书写作过程中得到了东南大学出版社张煦同志的大力支持与帮助,在此表示衷心的感谢。

    国内外众多的信息资源管理研究为本书提供了良好的基础,本书的顺利完成也得益于参阅了大量的相关作者的成果,在此本书作者向这些文献的作者表示诚挚的谢意。

    由于本书作者的水平有限,书中难免存在一些缺陷以及不足,恳请专家与读者批评指正。

孙建军

2003 年 7 月

目　录

1 信息资源管理概述

1.1 信息与信息资源

1.1.1 信息的含义

信息是一种十分广泛的概念,它在自然界人类社会以及人类思维活动中普遍存在。人们对信息有着许多不同的认识和理解——从各自不同的角度来认识和理解。

美国著名数学家、贝尔实验室电话研究所申农提出了信息量的概念和信息熵的计算方法,并给信息下了一个高度抽象化的定义:"信息是用以消除随机不确定性的东西。"

美国著名数学家、控制论创始人维纳在 1948 年出版了专著《控制论——动物和机器中的通信与控制问题》,从更加广阔的领域研究了信息,他认为信息是"我们在适应外部世界、控制外部世界的过程中同外部世界交换的内容的名称。"

英国学者阿希贝 1956 年提出"信息是集合的变异度",认为信息的本性在于事物本身具有变异度。

意大利学者朗高在《信息论:新的趋势与未决问题》一书中指出:信息是反映事物的形成、关系和差别的东西,它包含在事物的差异之中,而不在事物本身。

作为科学术语,信息的定义之所以呈现多样化,主要原因是由于信息本身的复杂性,它是人类在认识和改造客观世界中所依赖和使用的一种既非物质又非能量的东西,它的表现形式可以是消息、信号、数据、情报或知识,且种类十分繁多,如自然信息、生物信息、人类信息、原始信息、再生信息、社会信息、电子信息等。因此,我们在理解信息的含义时,必须把握信息概念的实质,即信息是一个独立的科学概念,它是一个多元化、多层次、多功能的综合物,获取信息可以帮助人们减少或消除系统的不确定性。

1.1.2 信息的性质

虽然从不同的角度出发,信息的含义也不同,但对于信息的基本性质,大家都有共同的认识。

(1)普遍性

信息是事物状态和变化的反映。世界是物质的,物质是普遍存在的,物质都处于运动之中,而信息是源于物质及其运动的,并以物质的运动为其存在的条件。因此物质及其运动的普遍性就决定了信息存在的普遍性。信息无处不在,无时不有。

（2）客观性

信息是对事物的状态、特征及其变化的客观反映。由于事物及其状态是不以人们意志为转移的客观存在，所以反映这种客观存在的信息，同样带有客观性，不能凭人们的主观臆想去创造，只有客观真实的信息才具有贮存价值。这是信息客观性的一个方面。另一方面，信息不仅其内容具有客观性，而且信息一旦生成也就成为一种客观存在，其时效性会发生降低，但客观性却是不变的。

（3）动态性

信息所反映的总是特定时刻事物的运动状态和方式，当人们将该时刻的信息提取出来之后，事物还在不停地运动，其内容和信息量都会随着时间的变化而不断地取舍、更新、充实。

（4）可识别性

信息是源于物质及其运动的，是物质的一种普遍属性，是事物本质、特征和运动规律的反映。人类可以通过自己的感觉器官或借助于各种仪器设备来感知、识别事物，事实上就是通过感知、识别事物所发出的信息进而认识事物，所以信息是可以识别的。

（5）可传递性

信息是事物本质、特征和运动规律的反应。人类认识事物首先是接收到事物发出的信息，接收到的信息就是信源通过一定的信道（媒介或载体）把自身的信息传递过来的，人在这里是作为信宿。这种传递包括信息在时间上的传递和在空间上的传递，可以是人与人之间、人与物之间、物与物之间的传递。

（6）可处理性

人的感觉器官在接收到事物发出的电磁波、声波等各种形式的信息后，一律编译成生物电流的脉冲信号，通过神经纤维传给大脑。大脑随即对信息加工处理，并与大脑中已有的知识、信息进行匹配、融合。人类对于客观世界的认识就是通过对信息的加工处理来获得的。

（7）可度量性

信息是可以度量的。申农对信息的解释是"能够用来消除不确定性的东西"，所减少或消除不确定性的大小就是对信息的度量。信息的度量，同物质和能量的度量一样，关键在于对度量原理的认识和度量方法以及相应的度量标准的确定；与物质和能量的度量不同的是信息的度量没有一个完全确定不变的标度，比如像测量温度的"摄氏度"、测算热量的"卡"。

（8）可共享性

一般的物质、能量资源在交换（使用）过程中实现了所有（使用）权的转移，这种交换和转移遵循一定的原则（如等价交换原则）。而信息与一般物质不同，信息在传递、交换的过程中受让（接收）方获得了信息，而转让（发送）方并没有失去信息。即同一内容的信息可以在同一时间或不同时间为两个或多个信宿获得、使用。所以说信息具有共享性。

（9）依附性

信息本身是看不见、摸不着的，它必须依附于某一载体，没有载体，我们不可能得到任何信息。在人类社会的信息活动中，各种信息必须借助于文字、图像、胶片、磁带（盘）、声波、电波、光波等物质形式的载体，才能够表现，才能为人们的听觉、视觉、触觉、味觉所感应、接受，并按照既定目标进行处理和体内、体外存贮。从某种意义上说，没有载体就没有信息，人类社会的信息化发展，在很大程度上依赖于信息载体的进步。

（10）时效性

信息作为对事物存在方式和运动状态的反映，随着客观事物的变化而变化。信息如果不能反映事物的最新变化状态，它的效用将会降低，随着时间的推移将完全失去效用，成为历史记录。由于信息是动态的，因此，信息的价值与其所处的时间成反比。就是说，信息一经生成，其反映的内容越新，它的的价值越大；时间延长，价值随之减小，一旦超过其"生命周期"，价值就消失。

1.1.3 信息资源的含义

在当代社会，信息已经成为重要的战略资源，它与物质、能量共同成为社会发展的三大支柱。人们对信息资源的理解主要是从两方面来考虑。

一是狭义的理解，认为信息资源是指人类社会活动中经过加工处理的、有序化并大量积累的有用信息的集合，如科技信息、社会文化信息、市场信息等。

二是广义的理解，认为信息资源是人类社会信息活动中积累起来的信息、信息生产者、信息技术等信息活动要素的集合。即广义的信息资源由三部分组成：① 人类社会经济活动中各类有用信息的集合；② 为某种目的而生产各种有用信息的信息生产者的集合；③ 加工、处理和传递信息的技术的集合。

信息资源与物质资源、能源资源相比，又有其特殊性。物质资源和能源资源的利用表现为占有和消耗，而信息资源的利用不存在竞争关系，不同的利用者可以相同程度地共享同一信息资源；信息资源比其他任何资源的时效性都强，一条及时的信息可能价值连城，而一条过时的信息则可能分文不值；对于既定的信息资源而言，它必定是不同内容的信息集合，集合中的每一信息都由独特的性质；信息资源具有开发和驾驭其他资源的能力，不论是物质资源、能源资源还是信息资源，其开发利用都依赖于信息的支持。

1.1.4 信息资源的特征

信息资源作为经济资源，与物质资源和能源资源一样，具有经济资源的一般

特征。这些特征包括：[1]

（1）作为生产要素的人类需求性

人类从事经济活动离不开必要的生产要素的投入。传统的物质经济活动主要依赖于物质原料、劳动工具、劳动力等物质资源和能源资源的投入，现代信息经济活动则主要依赖于信息、信息技术、信息劳动力等信息资源的投入。人类之所以把信息资源作为一种生产要素，主要是因为各种形式的信息不仅本身就是一种重要的生产要素，可以通过生产增值，而且它是一种非信息生产要素的促进剂，促使其价值倍增。

（2）稀缺性

稀缺性是经济资源最基本的特征。作为一种经济资源，信息资源同样具有稀缺性，其主要原因包括两方面：一是信息资源的开发需要相应的成本投入，要拥有信息，就必须付出相应的代价。因此在一定的人力、物力、财力及其他条件的约束下，信息资源的拥有量总是有限的。二是在既定的技术和资源条件下，任何信息资源都有一固定不变的总效用，当被多次投入使用之后，这个总效用会逐渐减少，直至为零。这一点与物质资源和能源资源的资源总量随着利用次数的增多而减少所表现的资源稀缺性在本质上是相同的。

（3）使用方向的可选择性

信息资源具有很强的渗透性，可以广泛地渗透到经济活动的方方面面。同一信息资源可以作用于不同的对象，并产生多种不同的效果，从而直接或间接地节约物质、能源和人力资源。因此经济活动者可以根据信息资源的特点及其对各种对象的作用效果来选择信息资源的使用方向。

与物质资源、能源资源相比，信息资源又表现出许多的特殊性，使得信息资源具有其他资源无法替代的一些经济功能。

（1）共享性

物质资源和能源资源的利用表现为占有和消耗，因此，在资源总量一定的情况下，资源利用者之间总是存在着明显的竞争关系。信息资源的共享性使得信息资源的利用不存在竞争关系，即在正常情况下，与他人共享信息资源，并不会影响到个人的效用。

（2）生产和使用中的不可分性

首先，信息资源在生产过程中是不可分的。信息生产者为一个用户生产一组信息与为许多用户生产同一组信息相比，二者所花费的努力几乎没有什么差别。从这个角度而言，信息资源生产在理论上具有潜在的、无限大的规模经济效应。

其次，信息资源在使用过程中具有不可分性。有时，某一组信息的一部分也

---

〔1〕 马费成等. 信息资源管理. 武汉:武汉大学出版社,2001

具有应用价值,但对于特定的具体目标而言,如果整个信息集合都是必需的,则只有整个信息集合都付诸使用,其价值才能得到最直接的发挥。

（3）时效性

信息资源比其他任何资源都更具有时效性。一条及时的信息可能价值连城,一条过时的信息则可能分文不值。信息资源具有时效性并不意味着开发出来的信息资源越早投入利用越好,这中间并没有必然的前因后果关系。

（4）不同一性

作为一种资源的信息必定是完全不同一的。对于信息资源而言,当用户提出需要更多的信息时,则意味着它需要更详细的不同信息,对原来信息集合提供更多的拷贝是不能满足上述要求的。因此,对于既定的信息资源,它必定是不同内容的信息集合,集合中得每一信息都具有独特的性质。

（5）驾驭性

驾驭性是指信息资源具有开发和驾驭其他资源的能力,不论是物质资源还是能源资源,其开发和利用都依赖于信息的支持。人的认识和实践过程基本上是信息过程,虽然每一个环节都离不开物质和能量,但始终贯穿全过程、统帅全局和支配一切的却是信息。

1.1.5 信息资源的功能

在人类社会的发展中,物质、能量和信息支配着人类最基本的生产活动,在不同的历史时期三者所起的作用和地位交互更替。当今,信息资源作为一种战略资源,已经成为现代社会生产力的基本要素。它在社会经济活动中的主要功能归纳为:

1）经济功能

信息资源的经济功能表现在多个方面,在经济活动中发挥不同的作用,其中最重要的是它对社会生产力系统的作用功能。信息资源一方面是一种有形的独立要素,与劳动者、劳动工具、劳动对象一起,共同构成现代生产力的基础;另一方面又是一种无形的、寓于其他要素之中的非独立要素,通过优化其他要素的结构和配置,改进生产关系及上层建筑的素质与协调性来施加其对生产力的影响。例如,信息要素的注入有助于提高生产力系统中劳动者的素质、缩短劳动主体对客体的认识及熟练过程,使各生产要素以较快较佳的状态进入生产运行体系,从生产过程的时效性上表现与发挥其生产力功能。

正是由于信息资源所具有的特殊的经济功能,信息资源开发利用的程度是衡量现代国家信息化和社会生产力水平高低的重要标志。许多国家都把开发和利用信息资源当作一项基本国策来执行,我国也不例外。从上世纪 80 年代开始我国重视信息资源的开发利用,逐步形成了国家信息化发展战略,并先后出台了关于加强信息资源建设和开发利用的一系列指导性文件。1993 年成立专门信息化领导机构,九五计划开始实施信息化专项规划,并先后出台了关于加强信息资源建设和开发利用的一系列指导性文件。2004 年 10 月 27 日召开的国家信息化领导小组第四次会议审议通过了《关于加强信息资源开发利用工作的若干意见》,明确提出加强信息资源开发利用工作将是今后一段时期信息化建设的首要工作[1]。2005 年 11 月 3 日,国家信息化领导小组在温家宝总理主持下召开第五次会议,审议并原则通过《国家信息化发展战略(2006-2020 年)》,提出了在制定和实施国家信息化发展战略中,要着力解决好的七大问题[2],其中明确提出"建立和完善信息资源开发利用体系,实现信息资源的深度开发、及时处理、安全保存、快速流动和有效利用,基本满足经济社会发展优先领域的信息需求"。2007 年 10 月 15 日胡锦涛在中国共产党第十七次全国代表大会上的报告中,把指导我国社会主义新时期建设的战略发展纲领"工业化、城镇化、市场化、国际化",扩展为"工业化、信息化、城镇化、市场化、国际化",充分反映出党中央推进我国信息化建设的坚强决心和魄力,充分反映出信息化工作在我国经济社会发展中的战略地位[3]。

2)管理功能

在人类社会中,物质和能源不断从生产者"流"向使用者,这种客观存在的物质流和能源流的运动表现为相应的文献和信号运动(由各种物质和能量携带),其总汇便构成信息流。信息流反映物质和能源的运动,社会正是借助信息流来控制和管理物质能源流的运动,左右其运动方向,进行合理配置,发挥最大效益。

以一个企业为例,信息资源的管理功能主要表现为协调和控制企业的五种基本资源以实现企业的目标。这五种资源包括人、财、物、设备和管理方法,它们都是通过有关这些资源的信息(如记录在图纸、账单、订货单、统计表上的数据)来协调和控制的。例如,在企业活动中,伴随着材料和能源资源的输入(即物质流和能源流的定向运动),反映上述的信息流就会以相互联系的方式扩散和运动,并最终作用于物质流和能源流协调和控制其运动,从而导致优质、高产的产品或服务输出。

3)决策和预测功能

信息的这种功能广泛作用于人类选择与决策活动的各个环节,并优化其选

---

〔1〕 中共中央办公厅.《关于加强信息资源开发利用工作的若干意见》中办发〔2004〕34 号. http://www.cnisn. com. cn/news/info_show. jsp? newsId=14799.[2006-9-15]

〔2〕 中共中央办公厅. 2006-2020 年国家信息化发展战略. http://chinayn. gov. cn/info_www/news/detailnewsbmore. asp? infoNo=8396.[2006-12-26]

〔3〕 胡锦涛. 高举中国特色社会主义伟大旗帜 为夺取全面建设小康社会新胜利而奋斗——在中国共产党第十七次全国代表大会上的报告. 2007-10-15. http://news. xinhuanet. com/newscenter/2007-10/24/ content_6938568. htm

择与决策行为,实现预期目标。信息资源的决策功能体现在两个方面:没有信息就无任何选择和决策可言;没有信息的反馈,选择和决策就无优化可言。

信息在人类的选择与决策活动中还发挥预见性功能。信息是人类认识未来环境的依据,是人类适应未来环境的手段,是通向未来的桥梁。人类的选择与决策活动实际上就是处在不断利用信息并对未来进行预测之中的。预测不是先知先觉,更不是胡思乱想,而是在深入调查、周密研究、系统占有信息的基础上,对客观事物发展规律的认识。信息反映了事物演变的历史和现状,隐含着事物的发展趋势。因此,充分利用信息,结合人们的经验,运用科学方法,经过推理和逻辑判断,可以把被研究的对象的不确定性极小化,从而对其未来发展的必然趋势和可能性作出预计、推断和设想。

4)其他功能

除了上述显著的功能外,信息资源还具有其他许多功能[1]:例如人类可以借助信息资源来认识客观世界和人类自身,包括教育功能和支持科学研究的功能;还有政治功能,作为政治斗争和外交斗争的重要武器,通过控制信息来获得权力或巩固权力;娱乐功能,供人类在日常生活中休闲娱乐使用;以及自古以来作为军事斗争和战争不可缺少的重要武器的信息资源还具有军事功能。

1.2 信息资源管理的产生与发展

1.2.1 信息资源管理的产生条件

信息资源管理的思想源远流长,但是信息资源管理理论直至 20 世纪 80 年代才得以诞生,这主要是由信息的特点决定的。众所周知,信息必须依附于一定的载体才能存在,信息的生命周期伴随着事务的进展而产生和消亡。所以,早期的信息管理总是以具体的物的管理、人的管理和资金的管理的形式存在,在管理理论发展进程中,人类优先考虑的是具体资源(如物料、资金、人员等)的管理,对信息资源的管理始终没有凸现出来,信息资源管理一直处于从属地位。直到 20 世纪 80 年代,社会环境发生了巨大的变化,信息资源才作为一种独立的组织资源,从依附于其他资源的地位中分离出来,成为人力资源管理之后又一个新的资源管理理论。信息资源管理的兴起有着深刻的历史背景,它是社会经济发展的必然产物,是众多因素相互融合的结果。

1)信息经济的崛起

进入 20 世纪以后,人类的信息积累由量变阶段上升到质变阶段,人类社会在经历了农业革命和工业革命之后,迎来了信息革命,社会经济形态发生了巨

---

〔1〕 赖茂生.信息资源管理教程.北京:清华大学出版社,2006

变,工业经济逐步转变为信息经济。在信息社会里,信息的制造、加工、处理、传递、获取方法和手段正在日新月异地迅猛发展。越来越多的人开始从事与信息有关的工作,1976 年,美国白领阶层的人数超过从事农业、服务业和生产制造业等蓝领阶层的人数,信息产业逐步形成并飞快发展。90 年代以来,信息产业一直以高于经济增长的速度发展,信息产业的增加值占国内生产总值的比重不断上升,社会经济的发展由过去主要依赖物质资源的投入,转向更多地依靠信息的投入,无形的信息变成了重要的经济资源,信息具有价值,信息是资源的观念得到普遍认同。因此,以经济手段强化信息管理与利用成为经济活动中的重要研究课题。

2）信息观念的转变

进入现代社会以来,各种形态的信息以指数形式增长并迅速积累起来,据统计 20 世纪 40 年代以来所生产和累积的信息量超过了在此之前人类创造的所有信息量的总和。信息给人类带来科学技术的发展、生活水平的提高、生存环境的巨大变化,正在成为社会和经济进步的动力,信息被看做与能源、资本、劳动力同等重要的经济资源。与此同时,信息的数量激增、信息的广泛快速传播也产生了负面影响,信息泛滥成灾、信息污染严重、信息交流受阻、信息流通失衡等现象日益明显,引起人们的普遍关注。信息需要管理成为信息活动中的共识。正如奈斯比特在《大趋势》中所言:"没有控制和没有组织的信息不再是一种资源,它反而成为信息工作者的敌人"。显然,未经过组织和管理的信息,不仅使人们无法找到自己需要的信息,还造成了一定程度的信息污染,致使信息利用率下降。在这种情况下,人们的信息观念发生了极大的变化,意识到信息是一种重要的资源,但要使它发挥作用,必须对其进行管理。

3）信息技术的发展

自 1946 年第一台计算机诞生以来,以计算机和通信技术为核心的现代信息技术,给整个社会带来了革命性的变革。

首先,信息技术浓缩了空间和时间。信息技术的发展提供了新的信息存储载体和传递渠道,信息存储和处理方式从根本上发生了变革,一个典型的 CD-ROM 能够拥有 650 兆字节的信息,或约 6.5 亿个印刷文本字符。如果我们假设一页双面印刷的文本大约有 2 000 个字符,那么一张 CD-ROM 就能存储大约 325 000 页文本的内容,信息技术能够使组织用很小的空间保存大量的信息。通信技术的飞速发展,缩短了人类信息交流的时空距离,全球信息网络的出现,使得"海内存知己、天涯若比邻"已不再是诗人浪漫的想象,而是我们身边时时发生的事实。信息技术的发展为信息资源的开发和利用提供了强大的工具和支持手段。

其次,以信息系统为代表的信息技术在组织中得以广泛应用。在传统的人、财、物的管理对象中,注入了信息技术这一新的管理内容,以谋求快捷、方便地获取信息。企业在数据的收集与处理方面,相继出现了电子数据处理、管理信息系统、决策支持系统和战略信息系统,不断完善和升级的信息系统给组织提供强有力的信息处理工具和手段,同时也对信息管理提出新的、特殊的要求。一是功能不断提高而体积不断缩小的信息装备的问世,使信息技术的应用趋于大面积的分散使用,相应的提高了信息技术管理的复杂性和难度,出现了如何有效地对分散的技术进行有效管理的问题;二是信息技术的发展使得有可能建立更高级的信息系统,包括建立面向机构的信息系统、面向决策的智能信息系统等,这些新的信息系统的开发和实现需要新的信息管理思想和新的信息架构;三是随着新的传播手段和新的信息媒介多元化的快速发展,信息活动中产生了更复杂、更尖锐的矛盾和冲突,例如,知识产权的纠纷、跨国数据流问题、信息和信息系统的安全问题、全球信息差距和国家信息主权问题等,由此从信息法律、信息政策、信息伦理等多方面提出来新的、迫切的管理要求。

总之,信息技术的发展,使人们有效管理日益激增的信息资源成为可能,为信息资源管理的产生提供了工具和支持手段。另一方面,正是因为信息技术的发展,如何管理包括信息技术在内的广义信息资源成为管理实践和理论界共同的课题,新的管理思想和理论的产生已迫在眉睫。

4) 企业的根本转变

(1) 企业经营环境的变化

20 世纪以来,企业的经营环境发生了巨大的变革,主要表现在:

① 经济全球化极大地增加了信息和信息技术的价值。经济全球化建立在全球信息网络的基础之上,任何一个全球化经营的企业都需要功能强大的信息系统的响应。因此,企业必须广泛地采用信息技术,才能获取全球化的商业机会,通过信息技术来协调全球性成本,最大限度地降低交易成本。先进的管理信息系统为企业提供了通信和分析能力,使其可以在全球范围内指导贸易和管理业务。从另一方面讲,全球化和信息技术也给企业带来了新的威胁:由于全球信息系统的存在,顾客可以一天 24 小时准确地获取有关价格和质量的信息,在全球范围内的市场上购物。这种现象加剧了竞争,强迫企业在一个公开的、毫无保护的世界市场上竞争。要想成为国际市场上富有竞争力的参与者,必须建立强大的信息和通信系统。

② 竞争的加剧。60 年代以后,整个世界市场已被发达国家瓜分殆尽,保住现有市场和开拓新市场一样困难,企业面临着巨大的生存压力。与此同时,全球化加剧了竞争,竞争无处不在,无论你处在什么行业,都会有来自全世界范围无数的企业与你竞争。为了在风云巨变的市场环境中克敌制胜,采用信息技术成为企业开展竞争的首选。AT&T 公司的副总裁说:"技术将成为一个巨大的均衡器,规模将不再是决定市场实力的重要因素,创造力和创新才是主要因素。"企业通过采用信息技术,提高生产效率,降低经营成本,以低成本战略占领市场;依

赖信息技术,可以更加快捷地创造新的产品和服务,以差别化满足市场的多样化需求;通过信息技术,同供应商和分销商建立紧密联系,将竞争对手转化为战略伙伴,谋求双赢效果。竞争的加剧迫使企业不断地采用最新信息技术,由此带来了新的管理实践问题。

③ 市场需求的多样化和多变化。据统计,机械产品每 20 年更新一代,电子产品每 10 年更新一代,而信息技术产品几乎每两年就有一次重要的突破。市场需求的多变,对企业获取市场信息的能力提出了更高的要求,企业必须建立方便、快捷的市场信息系统,及时捕捉、记录和分析市场需求。另一方面,今天的经济运作方式是以一种消费欲望驱动的。以往,人们只购买他们需要的东西,而今天人们的消费欲望往往大于其需求,消费者更愿意购买他们想要的,而不仅仅是需要的产品和服务。对企业而言,这需要在思想、市场和产品研究与开发方面进行一次根本性的转变,企业不仅要按人们的需求进行产品决策,还必须研究并发现人们的消费欲望,而这些都是建立在对信息资源的有效开发和利用的基础上的。市场需求的多样性和多变性促使企业不断扩大其数据规模,这些建立在信息技术基础上的大型数据库和数据仓库,为企业进行市场需求分析提供了条件。

(2) 资源观念的变迁

在一百多年的现代管理实践中,企业资源的概念被不断拓展。20 世纪 30 年代之前,由于世界经济处于短缺状态,产品供不应求,企业管理的重心是如何最大限度地降低成本,提高劳动生产率,此时的企业资源主要是物质资源,即材料、机器设备等。因此,关注物质资源的合理配置成为当时的主流。以泰罗为代表的科学管理学派,通过科学地实验和研究,把车间工作流程进行重新设计,创造了科学的产品加工过程、标准的操作程序、合理的车间平面布局等一整套科学管理方法,极大地提高了劳动生产率,生产管理或称车间管理成为当时管理实践和管理理论的主流。随后,物料管理继生产管理之后,成为企业管理的又一热点领域。在工业品价格中,30%～40%是物料的费用,在制造业中,存货几乎占用了流动资产的一半,企业管理者意识到,要提高利润,必须加强物料管理,降低材料的采购和存储成本。1915 年,美国管理学家 R. H. Wilson 率先提出了经济订购批量(EOQ)模型,后来逐步发展形成了 ERP 的前身——物料需求计划(MRP)。

进入 60 年代中后期,随着市场经济的成熟与完善,企业间的竞争日趋激烈,传统的依赖降低成本提高竞争力的做法已经过时,创新成为企业发展和开展竞争的内在动力,人力资源是组织创新的主体。从 60 年代末期以来,人力资源作为组织的战略资源受到了企业的高度重视,众多的企业认识到,人是第一因素,对人的管理成为企业管理的核心,人力资源方面的投资大幅度增长,人力资源管理的理论与方法成为企业管理研究的又一热点领域。

20 世纪 80 年代,信息技术迅猛发展,已渗透到组织的每个角落,成为组织发展的后劲所在。正如比尔盖茨所言："信息技术和现代企业正在变得相互交织、难解难分。我认为，没有谁能在有意义地谈论一个而忽视另一个。"包含信息技术在内的广义信息资源，从原先依附的载体中凸现出来，信息资源是所有资源管理的前提和基础，组织所有的资源管理（物质资源、资金资源、人力资源等）都离不开信息资源，信息资源是在当今生产力水平下，组织实现其战略目标的又一战略资源，如何对信息资源实施有效管理，使信息资源投资获取应有的效益，成为企业管理中的新问题。伴随着企业资源概念的变迁，信息资源管理呼之欲出。

（3）对管理信息系统的反思。在过去的20多年中，世界各国的信息系统开支急剧增长。美国公司信息技术支出年均增长20%～30%，在企业运营费用中，信息技术和通信的费用，是仅次于工资和福利费的开支项目。1996年，美国在信息技术上的投资约为5 000亿美元，占全世界的50%。尽管对信息技术的投资迅速增长，事实上的生产率并没有确定性的提高。《计算机世界（Computer World)》杂志在1989—1995年举行的两年一次的对企业首席执行官、财务主管和其他高级经理人员的调查中，约有50%以上的主管同意或强烈赞成这样的观点："我不认为对信息系统的投资会使企业创造最佳效益"。美国有些论著在评价这些方面的工作时，甚至悲观地认为：在人类奋斗的历史中，还没有像今天这样付出如此大的代价而取得如此少的成果。于是人们开始反思，信息技术能否解决企业的所有问题，回答显然是否定的。之所以出现众多信息系统的失败，关键是系统开发人员片面强调信息技术的作用，对管理行为的复杂性认识不足，缺乏综合管理信息资源的能力和方法，对经营管理活动所需的信息了解太少，从技术实现方面考虑的多，对用户的实际需求研究的少。人们开始另寻解决信息系统应用效果的途径，即寻找一种将技术因素和人文因素相结合的战略层面的信息管理方式，这些为信息资源管理的产生奠定了需求基础。

1.2.2 信息资源管理的产生

信息资源管理首先产生于美国政府的文书管理领域，随后在工商企业得到重视，信息资源管理的实践活动开始在各类企业普遍实施，企业信息资源管理的思想和理论得以迅速发展。

1）政府部门的信息资源管理

随着近现代社会政府职能的不断扩大，政府记录的爆炸式增长，公文旅行、文山会海、信息过量等现象不仅大大增加了政府文书管理的成本，而且降低了政府的工作效率，助长了官僚主义的滋生，影响了政府的形象，文书管理成为政府部门亟待解决的问题。信息技术本身虽然为文书管理提供了工具和支持手段，但并没有解决信息爆炸的问题，相反却进一步加剧了信息的激增。为了加强对政府记录的管理，美国联邦政府采用行政和立法的方法实施整治，促成了信息资源管理的产生。

1942年,美国国会制订了《联邦报告法》,这是联邦政府第一个控制文书的联邦政策,其目的是通过控制政府文书的需求来减轻公民和企业的文书负担。1943年,国会通过了《记录处置法》,授权国家档案馆在记录调查结束后制订处置计划。1965年,美国政府实施了布鲁克林议案,其目的是提高行政管理效率,加强政府对日常文书工作的管理,为数据资源的有效管理提供了政策保证。

1975年国会成立了联邦文书委员会,该委员会的职责是解决政府部门中信息过载与信息无法满足政府信息需求的矛盾。在为期两年的工作期间,委员会向国会和总统提交了一份含有800项建议的最终报告,根据联邦文书委员会的报告和建议,美国国会于1980年通过了《文书削减法》,该法的颁布标志着政府信息资源管理理论的诞生。《文书削减法》中明确规定:减轻文书工作,明确组织信息需求,消除信息冗余,保证信息资源共享;推动数据处理技术和远程通信技术的应用;促进统计工作;加强记录管理;实现信息公开与共享;制订信息政策并加强监督;健全组织机构。

美国政府在文书管理的过程中,逐步实践了信息资源管理的思想和方法。概括起来,美国政府部门的信息资源管理思想有以下几个特点:

(1) 制订信息政策规范信息资源管理活动。信息政策是指导监督和管理信息生命周期的各类相互联系的原则、法律、方针、规章制度、行政命令、指令、程序、司法解释和惯例的集合。信息政策作为推行信息资源管理的一个重要手段,已成为政府信息资源管理中不可分割的组成部分。据统计,从1977年到1990年,美国政府制定了300多项有关信息政策的法律,此外,许多授权和拨款的议案中也有大量的指导机构信息政策活动的条款,同时还提出并实施了大量有关信息政策的行政规定和条例。按照这些政策制定了许多相关的法律,如《信息科学技术法》、《电信竞争与放松管制法》、《国际通信重组法》等。

(2) 赋予信息资源管理权威定义。美国联邦政府的管理预算局(Office of Management Budget)在1985年的A—130号通告《联邦信息资源管理》中,立足于政府部门信息管理的需要对信息资源管理做出了广义解释,提出信息资源管理是指涉及政府信息有关的规划、预算、组织、指导、培训和控制等。它既包含信息本身,也包含与信息相关的各种资源,如人员、设备、经费和技术等。在1996年和2000年修订后的通报中,信息资源管理是指为了完成机构的使命而管理信息资源的过程。该定义引入了管理过程学说,把信息资源管理与一般管理同样对待,是对组织中信息这一重要资源的计划、组织、指挥、领导和控制,是对机构的信息资源的全过程管理。

(3) 设置信息资源管理机构和官员。美国联邦政府专门成立了首席信息主管委员会(Chief Information Officers Council)和信息技术委员会(Information

Technology Resources Board),任命了负责这项工作的政府官员,并建立了相应的规章制度,目的在于帮助开发和运行政府机构内的众多机构共享信息资源,以此来提高政府管理的绩效。在设置信息资源管理机构的同时,美国政府还通过专门的条款规定在联邦政府部门设立首席信息官(Chief Information Office CIO)。早在1980年颁布的《文书削减法》中,就要求所有政府部门都要设立一个"高级文书削减和信息管理官员",在1996年,美国国会通过并颁布了《信息技术管理改革条例》,提出在联邦政府机构设置首席信息官。信息资源管理机构和官员的设置,从组织上保证了政府信息资源管理在美国政府各部门的实施。

2) 工商领域的信息资源管理

工商企业是信息资源管理产生的又一领域。与政府部门通过政策和法规推行信息资源管理不同,工商企业的信息资源管理具有更多的技术色彩。由于市场竞争所带来的压力,企业对新技术的引进和应用更为敏感和积极而且企业是盈利性的经济组织,它有动力也有能力采用和开发最新技术。从信息技术产生以来,工商企业始终都是信息技术的积极响应者和倡导者。自20世纪50年代企业最初应用计算机进行简单数据处理,逐步发展到建立信息系统处理日常事务,利用管理信息系统支持组织的管理和决策活动,直到今天,运用信息技术支持组织战略,许多企业都把信息和信息技术视作一种新的重要的组织资源,是企业开展商业竞争的战略武器。但是信息技术在给企业带来效率的同时,也产生了许多剧烈的冲突和矛盾,而这些问题光靠技术力量难以协调解决,工商企业迫切需要一种更为合理的管理思想和方法来指导已经逐步信息化的企业。信息资源管理正是适应这种需求而产生的新的管理理论。

在工商领域,最早提出信息资源管理概念的是梅迪克(W. D. Maedke),他于1981年就撰文从企业管理的角度表述他对信息资源管理内涵的认识,指出:"对于一个特定的企业来说,信息资源管理是一门管理各种相互联系的技术群,使信息资源得到最大利用的艺术和科学"。

工商领域信息资源管理思想的特点:

(1) 将信息作为组织的重要资源。随着信息在组织中的作用逐趋增强,信息的价值不断地被发现,信息从依附的地位中逐步显露出来。企业逐步认识到企业的物流、资金流、人流都必须在信息流的基础上才能顺利运转,信息是企业生产经营活动必不可少的要素之一,信息同企业的人、财、物等资源一样是企业的重要资源。

(2) 以资源管理代替技术管理。从技术的角度看,信息资源管理是工商企业在经历了数据处理、信息系统、管理信息系统之后进入的第四个阶段。在前三个阶段,企业对信息的管理主要集中在信息技术方面,信息管理以技术管理为主,追求技术效率是管理的最直接目的。随着信息技术在组织中的普及,人们逐步认识到信息才是组织的重要资源,信息技术是支撑信息活动的手段或工具,是信息资源的组成部分。单纯的技术管理方式已不能适应管理的需要,必须采用管理组织其他资源的方式来管理信息资源。资源管理要求把信息、知识、技术和管理的效力结合在一起,强调人和技术同样重要,信息技术的作用取决于技术使用者的智慧。

(3) 以提高生产率为切入点,以支持组织战略为最高目标。企业最初采用信息技术的出发点是提高生产效率,随着信息技术应用的深入,人们意识到信息技术不仅能够提高效率,更重要的是提高组织的效能,企业可以通过管理信息资源获得竞争优势。倡导围绕组织战略目标来组织信息技术,在制定企业战略规划时,考虑实现战略目标所必需的信息资源,通过信息资源管理支持组织战略目标的实现,信息战略逐步成为组织战略的组成部分。有些组织还把信息技术作为组织变革和创新的重要方式。

(4) 设置 CIO。在企业设置 CIO 职位是工商企业信息资源管理的一大特点。设置 CIO,标志着信息资源管理开始进入高层管理,在企业权力结构中的地位得以确立,可以从组织战略的高度对信息资源实施综合管理,是信息资源管理得以实施的组织保证。2001 年以来,我国信息产业部已举办过多期 CIO研修班,广东、江苏、上海等地区普遍开展了 CIO 职业培训;2002 年,上海市政府决定首先在 100 家企业推行 CIO 体制,以此带动企业信息资源管理的实践活动。

1.2.3 信息资源管理的发展阶段

了解信息资源管理的历史,有助于更好的认识和理解信息资源管理的内涵。目前学术界对于信息资源管理发展阶段的看法尚不一致,这里主要介绍其中较有影响和代表性的观点。

1) 诺兰阶段模型

在信息资源管理阶段的研究中,研究最多的是 20 世纪 50 年代以后的发展,这一阶段的发展常被称为信息系统发展阶段论,其中最著名的是诺兰(R. L. No-lan)的阶段模型。诺兰通过对大量企业应用信息技术的实践调查,总结了组织应用信息技术的发展过程,认为把信息技术应用到一个组织的管理中去,一般要经历从初级到成熟的成长过程。1973 年,首次提出了信息系统发展的阶段理论,把信息系统在组织中的应用和发展分为四个阶段,被称为诺兰阶段模型。到1980 年,诺兰进一步完善了该模型,把信息系统的成长过程扩展为 6 个阶段,即初装、蔓延、控制、集成、数据管理和成熟,见表 1.1。

表 1.1　诺兰描述的信息系统的成长过程

阶段	动因	应用部门	用户状况	预算	管理和控制	技术
初装	计算机的出现	财务、统计	陌生 怀疑	少量投入	集中 放松	批处理
蔓延	计算机的功能与作用不断被认识	向其他部门扩展	表面热情过高期望	快速增长	集中/分散较放松	远程批处理
控制	计算机费用持续上升,但未获得应用的效益	出现集中控制信息技术(系统)的部门,如:信息中心	用户参与	快速增长到增幅降低	集中正式的规划和控制	计算机应用DBMS
集成	信息和通信技术的发展,信息技术在组织中的普遍应用	信息技术分布于组织各部门	用户责任	又一次大幅增长	集中/分散规划和控制	DBMS和联机应用
数据管理	(数据)信息才是组织的重要资源的认识	组织的各部门	承担系统运行和开发的责任	稳定增长	分散共享数据	分布式网络
成熟	信息管理观念和信息、通信技术的完善和发展	组织的所有部门	用户和信息技术人员的融合	稳定增长	数据资源战略规划	数据资源管理

初装:是指组织(企业、部门)从购置第一台计算机开始到初步开发和管理应用程序。该阶段可以称作计算机的启蒙阶段,组织开始初步认识计算机的作用,个别人具有初步使用计算机的能力。在初装阶段,计算机一般首先应用在财务部门。

蔓延:随着计算机的应用初见成效,作为信息系统前身的各种管理应用程序开始从财务等少数部门向其他部门扩散,计算机数据处理能力得以迅速发挥,企业的许多部门出于工作需要开发了大量的应用程序,增强了组织处理事务的能力,使组织的工作效率有了一定的提高,由于没有任何控制,计算机软硬件费用和数据处理人员的费用激增,促使管理者关注信息技术的投资效益。

控制:随着计算机和管理应用程序的数量不断增加,企业用于计算机方面的预算开支以每年 30%～40%或更高的比例增长,但投资收益却不理想。与此同时,随着应用经验的逐步丰富,应用项目不断积累,客观上也要求加强组织协调,于是出现了由企业领导和职能部门负责人参加的领导小组,信息系统职能正式成为一个部门,开始运用项目管理、系统开发方法来控制部门内的活动,对整个企业的系统进行统筹规划,特别是利用数据库技术解决数据共享问题,严格的控制代替了无计划的蔓延。诺兰认为,控制阶段是实现以计算机管理为主到以数据管理为主转换的关键,一般发展比较慢。

集成:该阶段是在控制的基础上,对组织中各类子系统的硬件进行重新联接,建立集中式的数据库以及能够充分利用和管理各种信息的系统。该阶段主要是利用数据库技术和通信技术集成已有的应用系统。由于需要重新装备大量设备,组织的信息技术投入再一次迅速增长。

数据管理:诺兰认为,在集成阶段之后,组织会进入数据管理阶段。1980年,诺兰提出信息系统阶段模型时,美国正处于集成阶段,诺兰没有对该阶段进行详细描述。

成熟:组织的信息系统在不断发展中,逐步能够满足组织各个管理层次(高层、中层和低层)的要求,真正实现对组织信息资源的管理。

2) 马钱德和霍顿的五阶段划分

马钱德和霍顿在《信息趋势:如何从你的信息资源中获利》一书中将信息资源管理的发展过程划分为文书管理、自动化技术管理、信息资源管理、竞争者分析与情报和战略信息管理五个阶段,见表1.2。

表1.2　马钱德和霍顿描述的信息资源管理发展过程

发展阶段	重点问题	媒体与内容	组织地位	内外部观点	人员状况	服务目标
文书管理—信息的物理控制	对纸张等资源和载体的管理	物理属性的管理	监督的、文秘的和支持功能	重点是内部	物理资源的管理	提供程序效率
自动化技术管理	信息技术的管理	技术属性的管理	中层管理功能	重点是内部	技术资源与技术人员的管理	技术效率
信息资源管理	信息资源管理	关注信息技术、手工与自动化信息的成本—效益管理	对最高管理层的支持功能	重点是内部,同时兼顾外部	信息资源和信息系统的经营管理	信息资源和技术的成本—效益
竞争者分析与情报	营业单位的战略和方向	关注情报分析和信息使用的质量	最高管理层的参谋职能	重点在外部	重视人力资源管理和信息	为营业单位和企业获取竞争优势
战略信息管理	公司的战略方向	集中于为战略决策提供支持	最高管理层的战略支持功能	同时关注内外部	人力资源管理	提供整个企业的业绩

文书管理——信息的物理控制阶段(1900－1950)。20世纪初,由于生产规模的扩大,地理位置的拓展,造成文书管理成本上升,生产、维护各类函件、报告、记录的支出在业务中的比例越来越大,人们逐渐认识到必须像管理其他组织资

源一样对文书进行控制。

公司自动化技术管理阶段(20世纪60年代－70年代中期)。50年以后,计算机和通信技术开始引入企业经营,电子数据处理、电子通信、办公自动化等自动化技术成为企业信息处理的主要工具,信息管理的重点转向对信息技术的管理,注重提高信息处理的速度和效率。

信息资源管理阶段(70年代中期－80年代)。该阶段的特征是将信息资源看做是等同于企业的人力资源、物质资源和财务资源的组织资源,信息资源管理从支持职能发展到管理职能,信息资源管理同生产管理、财务管理、市场营销、人力资源管理一样是组织的重要职能。

竞争者分析与情报阶段(80年代中期)。由于世界范围内竞争的加剧,企业认识到要在竞争环境中发展并获得竞争优势,必须洞察竞争者的状况,于是,企业开始培养获取和分析竞争对手情报的能力,以便有效地利用信息来制定更积极的企业战略,降低风险、维持或赢得竞争优势。为此,企业开始研究和开发更复杂的能够支持企业战略决策的信息系统。

战略信息管理阶段(80年代以后)。该阶段的重点是利用信息确定企业的战略和方向,战略管理的成功与否同企业从内外环境中收集到的信息质量直接相关。此外,该阶段也称作知识管理阶段,知识本身被视为企业的重要资源,知识管理成为企业管理哲学中的重要组成部分,企业通过教育和培训努力提高员工的知识水平,从整体上提高企业知识创新的能力。

3)史密斯和梅德利的五阶段划分

史密斯和梅德利在1987年联合出版的《信息资源管理》一书中提出了现代信息系统发展的阶段理论,他们以数据处理的发展为线索,将信息资源管理分为五个阶段,见表1.3。

表1.3 史密斯和梅德利描述的信息资源管理发展过程

发展阶段	系统类型	管理者类型	用户角色	技术重点	信息存储技术
数据处理	仅限于财务数据的处理系统	非正式的监督者,未受过培训	数据的输入/输出	批处理	穿孔卡片
信息系统	财务系统和其他作业系统	受过计算机方面的培训	项目的参与者	应用程序	磁带、磁盘
管理信息系统	管理信息系统	受过管理方面的培训	项目的管理者	数据库/应用程序一体化	随机存储、数据库
终端用户	决策支持系统和集成系统	有广泛背景的合作伙伴	小型系统的建造者	第4代语言	数据管理/第4代语言
信息资源管理	专家系统和战略系统	主管阶层	完全的合作者	第5代语言	激光视盘/超级芯片

数据处理阶段是以提高数据处理效率为出发点,以穿孔卡片的普遍使用为主要特征。数据处理由手工操作转变为自动化和半自动化,这一时期的数据处理主要集中在财务数据,少数组织有多个数据处理中心。

信息系统阶段是以数据的集中处理为特征,组织出现了具有一定自主权的信息处理中心,开始注意消除数据冗余,对原有的数据处理进行集成,形成数据集中处理的趋势。

管理信息系统以信息集成化为特征。计算机硬件和软件的发展为满足用户对信息集成化需求提供了条件,集成化处理可以充分利用原有的数据资源,有助于提高信息的价值。

终端用户阶段以满足终端用户的信息需求为主要特征。随着先进的信息处理设备不断涌现,信息系统的操作更为便利,许多组织积极促进这些系统的管理向用户更多的参与分析发展,系统管理人员的作用发生了明显的改变。他们看上去更像这些系统资源与终端用户的代理人,而不是计算机硬件设备的技术看管者。信息系统功能的分散化和信息处理设备的小型化,使信息系统能够进行更为复杂的数据处理,不仅能够解决结构化的管理问题,还可以满足终端用户不同的需求,能够通过人机交互完成非结构化的数据处理任务。

信息资源管理以注重信息资源的经济性和集成管理为特征。信息资源对企业经营的影响不断增强,越来越多的组织,依赖信息资源进行管理和决策,信息资源的商业价值和战略地位得以确认,综合利用信息资源,采用集成化的手段管理信息资源,最大限度发展信息资源的战略作用是该阶段的主题。

4）我国学者对信息资源管理发展阶段的划分

我国的研究人员在吸收了国外学者的研究成果后,基本上已经对信息资源管理的发展分期形成了比较一致的认识。由于我国开展此方面研究的学者的学科背景大多是传统的图书馆情报学,所以,他们都能够从信息资源管理活动的历史渊源中寻找切入点。卢泰宏教授依据不同的信息资源管理思想、信息资源管理目标、信息资源管理方式将信息资源管理的发展分为三个时期:传统管理阶段、信息管理阶段和资源管理阶段。随后,马费成教授等人又增加了一个新的阶段:知识管理阶段。

传统管理阶段以信息资源管理为核心,以图书馆为象征,同时也包含档案管理和其他文献资料管理。信息管理阶段以信息流的控制为核心,以计算机为工具,以自动化信息处理和信息系统建造为主要工作内容。这个阶段是在计算机技术及相关信息技术高度发展和广泛应用背景之下发展起来的新兴信息管理模式。而第三个阶段的出现是基于两个背景:一方面,是信息管理阶段纯粹的技术手段不能实现对信息的有效控制和利用;另一方面,是当代社会经济发展使得信息成为一种重要的资源,迫切需要从经济的角度思考问题,并对这种资源进行优化配置和管理。因此,在 20 世纪 70 年代以后,人们利用行政的、法律的、经济的手段,从微观与宏观结合上协调社会信息化进程中的各种矛盾、冲突和利益关系,妥善处理信息管理中人与物的复合关系,这样就逐步形成了信息资源管理的思想和观念。知识管理阶段是为了克服信息资源管理的局限性而提出的一个新的管理思想。这些局限性包括仅关注显性知识而忽略隐性知识,仅关注智力劳动的最终成果而忽略学习与创新过程、仅关注将信息提供给利用者而对需求重视不够等方面。知识管理要达到的目标就是克服这些局限性,力图能够将最恰当的知识在最恰当的时间传递给最恰当的人,以便使他们能够做出最好的决策。

1.2.4 信息资源管理产生的意义

1) 促进了社会的信息化

不同领域的信息资源管理理论和实践,加快了整个社会信息化的进程。政府部门的信息资源管理推动了国家信息基础设施建设,提高了社会信息化的基础水平;信息政策和法规的制定,为信息资源的充分利用创造了环境条件,规范了社会信息资源的管理模式;信息机构的设置,为实施信息资源管理活动提供了组织保证,推动了全社会的信息资源管理实践和理论研究。另一方面,企业的信息资源管理实践,促使企业更加关注信息资源的经济特征,把信息作为组织资源对待,采用集成化的管理方式,对信息资源实施综合管理,提高信息技术的利用效果,为企业推进信息化奠定了管理基础。先进的信息和通信技术不仅使企业的生产经营实现了自动化,还促进了跨国企业的发展,促进了知识企业包括高新技术企业和虚拟企业的发展,使作为社会信息化基础的企业信息化水平得到了极大的提高。

2) 开辟了管理新天地

从 20 世纪初泰罗的科学管理理论诞生以来,在一百年的管理实践和理论发展进程中,管理理论层出不穷。从泰罗的车间管理、法约尔的过程管理、韦伯的行政组织管理、梅奥的人际关系学说等古典管理理论,到行为学派、系统学派、决策学派、管理科学学派等现代管理理论,一直到信息资源管理,一直未停止过对管理理论探索的脚步;另一方面,管理的实践领域被不断被拓展,从生产管理、设备管理、财务管理、物流管理,到人力资源管理,伴随着信息技术的不断进步,信息资源管理成为管理的又一新领域。信息资源管理作为一种崭新的管理思想和方法,丰富和发展了管理理论,为管理世界开辟出一个崭新的天地。

3) 确立了信息资源在组织战略资源中的地位

对一个组织的生存和发展起关键性、全局性和长远性作用的资源称为组织的战略资源。长期以来,特别是在工业化时代,材料、能源是组织赖以生存和发展的战略资源。随着社会生产和生活中涉及的信息量激增,信息在组织生存与发展中的重要性日益增强,加强对信息的管理,积极探索信息资源管理的方法和模式,成为许多组织的共识。随着信息资源管理的产生和发展,从理论上确立了信息资源是组织的战略资源之一，信息资源不仅是提高组织效率的技术手段，更是组织生存与发展的战略资源，通过信息技术改造组织传统的生产和经营流程，可以为组织获取竞争优势，通过信息战略促进组织战略的实现已成为许多组织竞争的主要措施。所以，信息资源管理的产生与发展，使组织对信息资源的管理走上了科学规范的轨道，把信息资源管理纳入了组织战略管理层面。

4）有助于实现组织管理模式的转变

信息和通信技术的飞跃发展，给信息提供了新的存储载体和传递渠道，信息处理的方式从根本上发生了变化，改变了社会生活的各个层面，缩短了信息交流的空间距离和时间距离，引发了工作方式的变革，这对组织管理的要求提高了。信息资源管理的产生，为组织管理模式的转变提供了思想指导。首先，在传统的人财物管理要素中，注入了信息这一崭新的内容，促使组织把信息作为组织资源加以管理和利用。其次，在信息处理和利用方面，各类事务处理系统支持组织快速、方便地获取、处理和存储信息；不同类型的办公自动化系统和知识工作系统为计划、控制提供了先进的手段；管理信息系统、决策支持系统、高级主管系统极大地提高了管理和决策的效率和精度；以信息技术为中心的业务流程再造，站在组织整体的角度，重新考察组织的经营流程，用信息技术对业务流程进行重组，实现了业务流程的最优化；信息资源管理还改变了传统的信息拥有和传播方式，中间管理人员的减少，使组织原有的金字塔式的组织机构逐渐趋于扁平。

1.3　信息资源管理的相关问题

作为一种实践活动，信息资源管理起源于 20 世纪中叶，在 70 年代末得以迅速发展。作为实践活动的科学概括和总结，信息资源管理理论形成于 70 年代末，在 80 年代渐趋成熟。尽管信息资源管理的理论和方法仍处在不断丰富和完善的过程中，但作为人类管理活动的总结和升华，信息资源管理的思想和理论已发展成为一门独立的应用管理学科。

1.3.1　信息资源管理的含义

从 20 世纪中叶信息资源管理活动开展以来，信息资源管理的内涵就一直是理论研究者和信息管理人员所关注的基本问题，不同领域的学者和研究人员，从本学科的自身特点和学术研究的需要出发，对信息资源管理的本质和内涵进行了深入的探讨，到 90 年代，有关信息资源管理的内涵有了相当多的研究成果和不同表述，可以归并出管理哲学、管理过程、管理活动、管理手段和系统方法等五类观点。

1）管理哲学

1988 年，美国学者马钱德（D. A. Marchand）和克雷斯莱因（J. C. Kresslein）

探讨了组织实施信息资源管理所产生的效果。研究发现,实施信息资源管理对提高组织的生产率有重要作用,于是,他们从指导思想的角度阐述了对信息资源管理的理解,认为信息资源管理是一种对改进组织的生产率和效率有独特认识的管理哲学。美国另两位学者史密斯(N. Smith)和梅德利(B. Medley)也持有类似的观点,他们认为:"信息资源管理比管理信息系统复杂得多,它可能是整合所有学科、电子通信和商业过程的一种管理哲学。"

2)管理过程

1979 年,霍顿(F. W. Horton)在其连续发表的两篇论文中,提出信息资源管理是对一个机构的信息内容及支持工具(信息、设备、资金等)的管理(过程)。

英国学者马丁(W. J, Martin)在其所著的《信息社会》(The Information Society)一书中,对信息资源管理的内涵作了如下表述:"信息管理就是与信息相关的计划、预算、组织、指挥、培训和控制过程。"

1982 年,怀特(M. S. White)立足于信息资源管理的过程,提出了信息资源管理是有效地确定、获取、综合和利用各种信息资源,以满足当前和未来信息需求的过程。

3)管理活动

1992 年,博蒙特(J. R. Beaumont)和萨瑟兰(E. Sutherland)从管理活动的角度阐述了他们对信息资源管理的认识,认为"信息资源管理是一个集合词,它包含了所有能够确保信息利用的管理活动"。

1998 年,麦克劳德(R. Mcleod Jr.)在其著作《管理信息系统——管理导向的理论与实践》中,从组织的角度,描述了信息资源管理的含义:"信息资源管理是公司各层次的管理者为确认、获取和管理满足公司信息需求的信息资源而从事的活动。"

我国学者霍国庆在 1997 年发表的《信息资源管理的起源与发展》的文章中,对信息资源管理进行了较规范的界定:"信息资源管理是为了确保信息资源的有效利用,以现代信息技术为手段,对信息资源实施计划、预算、组织、指挥、控制、协调的一种人类管理活动。"在这里信息资源管理被拓展为人类的一般管理活动。

4)管理手段

1985 年,莱维坦(K. B. Levitan)与迪宁(J. Dineen)提出将信息资源管理定义为一种集成化的管理手段,主张从管理对象的角度来探讨信息资源管理。我国学者卢泰宏也持有相同的观点,1993 年卢泰宏在其所著的《国家信息政策》一书中,对信息管理的发展进行了归纳和分析,指出:"尽管关于信息资源管理的阐释不尽相同,但至少有一点是众所一致的,即信息资源管理是信息管理的综合,是一种集约化的管理。""这里所说的'集约化',有两个方面的含义,一方面是指信息管理对象的集约化,即信息资源管理意味着对信息活动中的信息、人、机器、技术以及资金等各种资源的集约化管理;另一方面是指管理手段和方式的集约化,即信息资源管理是多种管理手段的综合。"

5）系统方法

1984年,里克斯(B. R. Ricks)和高(K. F. Gow)在他们合作发表的论文《信息资源管理》中,以系统理论分析了信息资源管理的含义:"信息资源管理是为了有效地利用(信息资源)这一重要的组织资源而实施规划、组织、用人、指挥、控制的系统方法。"

1985年,伍德(G. Wood)在发表的论文中指出:信息资源管理是信息管理中几种有效方法的综合。这意味着信息资源管理需要将一般管理、资源管理、计算机系统管理、图书馆管理以及政策制定和规划方法结合起来,并加以运用。

面对纷繁复杂的信息资源管理概念,我们不去探究信息资源管理的确切定义,而是理解其基本的内涵。

第一、信息资源管理的主体是组织。信息资源管理作为管理活动,必须明确管理的主体。管理的主体是指实施管理活动的人或机构,从上述研究者特别是西方研究者对信息资源管理的定义可以看出,信息资源管理的主体是组织。尽管信息资源管理因管理的范围不同,被区分为政府信息资源管理、组织信息资源管理和社会信息资源管理等多种形式,但是从发展的角度看,信息资源管理应当强调组织机构的信息资源管理,追求组织中信息资源的完善和优化,突出组织中的信息资源管理,强调在组织中发挥信息的资源作用。国外学者 Dennis Lewis 博士指出:信息资源管理的发展需要以一个或更多的组织机构中心为依托。只有在组织部门的具体管理过程中,信息资源管理这一理念才能得以充分运用,信息资源管理的行为才能得以有效实施。

第二、信息资源管理的客体是广义信息资源。信息资源有狭义和广义之分,作为管理活动的客体,信息资源作用的发挥,在很大程度上与信息活动中其他要素作用的发挥是密切相关的。从系统的观点来看,信息活动中的诸要素只有按照一定的原则加以配置,组成一个系统,才能发挥其最佳效用,充分显示其价值,而这种价值的大小又在很大程度上受制于上述诸要素的配置方式和配置效率。所以,只有将管理的客体定义为广义的信息资源,才能通过有效的管理活动,综合的发挥信息的资源作用。

第三、信息资源管理的目标是提高组织效益。对一个组织而言,信息资源管理的目标不是最大限度地利用信息技术或是实现办公自动化,因为这些只是手段而不是目的,信息资源管理的最终目的是使组织中的每个成员都成为有效的信息处理者和决策者,从而有效地提高每个人和整个组织的生产率,最终提高组织的整体效益。管理的目的决定着管理的方向,信息资源管理要求组织成员必须把信息视作一种宝贵的资源,视信息共享为一种规则而不是例外,充分发挥信息的资源作用。同时,要求组织应确保在信息资源方面的投资能够以最佳的方式运作,使信息这种资源能够为组织创造财富。

第四、信息资源管理的核心是对信息资源的综合管理。信息资源管理是在经历了信息技术管理时期以后出现的新的管理思想,其出现本身就是对单纯技术管理方式的否定。信息资源包含信息内容本身、信息技术、信息活动中的人员、信息设备、资金等诸多内容,信息活动涉及信息资源的建设、信息系统的开发、信息政策的制定、信息人员的管理。另外,信息技术的引入,会在不同程度上改变组织的结构、组织的工作方式,甚至是组织文化,对这样一种综合性的资源,无论哪种管理方式,都无法发挥组织战略资源作用,必须实施综合的管理方式,按照我国学者卢泰宏的观点,就是要采用技术手段、经济手段和人文手段对信息资源实施集成化管理。

1.3.2 信息资源管理的相关学科

1) 信息资源管理与信息管理

信息资源管理与信息管理的关系问题,是本学科分歧较大的一个理论问题。在学术著作中,信息资源管理与信息管理并存,但所反映的学术观点和学术思想却不尽相同,概括起来有以下三种观点:

(1) 信息资源管理等同于信息管理。有相当多的研究者,将信息管理与信息资源管理视为同一概念,只是表述不同而已。英国学者马丁认为,信息管理与信息资源管理之间不存在任何区别,因为它们本质上是完全相同的东西。

(2) 信息资源管理从属于信息管理。持该观点的学者主要来自我国图书情报领域,认为信息资源管理是信息管理领域的一个从属的研究内容,是一个特定的功能领域,具体地说,信息资源管理是整合和协调组织的信息源、信息服务和信息系统,并协调组织内部和外部信息资源的一种方法,其目的是建立一种必要的组织机制,以最低的成本,及时、准确地创造、获取、处理、储存一定质量的信息和数据,从而支持组织的目标。信息管理不是指一个功能领域,而是包括信息资源规划和预算、信息系统、记录管理、图书馆、档案馆、出版部门、电子通信以及数据管理等功能在内的统一体。持该观点的研究者有一个共同的特点,将信息管理定位在社会信息资源的管理,从内核上是图书情报管理的拓展和延伸,而不是组织信息资源的管理。

(3) 信息资源管理是信息管理发展的新阶段。伍德认为:信息资源管理是信息管理中几种有效方法的综合,是一般管理(资源管理)、信息系统管理、图书馆学以及文件政策和规划制定等的结合。尽管他不是灵丹妙药,也不是一种发育完善的方法,但它将是信息管理发展过程中的下一个阶段。卢泰宏认为,信息管理在经历了传统管理时期和技术管理时期之后,于上世纪80年代进入了资源管理时期,该时期所产生的影响是巨大而又深远的,结果之一是使信息管理成为管理世界中一个独立的新领域。

2） 信息资源管理与管理信息系统

信息资源管理与管理信息系统是一对密切相关的概念,近年来管理信息系统同信息资源管理有一种相互渗透和融合的趋势,二者既相互区别,又相互借鉴。

(1) 二者的成熟度不同。管理信息系统的研究先于信息资源管理,1956 年,IBM 公司率先将计算机技术应用于组织事务处理,由此开创了管理信息系统的先河。到 20 世纪 60 年代末,管理信息系统已为社会各界普遍接受,特别是工商部门,建立管理信息系统成为改进业务管理的重要选择,学术界也开始对管理信息系统进行理论研究。1967 年,美国明尼苏达大学开办了管理信息系统专业,开展管理信息系统教育,为社会培养管理信息系统开发和管理人员。经过 30 年的发展,管理信息系统已建立了相对稳定的研究体系。信息资源管理较之前者则要年轻一些,直到 80 年代初,信息资源管理的概念才开始在社会上出现并逐步为人们所接受。政府部门、工商企业的信息资源管理的实践活动,进一步促进了信息资源管理的理论研究。图书情报、工商管理、信息技术领域的研究者开始从多角度、多侧面探索信息资源管理的理论,但作为一门学科,信息资源管理的知识体系还处在发展之中。

(2) 二者的研究范围不同。管理信息系统以信息系统为研究对象,主要研究信息系统的规划、系统的开发与集成、信息系统的维护与管理等内容。其研究对象相对单一,研究范围集中在信息系统的开发建设。信息资源管理以组织的信息资源为研究对象,把组织所有可用的信息、信息技术、信息设备与信息人员融为一体,作为组织资源进行管理。就信息而言,信息资源管理将范围扩大到信息系统以外,也包括全部未归入信息系统的信息,其研究内容不仅包括信息系统的建设与管理,还包括信息资源的开发、组织、利用等,另外组织的信息体制、信息政策以及组织的信息战略也属于信息资源管理的研究范畴。就研究的范围而言,信息资源管理的研究更为广泛。史密斯和梅德利认为,信息资源管理比管理信息系统复杂得多,它可能被认为是整合所有学科、电子通信和商业过程的一种管理哲学。

(3) 二者的学科性质不同。管理信息系统侧重系统开发过程和开发方法的研究,信息系统的实践不断充实和发展着信息系统的理论和方法,系统规划、系统分析、系统设计也不断得到更新和完善。管理信息系统的学科特征侧重实践性和可操作性,从本质上讲管理信息系统是一门方法论学科。信息资源管理以组织信息资源作为研究对象,侧重组织信息资源的开发和综合利用,内容涉及树立信息资源是组织重要资源的观念,确立信息资源管理机构、信息资源管理人员的职业地位,制定组织信息战略,制定并监督信息政策的实施以及组织信息系统的开发建设和维护等。信息资源管理集成了机构管理、技术管理、资源管理等多领域的管理特征,是一个综合性的管理理论和方法,对于组织的管理实践更具有思想指导的意义。

从另一方面看,管理信息系统同信息资源管理又有着密切的联系。

首先,管理信息系统的发展与出现的问题,是信息资源管理产生和发展的前提之一。管理信息系统诞生之初,人们对其寄予厚望,管理信息系统被描述为能够从根本上改变管理人员工作方式的技术,能够极大地提高组织的效率和效益。然而,在管理信息系统的实践中,人们发现,信息系统对于组织并不存在确定性的作用,许多组织在投入了大量的资金后,没有收到预期的效果和收益。人们开始意识到,信息系统作为一种新的信息管理工具和手段,不仅具有技术性特征,还具有组织资源的特性,应该采用资源管理的方式管理信息系统。对于信息技术的投入,应采用成本—效益分析,避免单纯追求技术的先进性。

与此同时,管理信息系统的引入也给组织带来了诸多新的问题,如信息所有权的变更、工作流程的改变、信息文化与组织传统文化的冲突、如何保证信息安全等等,上述问题能否得到妥善解决,关系到信息系统建设的成败,甚至影响到组织的正常经营,而上述种种问题,仅靠技术手段是无法解决的,于是人们开始从综合的角度研究信息系统问题,由此促成了信息资源管理的产生。

第二,管理信息系统与信息资源管理研究的内容相互交叉。在信息化水平不断提高的今天,几乎所有的组织都建立了或大或小,或综合或专业的管理信息系统,信息系统的应用已深入到组织的基本活动中,信息系统对组织的生存与繁荣的影响越来越大。组织对信息系统的投资像投资于其他资产一样,成为组织经营的必要条件,有数据显示,组织在信息系统建设方面的投资在组织的各类投资中增长最快,由此形成的管理信息系统既是组织重要的信息资源,也是组织资产的有机组成部分。对信息资产的管理是信息资源管理研究的重要内容,从信息系统的规划、信息系统建设项目管理、到信息系统的运行、维护;从信息系统的基础数据建设、到信息系统的功能集成;从支持基层业务处理的信息系统、到支持组织高层决策的战略信息系统,都是信息资源管理研究的内容。从某种意义上讲,开发建设管理信息系统,是信息资源管理的手段。

第三,管理信息系统与信息资源管理相互影响和促进,界限日趋模糊。单纯依靠技术方法建立的管理信息系统,无法满足组织管理对信息的需求,信息系统的广泛应用并没有确定性地转化为利润或生产率的提高。20 世纪 80 年代以后,管理信息系统的研究发生了很大变化。一是研究范围逐步扩展,研究内容包括组织特征、目标,组织结构、文化对管理信息系统的作用和影响;二是研究方法由早期的纯技术方法转变为社会技术方法,强调对信息系统进行综合管理;三是管理信息系统教育面向的对象由信息系统开发人员转变为组织各级管理人员,特别是面向组织高级管理人员,侧重研究如何利用管理信息系统对组织战略的支持,探索战略信息系统对组织获取竞争优势的作用;四是管理信息系统的研究者转而研究信息资源管理,国外主流信息资源管理的研究者多来自于信息系统领域,由信息系统转而研究信息资源管理,这绝非偶然,它是研究者对信息系统理论与实践发展趋势的正确把握。上述种种变化,使得管理信息系统同信息资源管理的边界日渐模糊,管理信息系统与组织层面的信息资源管理走向融合是一种发展趋势。

1.3.3　信息资源管理的层次

从一定意义上讲,信息资源管理的范围,决定着信息资源管理的知识体系。根据信息资源管理范围的不同,可以将信息资源管理分为微观信息资源管理和宏观信息资源管理两个层面。微观信息资源管理是基于组织层面的信息资源管理,它将信息及其各种支持手段作为组织的重要资源,围绕这一组织资源采用综合的管理手段,对信息资源实施规划、开发、集成和控制。组织信息资源管理,将信息资源视为组织的战略资源,在重视信息组织机构、信息人才和信息政策的前提下,侧重研究现代信息技术给组织管理带来的变化,信息战略对组织战略的支持作用,研究信息系统的发展演变、信息系统与组织之间的相互作用关系等内容。

组织层面的信息资源管理以满足组织信息需求为管理的出发点和最终目标,追求信息资源管理的效率和效益;其次,组织信息资源管理的手段是通过采用信息技术,构建各类信息系统来实现信息资源管理的目的;第三,其管理过程是从组织整体信息需求出发,制订信息政策,设置信息管理机构和管理人员,对组织的信息资源进行全面规划,运用信息技术构建和改造组织的信息系统,以信息战略支持组织战略,利用信息技术获取竞争优势。

宏观信息资源管理是基于社会层面的信息资源管理,这一层面将信息资源管理作为一种管理思想和管理理论,认为信息不仅是组织资源,同时也是一种社会资源,要求围绕这一社会经济资源展开一系列管理活动。首先,其管理目标是满足社会用户的信息需求;其次,以通过国家信息政策与法规、市场与利益的调控机制对广义的信息资源进行合理配置、对信息产业的发展等进行协调与控制作为主要内容;第三,其过程是从全社会出发,全面规划信息资源,满足经济与社会发展对信息资源的需求,在保障信息资源的充分利用和共享前提下,兼顾信息资源利用的公平。总而言之,宏观层面的信息资源管理是通过有效的手段进行信息资源管理的合理配置,促进信息资源的开发、利用和增值,实现经济与社会的可持续发展。

1.3.4　信息资源管理的手段

信息资源管理的手段多种多样,从其性质来划分,信息资源管理的手段主要有技术手段、经济手段、法律手段和行政手段四大类。

技术手段是指以计算机和通信技术为基础的现代信息系统和信息网络以及

与此相适应的信息加工方法,是信息资源管理的主要手段和内容。当前信息资源存在的主要形式各种类型的数字信息资源,信息系统成为信息资源管理的基本手段,信息网络成为信息资源存储和流通的主要场所。因此,现代信息资源管理实质上是通过信息系统和信息网络来实现的。

信息资源管理的经济手段是指运用各种经济杠杆的利益诱导作用,促使信息资源开发利用机构从经济利益上关心自己的活动,是一种间接组织和协调信息资源开发利用活动的手段。其主要特征是:体现了信息资源本身的特点及开发利用活动中所固有的规律,具有明显的诱导性和非强制性。

信息资源管理的法律手段是指用以协调信息资源开发利用活动的各种有关的法律规范的总称。运用法律手段管理信息资源,就是各个层次的信息资源管理者依靠国家政权的力量,通过经济立法和经济司法机构,运用经济法规来调整信息资源开发利用各机构之间及各环节之间错综复杂的经济关系,处理经济矛盾,解决经济纠纷,惩办经济犯罪,维护信息资源开发利用活动的正常秩序。

信息资源管理的行政手段是指凭借国家政权的权威,采取命令、指示等形式来直接控制和管理信息资源及其相关活动。行政手段是信息资源管理必要的辅助手段,其合理运用有利于整顿经济秩序、加强组织、减少混乱,有助于更好地运用信息资源管理的技术手段、经济手段和法律手段。

1.3.5 信息资源管理的特征

尽管信息资源管理思想和理论还存在着分歧,但信息资源管理作为信息时代组织管理的重要思想,为组织提供了一种全新的管理理论和方法,信息资源管理理论作为一种思想和理论具有以下几个共同的特征:

1) 综合性

一是信息资源管理对象具有综合性。信息资源管理的对象是广义的信息资源,信息资源不仅包含信息本身,还包含支持信息活动的各种要素,如信息人员和用户、信息技术、设备、资金等,信息资源的含义规定了信息资源管理对象的综合性。信息资源管理不仅包括狭义信息资源的建设和开发,还包括信息系统建设资金的筹集、信息系统的建设、维护和管理、信息机构和管理人员的设置、用户的培训和教育、组织信息政策和标准的制订、落实和检查。另外,信息资源管理还包括在组织内部提高组织成员的信息意识、提高利用信息资源的能力。

二是以综合管理作为信息资源管理的内容。随着信息技术应用的深入,对信息技术的管理形成了信息资源管理的重要内容,采用先进的信息技术,根据需要开发和管理各类信息系统,当然的成为信息资源管理的重要内容,但是信息技术应用于组织并不具有确定性的效果,不同的组织采用信息技术会产生截然不同的结果。信息技术与采用技术的组织存在着间接的相互影响、相互作用关系,通过组织环境、组织结构、组织文化、业务流程、领导方式作用于信息技术,影响信息技术的应用效果。信息系统建设的实践已无数次证明,片面强调技术管理的技术决定论,不仅无法解决组织的所有问题,相反会给组织带来更多的管理问题。信息资源管理倡导综合性的管理模式,在重视管理信息技术的同时,把信息环境、信息文化、信息政策、信息机构、信息人员、信息投入等内容都纳入管理范畴,研究组织的文化、政治、环境,掌握组织成员的思想和观念,明确自身的管理基础,在此基础上探讨引入信息技术可能给组织带来的机会和挑战,寻求信息技术合适的切入点。

三是用多种管理方法的综合作为信息资源管理的方法。由于管理对象的综合性,信息资源管理的方法必然是不同领域的管理方法的集合,信息资源管理强调综合运用不同学科领域的方法和成就,对信息资源实施集成化的管理,资源管理、系统管理、记录管理、文献管理、行政管理、人本管理等方法都普遍地应用于信息资源管理的实践环节。在管理模式上,既重视信息资源的技术特性,强调用先进的信息技术改造传统的组织和管理模式;也强调信息的资源和经济特性,注重对信息资源的成本和效益分析,讲求信息资源投入的经济效益,避免单纯追求技术性。

2）技术性

信息资源管理从形成便与信息技术紧密相连,信息技术的横向拓展和纵向升级,将人们置身于四通八达的信息网络之中,改变着人们的思想和行为模式,形成了复杂的人文环境,同时也孕育了信息资源管理这种新的管理思想,为信息资源管理提供了丰富的管理手段。

信息资源管理的技术性特征是由信息系统在组织中的地位与作用决定的。信息技术的发展、贸易的全球化和信息经济的出现,已经重新赋予了信息系统在组织和管理中的重要地位,信息系统正在成为新的企业模式、企业流程和企业分配资源的基础。越来越多的企业认识到,他们可以利用信息系统来组织供应商、管理生产以及给消费者送货。这种从供应商到生产组织再到消费者的信息化流程正在改变着我们的组织和经营管理模式,信息系统已成为组织的核心信息资源,在一定意义上讲,信息系统已成为信息资源管理的实现形式。

信息技术的快速发展,一方面为信息资源管理提供了丰富的管理手段,同时也出现了一系列的矛盾和冲突,对信息资源管理提出了更高的要求,如日益严重的信息安全问题、数据处理过程的完善与管理、信息过剩、信息获取和分配中的不平等加剧等,加大了信息资源管理的难度。信息资源管理的技术性特征,要求信息管理人员必须了解信息技术方面的知识,以及信息技术可能给组织带来的正面和负面影响。在掌握技术的基础上,从提高整个组织运营效率的角度,指导组织的信息传递、利用和业务流程的更新,选择恰当的信息技术构建适合组织特点的信息基础设施。

3）二重性

信息资源管理的二重性表现在：它既是一种新的管理思想，又是一种可供借鉴的管理模式。

首先，信息资源管理是一种崭新的管理思想。人类的管理思想是伴随着人类的共同生产劳动而产生的，人类早期的生产活动都是在集体的基础上为了一个共同的目的共同进行的，必然需要有人来协调不同成员的个体活动，管理由此而产生。人类的管理思想源远流长，在社会发展过程中，管理思想被不断充实，但是，管理思想和理论的飞跃发展则是在19世纪末和20世纪初的西方社会，从那时起到现在，科学管理、组织管理、行为管理、管理科学、决策理论等管理思想和理论不断涌现，伴随着社会生产环境的变化，新的管理思想仍在不断出现，信息资源管理就是社会生产发展到一定阶段的产物。

20世纪30年代初的世界性大萧条，改变了整个世界的市场格局，社会由卖方市场转向买方市场，企业间竞争日益加剧，特别是二次大战以后，组织规模增大，组织结构更加复杂，市场的变化也越趋频繁，企业要在这样复杂的环境中求得生存和发展，正确的决策至关重要，美国竞争情报学家卡哈纳说：如果你做出正确的决策，你将获得成功；如果做出错误的决策，你将失败。西蒙的决策理论正是与当时社会特点相适应的。决策理论将决策视为一个过程，由信息收集、拟订方案、选择方案和评估方案四个阶段组成，每一个阶段都依赖信息的支持，信息成为决策的基础。

组织规模日趋庞大，许多组织已成为跨地区、跨国界的巨型组织，组织间的沟通联络直接影响到组织功能的发挥。影响组织活动的因素错综复杂，市场竞争激烈程度达到前所未有的状态，企业的生存和发展与瞬息万变的市场信息密切相关，信息技术为信息资源的开发和利用提供了强大的工具，带来了革命性的变化，同时也产生了一系列新的问题，信息技术的发展为人们管理信息提供了技术手段，信息资源管理成为现实。

由此可见，人类的管理思想和管理方法是一定生产力发展水平的产物。伴随着人类的生产实践活动，一个又一个的管理思想和理论逐渐诞生、发展和成熟，信息资源管理是社会信息化的客观产物，是信息时代指导组织实践的又一种管理思想和理论。

其次，信息资源管理是可实践的管理模式。尽管信息资源管理仍处在不断发展和完善之中，人们在信息资源管理的实践中总结出一套实践性很强的管理模式，信息资源管理模式是以支持组织战略为目标，采用技术、经济和人文相结合的管理手段，以信息资源建设为基础，以信息系统开发管理为中心，实现组织经济效益的最大化。虽然组织千差万别，形态各异，但是信息资源管理作为一种操作性很强的管理方式，对于各类组织都具有普遍的实践意义。信息资源管理模式一般包括以下几个方面：

一是制定信息战略。信息战略是组织开展信息活动,发挥信息功能的总体规划。从功能划分的角度,信息战略是组织一类独立的战略,但是从信息功能实现的角度来看,信息战略必须与组织的业务战略相结合,无论信息如何重要,它都必须服务于组织整体战略。所以,信息战略是组织总体战略的一个组成部分,是为发挥组织整体功能而存在的。一般情况下,信息战略包括组织信息政策、业务系统规划、信息系统规划、信息技术战略等内容。

二是制定组织信息政策。组织信息政策是组织为了保证信息活动的正常进行,促进信息交流和利用而制定的一系列规章、制度和条例的总称,信息政策是组织开展信息活动的原则和指南,是组织实施信息资源管理过程中必不可少的指导方针。制定组织信息政策必须以信息战略为指导,根据组织信息活动的需要,在充分考虑组织内外环境,组织的管理特点,结合信息技术的发展趋势,围绕信息的收集、处理、传递、利用和信息资源的配置,做出具体规定,以保证组织信息资源的充分共享,更好地发挥信息的资源价值。具体来说,组织信息政策的内容主要包括:① 明确信息所有权,确保信息共享。在组织中产生的信息应视为组织财产,不能由组织的部门和个人所有,在组织范围内,信息应保证做到充分共享,除非一些特殊原因的限制,如道德、法律和商业秘密等。② 明确信息责任,保证信息的准确性。规定信息的产生部门对信息质量负有责任,各部门应采取措施保证信息的准确性。③ 建立信息标准,确保信息的一致性。组织应制定统一的数据标准,使组织内部的信息都有共同的定义和结构,需要对外交流的数据应尽可能采用国际标准和国家标准,最大限度地缩小信息的不一致,减少数据错误和可能出现的浪费。④ 制定信息使用规则,保障信息安全。对组织中的信息进行分类管理,规定相应的信息使用人员,并明确规定违反的处罚措施。

三是设置信息管理机构和管理人员。信息资源的开发、利用过程涉及的人员和范围较广,内容庞杂,为了防止信息资源的浪费和滥用,最大限度地提供信息资源的效用,组织必须建立和完善相应的组织机构,强化对信息资源的开发和利用。组织应设立信息中心或其他名称的信息管理机构,其职责是制定组织信息资源开发、利用和管理的总体规划;主持信息系统的开发、维护和运行管理;制定和执行信息资源管理的标准和规范;对组织成员进行信息意识、信息文化和信息技术培训等。

信息资源是组织的战略资源,为了更好地发挥信息这一战略资源的价值,组织需要从全局和整体的需求出发,统筹组织的信息资源管理工作,为此组织需要设置一位高层的信息资源管理者,即首席信息主管(CIO),首席信息主管全面负责组织的信息资源管理工作,并参与组织战略决策。

四是开展组织信息资源建设。信息资源的内核是信息和数据,是信息资源管理的核心,任何组织都必须重视信息资源建设。信息资源建设的基础是数据的标准化,缺乏标准的数据,只会形成一个个"信息孤岛",虽然数据很多,却无法实现信息共享。只有依据标准建设的数据源,才能够无障碍、不失真地在人与人之间、人与计算机之间进行沟通和交流,只有数据信息是标准的,处理数据的信息系统才能实现跨系统地数据共享。威廉.德雷尔在 1985 年出版的《数据管理》中有句名言:没有卓有成效的数据管理,就没有成功高效的数据处理,更建立不起来整个企业的计算机信息系统。所以信息资源管理建设应从数据标准化建设入手。组织的信息管理部门应负责数据标准的制定和执行,同时还应重视数据标准的宣传和普及。

五是开发建设信息系统。今天的组织从数据处理到管理和决策支持,从办公自动化到知识工作系统,从基层数据录入到高层战略分析,到处都是现代信息技术的身影,信息系统已渗透到组织的各个方面,信息系统开发与建设已成为信息资源管理的重要内容。信息系统建设必须考虑几个方面的问题。首先,信息系统建设应以支持组织战略目标为目的,通过信息系统建设提高组织的竞争能力和抵御风险的能力;其次,通过信息系统建设,应该用先进的信息技术改造传统的业务流程和落后的管理模式,而不仅仅是对原有业务流程的自动化,或者把传统的管理模式用现代技术加以固化;第三,结合组织的业务特点和组织文化,慎重选择信息技术,要考虑技术与组织的相互适应性,避免单纯追求技术先进性的倾向;第四,信息系统建设应讲求经济效益。

六是开展信息教育,营造组织信息文化。一方面,通过教育、培训,不断提高组织成员的信息技术水平,增强开发利用信息资源的能力;另一方面,在组织中广泛开展信息教育,增强组织成员的信息意识。信息意识是信息资源开发利用的文化基础,同时,信息意识也是信息安全的基础和保证。通过教育,营造组织信息文化,在具有信息文化的组织中,信息是组织资源、信息具有价值应成为所有组织成员的共识,促进信息共享、开发利用信息资源是成员的工作职责。

1.4　信息资源管理理论学派

1.4.1　国外信息资源管理的理论学派

信息资源管理理论形成于 20 世纪 70 年代末期的美国,整个 80 年代是美国信息资源管理理论迅速发展的时期。80 年代中期,信息资源管理理论开始传入欧洲并在那里逐渐演化为"信息管理"理论。我国学者霍国庆曾撰文将国外信息资源管理的理论分为三个学派,下面对这三个学派的主要思想进行简要评述。

1)信息系统学派

(1)信息系统学派的代表人物和著作

信息系统学派是西方信息资源管理理论研究的主流,主要以霍顿、马钱德、史密斯、梅德利、博蒙特、萨瑟兰、D.胡赛因和 K.M.胡赛因等为代表,其理论主要源于信息技术在企业管理领域的应用,以建立满足组织需要的信息系统为核心,故称为信息系统学派。代表著作有霍顿的《信息资源管理:概念与案例》(1979年)、《信息资源管理手册:使信息资源管理变为易事》(1982年)、《公共行政部门的信息资源管理:10年的进展》(1985年)、《信息资源管理》(1985年);马钱德的《信息趋势:从信息资源中获利》(1986年与霍顿合著)、《信息管理:过渡期的策略与工具?》(1985年);迪博尔德的《信息资源管理:新的挑战》、《信息资源管理:新的方向》、《管理信息:挑战和机遇》、《信息是竞争武器》、《影响信息管理未来的6个问题》;斯密斯和梅德利的《信息资源管理》(1987年);D.胡赛因和K.胡赛因的《信息资源管理》(1984年)、博蒙特、萨瑟兰的《信息资源管理》(1992年)。

(2) 信息系统学派的主要理论

① 信息是具有生命周期的资源

霍顿认为,信息是一种具有生命周期的资源,它包括确定信息需求、生产、收集、传递、处理、储存、传播与利用等阶段。信息资源管理就是基于信息生命周期的一种人类管理活动,是对信息资源实施规划、指导、预算、决策、审计和评估的过程。

② 信息资源管理是对管理的创新

史密斯和梅德利认为,信息资源管理的实质是一种新的管理理论和实践,是与组织战略规划相对应的新型管理理论。

迪博尔德指出,信息资源管理是一种新的思想和方法,它把信息作为一种资源进行管理,并在很大程度上采用与组织管理其他资源相同的管理方法。

霍顿也认为,信息资源管理是管理的新职能,是在信息与文书激增的背景下,人们对更多的组织有序的事实和对统计数据方便获取的迫切需要而产生的。他还指出,信息与信息资源是可以纳入组织预算的。它与人力、物力、财力和自然资源同属组织的重要资源,理应以管理其他资源的方式管理信息资源,从而使信息资源管理成为组织管理的必要环节。

③ 信息资源管理具有明确的目标

霍顿提出在组织中对所有信息、信息资源的管理达到"高效(Efficient)、实效(Effective)、经济(Economical)",应成为组织信息资源管理的目标,即著名的"三E"目标。霍顿的"三E"目标高度概括了组织信息资源管理的目的,是信息资源管理实践所追求的根本目标。

以迪博尔德为首的研究小组把信息资源管理的目标具体化为若干个可操作的目标,认为一个公司范围内,信息资源管理的目标应包括:1)建立一种环境,只允许相关的(不是全部的)信息进入到公司的决策活动中;2)建立并实施一系列方法,使生产、收集信息的费用与利用信息后所获得的效益进行比较;3)树立信息在企业的商业活动和管理活动中被视为一种重要财产的观念;4)在利用信息技术之前,应首先对需求进行分析;5)使信息管理者的地位合法化;6)为所有的管理者和职员提供培训、教育和晋级的机会,使他们能掌握有关信息资源管理的技能;7)吸收用户参与系统的设计及有关决策活动,使之能对信息生产活动及人员、设备等资源负责。

马钱德认为,信息资源管理的目标在于通过增强组织处理动态和静态条件下内外部信息的需求能力来提高组织的管理效益。

④ 信息资源需要综合管理

霍顿在其1985年出版的《信息资源管理》一书中,系统地论述了信息资源管理的一般方法论,包括如下内容:确定组织的信息资源;估算信息资源的价值;确定信息资源的价格;分析信息流程中存在的问题;重建信息系统。霍顿的信息资源管理方法突出了成本—效益管理方式,体现了信息资源是经济资源的思想,强调资源管理方法在信息资源管理中的应用,是其"三E"目标的具体实现形式。

迪博尔德提出信息资源管理要重视信息政策的作用,他指出,由于信息技术飞速发展,组织中的信息政策将成为管理的必要手段,确定信息的价值标准是制定信息政策的首要步骤。

博蒙特和萨瑟兰重视信息资源管理中人的因素,作者认为,90年代工商业所面临的是日益信息化的社会与经济环境,任何企业都不可能回避信息和通信技术的全面影响,但技术因素并非决定因素,最终的决定力量仍然是人——第一流的管理者才是最稀缺的资源。

⑤ 信息资源管理是信息系统和其他学科相互整合的产物

霍顿认为信息资源管理是不同的信息技术和学科整合的产物,这些技术学科包括管理信息系统、记录管理、自动化数据处理、电子通信网络等。

马丁认为信息管理的范围涉及数据处理、文字处理、电子通信、文书和记录管理、图书馆和情报中心、办公系统、外向型信息服务以及所有与信息有关的经费控制活动。

马钱德和克雷斯莱因将信息资源管理分为七个模块,即数据处理、电子通信、文书和记录管理、图书馆和技术情报中心、办公系统、研究和统计信息管理、信息服务或公共信息机构等。

史密斯和梅德利在《信息资源管理》中,强调管理理论与计算机信息系统的结合,目的是使"已有计算机知识和技能的人可借以把握一般管理的概念和职责,使一般管理学家可借以获取计算机专业知识,从而在结合的过程中形成真正的信息资源管理理论体系"。

迪博尔德指出,管理信息系统强调各部门的技术性,而信息资源管理则强调信息资源在组织总体发展中的重要作用。

博蒙特和萨瑟兰认为,信息资源管理涉及如何应用信息和通信技术获取竞争优势的商业知识、信息经济如何改变市场的经济学知识、信息与通信技术如何影响法律框架的法律知识、信息与通信技术如何改变人们生活和工作方式的社会学知识、信息和通信技术的应用与发展趋势方面的技术知识等,这无疑是一个综合应用的知识领域。

⑥ 信息资源管理发展具有阶段性

诺兰、马钱德、史密斯等研究者从不同角度研究了信息资源管理的发展过程,提出了各具特色的阶段模型,并详细说明了不同发展阶段的特征。诺兰的阶段模型对组织建立信息系统具有很强的指导作用。马钱德先后提出过两个信息资源管理发展的阶段模型,一个是五阶段模型,主要用于描述工商企业中信息管理职能的演变规律;第二个模型是和克雷斯莱因共同提出的四阶段模型,主要用于描述政府机构中信息管理的发展规律。史密斯和梅德利也对信息资源管理的发展历程进行了详细的考察,提出了信息系统发展的五阶段模型。这些阶段模型已成为信息资源管理领域广泛采用的基本模型。

(3) 信息系统学派的特点

一是将信息视为组织资源,强调信息的资源特性和经济特性;将成本管理引入信息资源管理领域,注重研究信息的价值,强调对信息系统建设进行投入—产出分析。

二是以组织作为信息资源管理的载体,侧重研究组织信息资源管理的实现形式,强调通过信息资源管理提高组织的生产率,进而支持组织目标的实现。

三是重视信息系统理论同管理理论的结合,将信息资源管理提升到战略管理的高度。信息系统学派多从管理的角度来认识信息资源管理,侧重考察信息技术的利用如何影响一个组织机构并进而影响其商业经营,将信息资源管理同组织战略联系起来,强调从信息资源中识别发展机会,用信息战略赢得竞争优势。

四是注重案例研究和集体研究。信息系统学派的代表著作多是集体研究的成果,该学派的代表人物,一部分来自工商实业界从事信息管理工作的管理人员,另一部门是信息系统和信息管理专业的教学科研人员,有些则是身兼二职。这种不同背景的合作,使得其研究成果既具有理论的学术性,又有实践的指导性;同时,大量的案例是该学派研究成果的又一特征,其理论面向的对象主要是工商管理领域的管理者、管理信息系统专业师生以及一般的管理者。

2) 记录管理学派

(1) 记录管理学派的代表人物和著作

美国学者里克斯、高、罗比克、英国学者库克等是记录管理学派的代表人物,其代表著作有里克斯和高 1984 年出版的《信息资源管理》,罗比克的《信息和记录管理》以及库克的《信息管理和档案管理》等。记录管理学派的理论主要来源于信息技术在记录管理中的应用,侧重研究记录管理系统的建设。记录管理理论实质上是一种与办公室文件处理有关的信息资源管理理论。

（2）记录管理学派的主要理论

记录管理理论的逻辑起点是记录。记录是指记录在任何媒体上的信息，包括所有书籍、论文、图片、影像及其他载体记录下来的资料。从内容上则包括能够反映一个组织机构的功能、政策、决策、程序、操作和其他活动的资源。记录是一个组织机构的共同记忆，它既是一种组织资源又是一种组织财富。

记录管理是指从记录产生到最终清除之间的系统管理。记录管理系统（RMS）是记录管理理论的核心概念之一，它是针对一定的目标，由输入、处理和输出三大板块所构成的有机体。记录的创造、分配、利用、维护、存储与剔除过程都包含在处理板块中，也称为记录的生命周期。

记录管理的目标是在最适当的时间、以最低的费用、给适当的用户以最准确的信息。记录管理系统包括4个子系统：计划、组织、人员配备和管理。

（3）主要特点

一是将信息资源等同于记录，认为记录是一个组织的重要资源和财产，高效率的记录管理有助于组织目标的实现。

二是注重记录的生命周期，即记录的创造、采集、储存、检索、分配、利用、维护和控制过程，其实质是一种信息过程管理，这个过程构成了记录管理理论的内在依据。

三是注重多媒体的集成管理，记录的范畴超越了组织文书记录，被扩大为文献信息，其目的是在记录管理的基础上实现文献信息类学科的集成。

记录管理的理论不够成熟，仍处在经验学科和理论学科之间，没有上升到战略管理的层面，未能真正统一文献信息管理，其研究内容主要是信函、文件、报告、表格、缩微品等，其实质是一种扩大化的档案和文书管理。

3）信息管理学派

（1）信息管理学派的代表人物与著作

信息管理学派的代表人物有英国学者马丁、美国学者克罗宁、达文波特、德国学者施特勒特曼等，其代表性的著作有马丁的《信息社会》（1988年）、克罗宁和达文波特合著的《信息管理的要素》（1991年）、施特勒特曼的《90年代的信息管理：一个概念框架》等。该学派研究者的学科和知识背景多为图书情报领域，尽管他们的理论观点分歧很大，各有特点，理论上的相关性也比较弱，但是他们都将"信息管理"作为学科理论名称，故将他们的思想与理论统称为信息管理学派。

（2）主要理论

信息管理的内涵和外延比较宽泛。马丁认为，信息管理是一种特殊形式的管理活动，其范围涉及数据处理、文字处理、电子通信、文书和记录管理、图书馆和情报中心、办公系统、外向型信息服务以及所有与信息有关的经费控制活动等领域，其构成要素则包括技术、专家、可利用的资源和系统等等。

施特勒特曼认为,信息管理是对信息资源与相关信息过程进行规划、组织和控制的理论。信息资源包括信息内容、信息系统和信息基础结构三部分,信息过程则包括信息产品的生产过程和信息服务过程。

克罗宁和达文波特将信息管理的主体扩大化,在他们看来,个人在整理、归并个人的各种记录时,就是在扮演信息管理者的角色,因此,大家都是信息管理者。他们还认为,信息之所以能够被管理是因为它可以模型化。

信息过程与管理过程是可以相互转换的。施特勒特曼提出了信息的经济转换过程,他将信息资源的规划、预算、控制等管理过程,与信息资源的获取、组织、传递等信息过程巧妙地融为一体,形成了独具特色的信息转换过程。

信息管理是图书情报学科的发展与延伸。马丁认为,信息资源管理是图书情报领域久已熟知的挑战的更为复杂的变体,它涉及信息扩散、信息载体的异质性、信息爆炸等问题。施特勒特曼指出,图书馆与情报服务必须在两个方面改进信息管理:在内部,它们必须改进信息资源管理以提高生产率,提高服务质量和改进服务效果;在外部,它们必须把握各类用户的信息需求并设法满足用户的特殊需求。

(3)主要特点

信息管理学派的理论分歧很大,不同研究学者的成果各具特色,都有独到之处,但理论体系不强。其研究成果主要取决于研究者对信息资源管理理论的消化吸收程度,及其与图书情报理论的结合程度。

1.4.2 我国的信息资源管理理论

20世纪90年代初,我国学者开始介绍国外信息资源管理思想和理论,在借鉴的同时,研究者从自身的学术领域出发,结合学科建设和发展的需要,逐步开展我国的信息资源管理理论研究和探索,涌现出一批信息资源管理的研究者,出版了一系列信息资源管理的论著。由于研究者的学科背景不同,对国外信息资源管理理论了解的深度不同,导致对信息资源管理思想的理解相差很大,形成了不同理论背景和学科特征的信息资源管理理论流派。

1)信息管理领域

信息管理领域是我国最早开始信息资源管理理论研究的,由于对国外信息资源管理理论把握的程度不同,在构筑理论体系过程中,出现了较大差异。根据其学术思想,又可以将他们分为信息管理领域的管理学派和信息学派。

管理学派是从管理视角开展信息资源管理研究的,其代表人物有孟广均、霍国庆、谢阳群、钟守真、李月琳等。其理论特点是:① 追求管理传统,将信息资源管理视作是一般管理发展的新阶段,该学派的研究者往往将信息资源管理当作一般管理的一个子集,从管理角度探索信息资源管理的思想和方法,强调信息的资源特性,将信息资源管理视作人类的管理活动,注重对信息资源的过程管理;

② 注重对国外信息资源管理理论的研究,对国外主流信息资源管理思想和理论有较全面的认识和理解,在借鉴和继承的基础上,发展信息资源管理理论,因此,该学派的理论同国外信息资源管理理论有较好的接口;③ 将信息资源管理的逻辑起点定位于广义的信息资源,既重视对"信息"这一核心信息资源进行研究,也注意核心资源与支持资源的功能匹配研究;④ 将信息资源管理理论主要定位在组织层面,以满足用户需求作为信息资源管理的出发点,通过确定用户的信息需求,努力提供他们所需要的信息,要求信息资源管理应是一种以用户需求为中心而展开的系列管理活动或管理过程;⑤ 注重集成管理。该学派认为信息资源管理是一种解决信息问题的综合方法,强调采用集成的管理方法管理信息资源,信息系统、信息机构、信息体制、信息环境、信息政策等都是信息资源管理的必要手段。

信息学派的特点:① 以社会信息作为学科研究的逻辑起点,将信息资源管理的范围定位在宏观管理层面,侧重信息政策、信息产业、信息市场、信息交流等内容的研究;② 信息资源管理的主体比较模糊,从理论体系看,信息资源管理的主体主要定位在政府部门以及公共信息服务机构;③ 对西方信息资源管理理论研究较少,其理论缺乏借鉴和继承,名称虽为信息(资源)管理,但多以图书情报管理为学科基础,较多图书情报学科特征,实质是图书情报学的延伸和扩展,同西方主流的信息资源管理理论缺乏一致性,无法与其接轨。

2)信息系统领域

该领域从技术视角研究信息资源管理,其研究者大部分来自管理信息系统领域,代表人物有潘大连、薛华成、甘仞初、高复先等。其代表性的著作有潘大连的《信息资源管理的概念、技术与实践》、甘仞初的《信息资源管理》、高复先的《信息资源规划》、薛华成的《信息资源管理》等。

该领域的研究者以信息技术为主线组织信息资源管理的学科体系,将信息资源管理基本等同于信息系统的管理,侧重考虑如何应用先进的信息技术管理组织信息资源,更好地满足用户不断增长和变化的信息需求,同时强调运用信息技术支持组织战略。该领域的研究者多出自信息系统领域,对管理信息系统的开发与管理有着丰富的经验,其管理思想和理论普遍经历了从技术管理到资源管理的过程。主要观点有:

(1)信息资源管理是管理信息系统的扩展或分支学科,是更好地管理计算机信息系统的指南。信息资源管理主要涉及信息资源的基础建设、信息系统的开发与管理、信息战略管理等方面的理论与方法。信息资源的基础建设包括数据规划、数据标准与规范、硬件和软件的选型、信息技术和系统整合等;信息系统的开发与管理包括信息系统的项目管理、运行与维护管理、信息系统的安全管理、信息系统的评价等;信息战略管理包括信息技术与组织的关系、信息机构与人员、信息战略、信息政策与文化等。

（2）信息资源管理是对组织信息资源的管理。一个组织特别是企业组织，其各项活动相互联系、相互制约，构成了一个复杂的信息沟通系统，如何管理这个信息系统就是信息资源管理的研究内容。该领域的多数研究者将信息资源管理定位于企业组织，研究微观组织的信息资源管理活动。

（3）信息系统与组织是互为影响的关系。信息系统作为组织的重要资源，会对组织产生深刻的影响。在组织结构方面，信息系统可以简化组织中的等级制度，使组织机构扁平化；信息系统使组织和外部环境对高层领导更加透明，使他们可以运用信息系统来集成或严密控制组织，增强集权化；另一方面，信息系统也可以促进组织的分权化，信息系统使员工更方便地获得顾客、市场、服务和效率等各种资料，可以为员工提供自主决策所需要的信息，增强他们的参与性与自主性。在管理过程方面，信息系统使管理者之间的沟通更加便捷，允许更多的人员参与决策；信息系统还支持组织更迅速地决策，信息系统使组织能够更好地组织情报，迅速识别问题和机会。在组织文化方面，信息系统引入组织，使组织成员的信息观念、组织的创新意识得以增强。

（4）数据管理是信息资源管理的基础。信息资源管理的基础在于数据管理，没有卓有成效的数据管理，就没有成功高效的数据处理，更建立不起来整个企业的计算机信息系统；数据元素是最小的信息单元，数据管理工作必须从数据元素标准化做起；企业数据管理部门的重要职责，是集中控制和管理数据定义，建立全企业数据管理基础标准和规范化的数据结构，协调计算机应用开发人员和用户实施数据管理标准规范；数据管理是企业管理的重要组成部分，是长期复杂的工作，会遇到许多困难，持之以恒才能见到效果。

由信息系统发展而形成的面向组织的信息资源管理是整个信息资源管理领域的又一主要研究力量。

2 信息资源管理的理论基础

2.1 信息科学

2.1.1 信息论

信息论是应用概率论与数理统计方法来研究信息处理和信息传递的科学，研究的是通信和控制系统中普遍存在着的信息传递的共同规律以及如何最优地解决信息的获取、变换、存储、处理等问题，其任务是解决电子通信技术的编码和对抗等问题，从而提高通信系统的传输效率和可靠性。

美国数学家、电机工程师申农是信息论的奠基人，申农信息论主要研究信息的测度、信道容量和编码等问题。

1）通信系统模型

申农信息论把通信过程看作是在随机干扰的环境中传递信息的过程，信息源和噪声（干扰）源都被理解为某种随机过程或随机序列。因而在通信之前，信宿不可能确切了解信源究竟会发出什么样的具体信息，不可能确切判断信源会处于何种状态，这种状态会以何种方式发生变化。同样在信源发出信息之后，即在通信过程中，信息会受到噪声源发出的各种噪声的干扰，如果干扰很小，则不会对传递中的信息产生任何可察觉的影响，信宿能够接受到信源发出的所有信息；而一般情况下，干扰因素都会使信源发出的信息有所改变或遗漏，使信宿接收到的信息不确切或不完全。

通信系统主要有六部分组成：信源、编码器、信道、噪声源、译码器、信宿。下图是通信系统的基本模型：

图 2.1 通信系统传输的基本过程

① 信源。信源即是信息的来源，可以是人、自然界的事物、机器等等。信源发出的信息可以是离散的，也可以是连续的，但都是随机的，即在接收到信息之前无法确切地知道其内容。信源一般以某种符号（文字、图像等）或某种信号（语言、电磁波信号等）发出信息。

② 编码。编码即是将信息转换为信号的过程，可以分为信源编码和信道编

码两个部分(但并非所有通信系统都同时具有这两部分)。信源编码就是把信源产生的消息序列变换成为另一个码符号系列,如讲话时的语言、书写时的文字等都经过人脑,把各种语言文字按照一定的语法结构和规则进行编排,形成适当的语言文字,表达一定的信息。信源编码的目的是提高消息荷载信息的效率。信道编码就是把经过信源编码的码序列变换成适合于在信道中传输的信号序列,其目的是为了减少消息在传输、存贮或处理过程中的失真或差错。编码设备的输入端接入到信息源,从信息源发出的信息进入编码设备后,按照相应的编码规则编成信号序列从输出端输出。在通信系统中消息常常不是经过一次编码就被送入信道进行传输的,要使消息变成适合于信道传输的信号常常要经过几次编码。

③ 信道。信道就是信息传递的通道,是将荷载着信息的信号从通信系统的发送端传输到接收端的媒介或通道,它是构成信息流通系统的重要组成部分。信道可以是架空明线、电缆、波导、光纤、无线电波等狭义通信系统中的实际信道,也可以是磁盘、光盘、书刊等其他传输媒介。信道的关键问题是信道的容量,即要求以最大的速率传送最大的信息量。

④ 译码。译码即是当信号序列通过输出端输出后,把编码信号进行变换,转换成文字或图像等信息。译码是编码的逆过程,它从受干扰的信道输出信号中最大限度地提取出有关信源输出消息的信息,以尽可能精确地恢复信源的输出,进而传输给信宿。

⑤ 信宿。信宿即信息的接收者,可以是人,也可以是机器,它与信源处于不同的地点或处于不同的时刻。信宿接收到的信息的形式可以与信源发出的信息形式相同,也可以不同,这根据信宿的需要而定。当两者形式不同时,信宿接收到的信息是信源发出信息的一个映射。

⑥ 噪声。噪声是消息在传输、存贮和处理过程中所受到的干扰,它使消息出现失真或差错。在通信系统中所遇到的噪声主要有两类:一是系统内的噪声,是由系统自身的原因所产生的干扰,如电流在运动过程中的起伏变化,物体中电子的随机热运动;二是系统外的噪声,是由系统所处的环境所产生的干扰,如自然界的雷电、宇宙辐射以及人为发射的电磁波等干扰信号。噪声是整个通信系统中各种干扰的集中反映,对于任何通信系统而言,干扰的性质、大小都是影响系统性能的重要因素。

2) 信息量

信源所发出的消息带有随机性,它是不确定的。如果消息是确定的,而且是预先知道的,那么对于信宿而言,获得信息为零;如果消息是不确定的,信宿则可以从中获得信息,这正是通信的意义之所在。信宿在收到信息之后,对于信源的相关的不确定性就有所减少或消除,所以信息就是用以消除或减少人们的某种不确定性,而不确定性的变化程度就能够反映所获取的信息的多少。因而,只要能够度量不确定性以及它的变化程度,就可以知道获取的信息量的大小,即利用所消除的不确定性来计量信息(但信息不等同于不确定性,而是在数量上等于所消除的不确定性)。

如果用符号 X 表示信源发出的信息,Y 表示受到干扰以后的信息(与 X 不同),$H(X)$ 表示信宿的先验不确定性的大小,$H(X|Y)$ 表示信宿的后验不确定性的大小,$I(X;Y)$ 表示信宿从 Y 中所得到的信息量,那么信息量的基本公式如下:

$$I(X;Y) = H(X) - H(X|Y) \qquad (2-1)$$

由于信源发出的消息是随机的,可以用随机变量来表示。假设事件的基本空间 Ω 包含 m 个元素,即 $\Omega = \{x_1, x_2, \cdots, x_m\}$
且每一个等可能值的概率为

$$P(X=x_i) = p \quad i=1,2,\cdots,m$$

那么定义一个随机事件 x 所含的信息量称为 x 的自信息量,即

$$I(x) = \log \frac{1}{p(x)} = -\log p(x) \qquad (2-2)$$

式中 $I(x)$ 代表 x 的自信息量,$p(x)$ 为事件 x 出现的概率。

$I(x)$ 只能表示信源发出的某一特定消息 x 的自信息量,而对于不同的消息则有不同的自信息量,但却不足以作为整个信源的总体信息测度;同时信源是以概率 $p(x)$ 发出具体消息 x 的,即信源发出 x 是以 $p(x)$ 为概率的随机事件,所以自信息量 $I(x)$ 也是一个具有随机性的量,用一个随机性的量作为信息的度量函数显然是不合适的。对于通信系统而言,应该传递信源集中所有的消息,系统的设计也应当针对所有的消息,而不是单个的消息。

由于 $I(x)$ 不能作为一个信源总体的信息测度,那么可以定义平均信息量来作为信息总体的测度,即信息熵。

设 X 为一离散随机变量,在集合 $\{x_1, x_2, \cdots, x_n\}$ 中取值,其概率分布为

$$P\{X=x_i\} = p_i, i=1,2,\cdots,n, \sum_{i=1}^{n} p_i = 1$$

定义

$$H(X) = \sum_{i=1}^{n} p_i \log \frac{1}{p_i} = -\sum_{i=1}^{n} p_i \log p_i \qquad (2-3)$$

称为离散随机变量 X 的信息熵。

信息熵是从整个信源的统计特性来考虑的,它是从平均的意义上来表示信源的总体信息测度的,并且信息 X 在没有发出消息以前,信宿对信源 X 存在着平均不确定性。

2.1.2　系统论

系统是指相互联系、相互作用并具有一定整体功能和整体目的的诸要素的

有机综合体。系统论则是研究系统的一般模式、结构和规律的一门学科,主要研究各种系统的共同特征,用数学方法定量地描述其功能,寻求确立适用于一切系统的原理、原则和数学模型等具有逻辑和数学性质的基本理论问题。

20 世纪 20 年代奥地利生物学家贝塔朗菲提出了有机体的概念,强调要从系统的角度来考虑问题。他认为一切有机体都是一个整体——系统,生物有机体是在时间和空间上有限的具有复杂结构的一个自然整体,从一个生物体中分解出来的部分,同在整体中发挥功能的部分截然不同;他把生命看作是一个开放的系统,该系统与其所处的环境之间在不断地进行物质、能量和信息的交换;一切有机体都是按照严格的等级和层次组织起来的。基于对生物有机体的认识,贝塔朗菲用一组微分方程定量地描述了系统的概念,使系统定义在定量的基础上,从而能够从组成部分的行为推导出系统的特性,推出由于系统中某些要素的变化对系统产生的影响。基于此,贝塔朗菲提出了一般系统论的原理,并在以后的研究中对其进行了不断地完善。

下面具体介绍一些一般系统论的基本观点:

① 系统的整体性

系统是由若干相互依存、相互制约的要素构成的有机结构,在系统与其所在的环境发生相互作用的过程中,系统的所有要素都在发挥其功能,即系统表现出相应的整体功能。系统的整体功能不同于任何个别要素单独的功能,也不同于各个要素的单独功能的简单加和,即如亚里士多德所言:整体大于各孤立部分之和。所以系统中各要素并不是简单地聚集在一起,而是通过要素与要素之间的特定联系所组成的有机综合体,离开了系统,各要素的功能将大打折扣。因此系统的最显著的特征就是系统的整体性,这是一般系统论的核心。

② 系统的有机联系

任何具有整体性的系统,它内部的诸因素之间的联系是有机的,即诸因素之间相互联系、相互作用,有机地结合在一起,共同构成系统的整体。各个因素在系统中不仅是各自独立的子系统,而且是组成母系统的有机成员。正是由于存在于系统各要素间的有机关联,使得系统的整体功能产生了质的飞跃,远远超出各单个要素的功能的总和。同时,系统与其所处的环境也处于有机联系之中,从而又使得系统具有开放的性质。

③ 系统的动态性

任何现实的系统都在一定的时间、空间中存在,而现实世界的一切事物都在不断地运动、变化和发展之中。系统的有机联系也不是静态的,而是与时间、空间相适应的、动态的。一方面,系统的内部结构不是固定不变的,而是随时间变化的;另一方面,系统的开放性质、有机关联性强调的是系统同外界的物质、能量、信息的关联、交换,而动态性则强调这种物质、能量、信息的存在状态,它们在系统中可以表现为相对的稳态,但稳态绝不是静态,稳态是一种含有动态的运动状态。开放系统是系统处于动态的条件,动态又是开放系统的必然表现。

④ 系统的层次性

任何事物都有自己的结构和一定的有序性,但具有结构和有序性的事物并不一定都是系统,只有那些具有层次结构的事物才能被称为系统,所以层次性是系统的又一基本特性。系统是由各个相互关联的要素构成的有机整体,而每一要素又是一个小的有机整体,针对系统而言就是一个子系统,这些子系统又进一步包含更小的子系统,而对于系统而言,它又是环境大系统中的一个子系统。所有的系统、子系统形成了一系列的层次,每一个层次都由若干个子系统组成,又包含若干个更低层次的子系统。正是这种层次性保证了系统的稳定性。

⑤ 系统的目的性

目的性是系统固有的特性,是系统与非系统的一个重要分界。所谓系统的整体性正是相对于它的目的性而言的。每一个子系统都有各自的子目的,作为一个整体,系统的整体目的包含所有子目的。系统的关联性也是针对系统的目的性而言的,系统的各个要素都是围绕着整体目的而相互关联的。系统的目的性把所有的要素紧密地联系在一起。

在贝塔朗菲一般系统论的基本原理的基础上,一些其他领域的自然科学家开始投入系统学的研究,并形成了一系列的研究成果。

(1)耗散结构理论

比利时物理学家、化学家普里高津于 1969 年提出了耗散结构理论,它主要讨论一个系统从混沌向有序转化的机理、条件和规律,是研究耗散结构的性质及其形成、稳定和演化规律的一门学科。在远离平衡时出现的稳定有序的动态结构就是所谓的耗散结构,形成并维持系统的耗散结构需要具备以下四个条件:① 系统必须是个开放的系统。只有不断地与外界进行物质、能量和信息的交换,才能够形成新的有序结构并维持下去;② 系统必须处于远离平衡的状态。根据非平衡是有序之源的原理,系统只有远离平衡状态才可能形成有序结构;③ 系统各要素之间必须存在着非线性的相互作用;④ 涨落导致有序。当系统处于不稳定的临界状态,涨落不但不会衰减,反而放大成巨涨落,从而使系统从不稳定状态跃迁到一个有序状态。耗散结构解释了系统内部自行产生的从无序走向有序的自组织现象。

(2)协同理论

协同理论是德国物理学家赫尔曼·哈肯于 1977 年创立的。协同理论与耗散结构理论一样,也是研究远离平衡态的开放系统,在保证与外界有物质、能量和信息交换的条件下,系统能自发地产生一定的有序结构和功能的一种理论。协同理论用序参量来描述一个系统宏观有序的程度,用序参量的变化来刻画系统从无序向有序的转变。如果系统处于完全无序的混浊态,其序参量为零,当外界条件接近临界点时,序参量增大很快,最后在临界区域,序参量突变到极大值。

序参量支配着其他参量的变化,主宰着演化的进程,同时其他参量的变化也通过耦合和反馈前之序参量,它们之间相互依赖,又在序参量的主导下协同一致,从而形成一个不受外界作用和内部涨落影响的自组织结构。

2.1.3 控制论

控制是事物之间的一种不对称的相互作用,是人们按照预定的目的,为改善系统的功能或行为而加之于系统的作用。控制论属于系统科学中的技术科学层次,是研究各种系统调节与控制的一般规律的科学。它的研究对象是系统,从定量的角度,着重研究如何通过环境对系统的作用——控制来影响和改变系统的运动规律、系统的结构与功能,从而达到人们预定的目标。

控制过程是由系统的感受机构接受周围环境及系统内部状态的各种信息,并输入到系统的控制机构。控制机构对所获取的信息进行分析和加工处理、判断决策,并发出控制指令到系统的执行机构。执行机构根据指令进行相应的控制,并将执行情况进行信息反馈。所谓信息反馈就是将反映控制结果的系统状态信息或输出信息经处理后输送回来,再作用于系统,从而对信息的再输出发生影响的过程。从这个意义上讲,控制论的研究是一种对信息的产生、获取、变换、传输、加工处理、识别、利用以及对于相应的通信设备的研究。

控制作用就是在有干扰和某些外界不确定性存在的情况下,使受控量的实际值与所需要的期望值之间的偏差趋于零。这种偏差是通过反映系统实际行为的反馈信息与所希望的系统理想行为进行比较获得的。控制系统一般是通过负反馈的方法来调节和控制系统的。

控制论的研究内容一般包括系统分析和系统综合。系统分析研究受控系统的结构、功能、行为之间的相互关系以及系统与环境之间的相互作用。系统分析的基础是系统建模或系统辨识。系统综合是在系统分析的基础上选择控制方式,设计系统的反馈和控制机构,以使系统达到预定的运行目标或具有所期望的功能。

控制论方法在科学研究中的应用概括如下:① 确定系统。根据所研究对象的机理、研究的目的、约束条件及假设条件,把研究对象作为受控系统来处理。② 收集有关数据,并进行必要的加工处理,以作为研究的基础。③ 建立控制模型。控制模型是研究对象本质方面的表达形式,应能集中反映研究对象的主要特征和规律。数学模型的建立一般是从研究对象的机理出发采用统计数据的处理方法。④ 基于模型的系统分析。根据系统模型研究在控制作用下系统的运动规律。⑤ 将控制模型、研究结果与实际情况进行比较,做出模型精度分析。

2.2 管理科学

2.2.1 管理的基本含义

管理开始于人类生产活动中出现的分工和协作,是有组织的社会所必需的活动。所谓管理就是利用人力和资源,通过计划、组织和控制来完成一定的组织目标的过程;或者说管理是通过计划、组织、指挥、协调、控制等基本管理功能,有效地利用人力、物力、财力诸种要素,促进他们相互密切配合,发挥他们最高的效率,以达到预期的目标。管理是一种过程,是一种实现管理功能以达到预期目标——使整个组织活动更加富有成效的过程。

2.2.2 管理的基本原理

管理科学是一门综合性学科,它的主要目的就是要指导管理实践活动。根据管理学的历史发展动态及其基本内容,可以归纳管理活动的基本原理如下:

(1)系统原理

管理的系统原理是根据系统论的基本思想把管理看作是一个有统一功能目标的大系统,在系统内部有一系列的子系统,整个系统组成一个有机的整体。所以在进行管理活动的过程中,必须遵循系统论的整体性原则、目的性原则、关联性原则、层次性原则和动态性原则,充分协调各个子系统之间的关系,实现管理的最优化,发挥其最大功能。

系统原理不仅从系统观念上给管理者提供了一种正确的思维逻辑,即如何系统地考虑组织整体的管理问题,如何处理经常遇到的各种局部与整体的关系,而且还为管理者建立一个分工与协调相统一的组织体系提供了理论基础。

(2)整分合原理

根据系统原理,必须首先从整体上把握系统的环境,分析系统的整体性质、功能、确定出总体目标,因此管理活动要把管理对象及其环境看作一个整体,从整体上把握管理对象;然后再围绕系统的总目标,进行多方面的合理分解、分工,明确各个局部的功能;最后,要对各要素、环节、部分及其活动进行系统综合,协调管理,以实现总体目标。这就是从系统整体出发又具体分解成相对独立的过程、阶段而进行管理的整分合原理。

(3)相对封闭原理

人和社会组织都是一种开放系统,系统内部和外界环境都存在着物质、能量和信息的交换。作为一个组织的管理系统,其管理手段必须构成一个连续封闭的回路,保证信息的反馈,这样才能形成有效的管理运动。所谓管理的相对封闭回路,从机构来说,包括执行、监督和反馈,即在开展管理活动时要注重执行过程,也要注重监督和反馈过程。

建立管理封闭回路的基本条件是:① 管理组织的相对独立性,要有实现本组织功能的自主权,能够对人、财、物等必要资源加以调节运筹;② 设置环形走向、具有相互制约和促进关系的封闭职能机构;③ 要有较完善的管理信息系统,保证信息渠道畅通无阻,信息传递准确及时。实现相对封闭式管理,必须从结果评估出发,从各种结果中循踪追迹,以获取执行过程的信息,从而不断地调整管理决策,保证决策的制定、实施。

（4）人本原理

管理学中的人本原理是指管理者要达到组织目标,一切管理活动都必须以人及人的积极性、自主性、创造性为核心和动力来进行。管理过程中的计划、组织、指挥、协调、控制等环节都需要人去掌握和推动,同时,人也是管理对象的重要组成部分,在管理过程中必须重视处理人与人之间的关系。

（5）能级原理

管理的能级原理是根据组织机构职能范围大小、政策制度的效能影响力大小、管理者才能大小来划分等级,并按照不同的能级建立管理的层次和秩序,建立各种规范和标准,以保证管理活动有序而有效地进行。实现管理的能级原理需注意:① 不同的能级必须按层次构成稳定的组织形态。稳定的管理能级结构应该是正三角形:上有尖锐的锋芒,下有宽厚的基础。对于任一管理系统,管理三角形都可分为三个层次:最高层是决策层,第二层是管理监督层,第三层是操作执行层。② 对不同能级授予不同的权力并实行动态的对应。不同的能级应该表现出不同的权利、责任、物质利益和精神荣誉。管理的基本原则之一就是必须使高一级管理人员比他的下级具有更大的才能,而无论是管理组织还是个人,其能级都不是一成不变的,应根据能级的变化适时进行层次调整,以增大管理系统的能量。

（6）动力原理

管理活动的有效进行依赖于各成员的个人动力凝聚而成的整体动力的发挥。正确认识、掌握各种动力源和提供一系列有效的动力机制,正确地激发动力,使管理活动持续有效地进行,从而促进管理目标的实现。在管理活动中有三种相互联系着的动力:物质动力、精神动力、信息动力。这三种动力在管理实践中会同时存在,但又不会绝对平均,它们必然有所差异,并随环境的改变而变化。管理组织要及时洞察和掌握这种差异和变化,把三种动力有机结合起来,综合协调地运用。

（7）反馈原理

反馈是控制论中一个极其重要的概念,包括正反馈和负反馈,其中负反馈是使下一个输出的影响逐渐减少,缩小同既定目标的差距,趋向于稳定状态的反馈。管理是一种控制活动,必然存在着反馈问题。在管理过程中,反馈的主要作用是对所执行的前一个决策引起的客观变化及时做出有益的反应,并提出相应的新决策。管理是否有效,关键在于是否有灵敏、准确、有力的反馈,所以在管理活动中要注重管理对象对控制系统的响应,及时地根据这些响应来调整控制方向,从而保证管理系统的稳定性及其与目标的一致性。

（8）弹性原理

管理活动涉及的因素是多方面的,而且各个因素是有机地联系在一起的,因此管理过程中必须考虑尽可能多的因素,进行综合平衡;同时所有的事物和人的思维都处在不断地变化之中,因而管理活动会有很大的不确定性。在管理活动中要注意人和事物的可塑性及其可变性,保持管理活动的可调节的弹性,以实现有效的动态管理。

（9）效益原理

在任何系统的管理中都要注意讲求实效,注重经济效益和社会效益的统一,为实现系统的总目标,管理好系统的每一个部分。在实际的管理工作中,体现和衡量效益原理的是价值原则。

上述的管理原理之中,整分合原理、相对封闭原理相应于系统原理,能级原理、动力原理相应于人本原理,反馈原理、弹性原理则属于动态原理,但它们都是彼此联系、互为制约的,在管理活动中必须综合地加以运用,才能够提高管理的效能。

2.2.3　管理的理论发展

人类的管理思想经历了数千年的实践,不断地发展、不断地完善,到 19 世纪末形成了一门独立的综合性的学科——管理学。管理思想与理论的发展共经历了三个阶段,分别为早期的管理思想、近代的管理思想和现代的管理思想。本节主要介绍几种经典的管理思想理论。

（1）泰勒的科学管理

弗里德里克·泰勒是科学管理理论的创始人,他强调通过提高效率来提高生产率,并且通过科学方法的应用来提高工人的工资;在科学方法的应用中强调工厂主与工人以及工人之间的配合,以达到最高的产出和获得相应的利益。泰勒的科学管理基本原则集中在以下几个方面:① 用科学管理代替凭经验的管理方法;② 按科学的操作方法制定科学的工艺管理规程;③ 对工人进行科学的选择和培训,以此为基础实行差别计件工资制;④ 使管理与作业劳动分离;⑤ 在管理中以协调一致代替不一致。

泰勒科学管理的最大贡献在于他所提倡的在管理中运用科学方法和他本人的科学实践精神。其管理思想的精髓是用精确的调查研究和科学知识来代替个人的判断、意见和经验,其核心是寻求最佳工作方法,追求最高生产效率。但泰勒的科学管理重视技术的因素,不重视人群社会的因素。

（2）法约尔的组织管理理论

法约尔从管理职能的角度提出了管理学研究的范畴与内容,其基本的方面包括:① 根据企业生产、经营的业务,从实际情况出发确定企业目标和计划,研究按计划组织企业业务的机制和方法;② 研究企业的组织机构、权力结构体系,寻求有效的组织管理方法;③ 研究企业组织中人员之间的关系,建立以人员任用、激励、监督、考核为基本内容的人事管理理论;④ 根据各部门及成员的活动、业务联系、资源利用和利益,研究协调企业活动和各种关系的协调管理原理;⑤ 从企业目标和实际工作计划出发,根据实施有效管理的要求,研究企业各部门和成员的业务活动过程与心理过程以及目标和计划指导下的过程控制方式和方法。

法约尔将上述管理学研究的基本内容概括为计划、组织、指挥、协调与控制,即管理活动的五大职能。

通过一般管理和工业管理实证研究,法约尔归纳了一般管理的管理原则:劳动分工原则、职权与职责原则、纪律原则、命令统一原则、指导统一原则、个别利益服从整体利益原则、合理的报酬原则、适当的集权与分权原则、等级原则、秩序原则、公平原则、人员稳定原则、首创精神原则、团结原则。

与泰勒的科学管理思想相比,法约尔的管理思想系统性和理论性更强,对管理的五大职能的分析为管理科学提供了一套科学的理论构架,但他的管理原则缺乏弹性,以至于在实际管理工作中无法完全遵守。

（3）梅奥的人际关系论

在霍桑的大量实验基础上,梅奥等人得出结论:生产效率不仅受物理的、生理的因素影响,而且受社会环境、社会心理和组织内"非正式组织"的制约。其内容要点可归纳如下:① 包括工人在内的所有企业成员都是"社会人",影响他们生产积极性的因素,除了物质以外,还有社会和心理方面的,如情感、安全感、归属感、受人尊敬等等。② 士气和精神是提高生产效率的关键。霍桑的实验结果说明,对生产效率的提高起关键作用的是信任、情感,对组织的依赖,欲望的满足和由此带来的"士气"高涨。③ 正式组织中实际上存在一种"非正式组织"。正式组织是指按总目标、条件和客观环境,有一定人员结合而成的正规化的体系,对于个人而言,它具有强制性;非正式组织是指人们因为有共同的工作、交往关系,建立在彼此产生共同情感和依赖、信任心理基础上的共同思想和行为的沟通体系。④ 企业应采用新的领导方法。新的组织领导方法,主要是组织好集体工作,处理好正式组织中的非正式组织关系,与事实上的非正式群体沟通、合作,寻求有利于人们感情满足和鼓舞集体士气的管理措施。

（4）管理科学理论

管理科学学派理论是在新的环境中利用科学技术和社会研究的系统成果,研究管理的科学原理与方法。它认为管理是制定和运用数学模型与程序的系统,是用数学符号和公式来表示计划、组织、控制、决策等合乎逻辑的程序,求出最优解,以达到企业目标。其主要特点如下:① 以组织活动的效果作为评价管理绩效和寻求理想的管理方案的主要依据;② 使衡量各项活动的标准定量化,组织管理过程模型化,借助于数学模型的方法寻求最优的管理控制措施;③ 突出利用现代信息技术处理、组织管理中的信息,通过管理系统的开发和应用,进行组织管理流程的规范化和数据利用的科学化;④ 强调系统论、信息论、控制论、运筹学、统计学方法以及其他数理方法的充分利用,实现自然科学研究方法与社会科学研究方法的有效结合。

运用管理科学原理与方法解决一般管理问题大致采取七个步骤:① 观察和分析;② 确定问题,统计有关问题的相关量;③ 建立所研究问题的数学模型;④ 进行相关计算,得出解决方案;⑤ 进行模型与结果的准确性与可靠性检验;⑥ 建立对解决方案的控制;⑦ 实施管理、进行反馈。

（5）巴纳德组织理论

美国管理学家切斯特·巴纳德是组织理论的创始人,其理论要点为:① 组织是一个合作系统,是两个或两个以上的人有意识协调的活动或效力系统。在组织内主管人是最为重要的因素,只有依靠主管人的协调,才能维持一个"努力合作"的系统。主管人的主要职能有:制定并维持一套信息传递系统;促进组织中每个人都能做出重要的贡献;阐明并确定本组织的目标。② 正式组织的存在必须具备三个条件:明确的目标、协作的意愿、良好的信息沟通。③ 组织效力和组织效率原则。组织效力是指组织实现其目标的能力或实现其目标的程度。组织效率是指组织在实现其目标的过程中满足其成员个人目标的能力和程度。④ 权威接受论。管理者的权威并不是来自于上级的授予,而是来自由下而上的认可。管理者权威的大小和指挥权力的有无,取决于下级人员接受其命令的程度。

（6）决策理论

管理的关键在决策,因此管理必须采用一套制定决策的科学方法,要研究科学的决策方法以及合理的决策程序。决策理论的主要论点:① 决策贯穿于管理的全过程,是一个复杂的过程。决策的过程可以分为四个阶段:提出制定决策的理由;尽可能找出所有可能的行动方案;在诸行动方案中抉择,选出最满意的方案;对该方案进行评价。② 决策可以分为程序化决策与非程序化决策。程序化决策是指反复出现和例行的决策;非程序化决策则是指那种从未出现过的,或者其确切的性质和结构还不很清楚或相当复杂的决策。③ 决策要遵循"令人满意"的行为准则,涉及多种因素和多个部门时,应拟出决策的共同标准。④ 决策过程要与组织结构相对应,有关整个组织的决策必须是集权的,但由于组织内部决策过程本身的性质和个人认识能力的有限性,分权也是必要的。

2.2.4 管理理论与信息资源管理

　　管理是通过计划、组织、领导、激励和控制等一系列职能活动,合理配置和优化运用各种资源,以达到组织既定的目标。管理学产生于各类组织的管理实践,是以普遍适用的理论和方法为研究对象,在揭示社会组织活动基本规律的基础上,探索计划、组织、领导、激励、控制以及决策实施的一门综合性学科。管理学的研究领域是与人类社会的发展同步的。

　　信息资源管理是为了确保信息资源的有效利用,以现代信息技术为手段,对信息资源实施计划、预算、组织、指挥、控制、协调的一种人类管理活动。所以信息资源管理也是一种管理过程,是以信息资源为对象的管理活动,包括各种人类信息活动。

　　管理理论和思想的主要发源地在于企业,而企业管理又是信息资源管理源起之一。随着环境的变化,企业管理领域中衍生出了信息资源管理,其背景因素主要在于:① 全球经济和市场的影响。由于现代通信技术的迅速发展,企业经营已经不再受时间和空间的局限,企业间的信息交流越来越快,同一企业的空间分布不断地扩散,这些都需要加强信息资源的管理。② 竞争态势的形成。市场经济全球化之后,为了适应全球性市场的竞争,企业需要采用多样化的经营管理模式,如此,企业更需要信息资源的管理。③ 组织机构扁平化发展趋势的要求。现代企业借助于信息技术大力缩减管理层次,压缩组织机构决策层与操作层之间的通道,提高信息交流的效率。这些都是由信息资源管理所支撑的。④ 信息技术的推动作用。管理方法和理论的演进是与新技术的发展紧密联系在一起的,随着计算机技术的应用,大部分人员的工作内容都以信息资源的开发与管理为主。因此,传统的管理开始演变为信息资源管理。

2.3 传播科学

2.3.1 传播和传播学

　　传播是人类社会的一种普通现象。对传播现象的研究,可以追溯到古希腊时代,如古希腊哲学中对"灵魂"的探讨、神学中"启示"的解说、知识发生的学说等等,都可以视为不同形式的传播研究。对于"传播"的概念,学者们各抒己见,统计一下可达百余个,但大多都有共同之处。① "共享"说。共享说强调传播是传者与受者对信息的共享,即传播的目的是实现信息、思想或态度的共享。② "交流"说。交流说强调传播是有来有往、双向的活动。与共享说不同的是交流说的着眼点在"过程",而共享说的着眼点在"结果"。③ "影响"说。影响说强调传播是传者欲对受者(通过劝服)施加影响的行为。④ "符号"说。符号说强调传播是符号（或信息）的流动。上述这些观点分别从不同的角度揭示了传播的特性，但每一种观点并不能涵盖所有的传播现象。所以有学者根据上述的观点，给出了有关传播的简单明了的定义：传授信息的行为或过程。

传播学则是研究人类传播活动及其规律的科学。传播学的产生与发展基于一定的技术条件和学术条件。20世纪以来，传播媒介以前所未有的惊人速度发展着，20年代出现的广播，40年代出现的电视，60年代出现的通信卫星，90年代出现的网络媒介，不断地改变着传播现实，同时也吸引着人们对传播学的研究。

信息论、控制论和系统论对传播学的孕育和发展也起到了重大的影响作用。申农的信息论是着眼于工程技术领域的，但他的通信模式——信息传播的过程有信源、编码、信道、译码、信宿五个环节循序组成，整个过程伴随着噪声；同时传播学借用了信息论的一些术语：信息、编码、译码、噪声等等，而对"信息"这一概念的借用，则为传播学提供了特定的理论指导。控制论对传播学的影响主要在于它的反馈论，实质上，反馈就是信息的反向传播。正是通过反馈，传播活动才能够以双向交流的方式进行，达到传播的效果。系统论的思想精髓就是：整体决不等于组成整体的各部分的简单相加。系统论对传播学的影响主要在于：传播学研究的特点是采用系统方法，从整体上研究传播现象，而不是针对传播活动的细节。

2.3.2　传播的基本模式

模式是一种再现现实的具有理论性的简化形式，一般以图形或符号对现实事件以及事件之间关系进行直观和间接的描述。模式在科学研究中有很重要的作用，首先，模式具有构造功能，揭示各子系统的结构及其之间的相互关系；其次，模式用简洁的方式对事实进行解释；第三，模式具有启发功能，启发人们进行深入的研究；第四，模式具有预测的功能，利用模式可以对事件进行预测，或为预测提供参考。所以用"模式"来说明理论问题是一种非常普遍的研究方法。学者们发现用"模式"来研究传播学的问题是非常合适的，因为传播的各种规律深藏于各种关系之中，无法看见却可以用模式表现。

对传播模式的研究与传播概念相同，各种各样的观点层出不穷，学者们都试图通过建立模式来研究传播的统一规律。下面介绍几种典型的传播模式。

（1）拉斯韦尔的5W模式

1948年，美国学者哈罗德·拉斯韦尔提出：描述传播行为的一个方便的方法是回答下列五个问题：谁（who），说了什么（says what），通过什么渠道（in what channel），对谁（to whom），取得了什么效果（with what effects）。这就是所谓的5W模式，其图像模式如下图：

$$\boxed{传者} \rightarrow \boxed{信息} \rightarrow \boxed{媒介} \rightarrow \boxed{受者} \rightarrow \boxed{效果}$$

图 2.2　拉斯韦尔的 5W 模式

拉斯韦尔的 5W 模式第一次较为详细地、科学地分解了传播的过程,即传播过程包括五个要素:传者、信息、媒介、受者、效果。在此基础上,进一步明确地界定了传播学的研究领域,即从 5W 着眼,把传播学划分为五个研究领域:控制(传者)分析、内容(信息)分析、媒介(渠道)分析、受众分析、效果分析。

拉斯韦尔德的 5W 模式是传播学发展史上的重大进步,但它也存在各种缺陷:① 在 5W 模式中,特别强调的是"传者"的重要性,因为它作为信息源决定着整个的传播过程,而传播过程则是一种劝服性的过程。这是因为拉斯韦尔作为一个政治学家,他最关注的就是"灌输"式的传播,无法突破惯有的思维模式。② 5W 模式是一种典型的线性模式,它只将传播过程看成是一种单向传递、并且呈直线形态的过程,却忽略了反馈机制的存在,也忽略了各要素之间的相互影响作用。③ 5W 模式是把传播过程从现实生活中抽取出来单独研究的,它没有涉及传播过程受环境的影响以及与相应的社会过程的联系。

(2) 申农—韦弗线性模式

1949 年,申农和韦弗在《通信的数学原理》一书中提出了一种新的传播模式,在这个模式中共包括五个要完成的正功能要素和负功能要素。其图像模式如下:

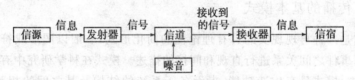

图 2.3　申农—韦弗的线性模式

申农—韦弗的线性模式的第一个环节是信源,它发出一个信息或一组信息以供传播,发射器将信息转换成信号,这些信号应当适宜于通向接收器的信道,接收器的功能与发射器的功能相反,它把接收到的信号还原成信息,信宿则接收到转换后的信息。由于在传播的过程中,可能会受到噪音的干扰,信号是不稳定的,所以由信源发出的信息与由接收器还原并送达信宿的信息的含义并不完全一样。

相对于拉斯韦尔的 5W 模式,申农—韦弗的线性模式将信息分为两类:信源发出的信息和信宿接收到的信息,它们往往并不一致,这也正是传播的难点。同时该模式注意到噪音在传播过程中的存在和作用,正是由于噪音的存在,导致信源发出的信息与信宿接收到的信息不完全一致。

由于申农—韦弗的线性模式是基于技术角度的研究成果,运用到传播领域必然存在一定的缺陷:① 该模式也把传播过程描述为一种直线式的过程,仅注意到信源发出信息,而没有注意到信宿并不是完全被动地接受信息,他们是根据自己的情况,有选择地接收、理解信息的。② 该模式同样把传播过程看做是一个单向的、线性的过程,却忽略了存在于传播过程中的反馈机制。

（3）德弗勒的控制论模式

为了克服传播过程线性模式的缺陷,众学者以控制论为指导思想建立了不同的传播模式。这类传播模式对于传播学发展的主要贡献在于:变单向直线性传播为双向循环式传播,并引入了反馈机制,从而能够更客观、更准确地反映传播过程。德弗勒的控制论模式是其中的一种,它是在申农—韦弗线性模式的基础上发展而来的。

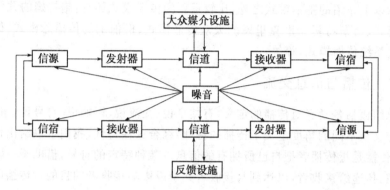

图 2.4 德弗勒的控制论模式

德弗勒的控制论模式突出了反馈的机制,他认为,传播的效果如何,关键看传者对反馈的重视程度,只有加强反馈,才能够保证传者发出的信息与受者接收到的信息的一致性(当然不可能完全一致);德弗勒指出大众媒介已经介入到传播过程中,成为信息传播的信道之一;传播过程是一个双向的、循环的过程,即传者也可以作为受者,而受者也可以是传者,二者的地位处于变化之中。

另外还有奥斯古德·施拉姆的控制论模型,以及综合二人思想的"传播单位"模式和丹斯的螺旋形模式。

控制论模式虽然解决了反馈、线性的问题,但依然没有显示出传播过程与社会过程的紧密联系。

（4）赖利夫妇的社会系统模式

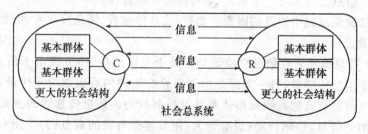

图 2.5 赖利夫妇的社会系统模式

(C=传者,R=受者)

从拉斯韦尔的线性模式到德弗勒的系统模式,基本上解决了传播的要素问题,即传播的内部结构问题,但所有的这些模式都是研究"真空"中传播过程,即没有考虑传播的社会环境。这个问题就由社会系统模式来解决。

赖利夫妇的社会系统模式把传播过程表述为各种社会过程之一,并将其置于总社会过程之中。但这只是一个传播过程的框架模式,并没有对具体的传播过程作详细的分析。以后德国学者马莱茨克提出了大众传播过程模式,较为细致地分析了大众传播过程。

除以上介绍的基本模式之外,比较重要的传播模式还有:施拉姆的共同经验范围模式、韦斯特里-麦克里恩的大众传播模式、格伯纳的传播总模式、德弗勒的社会系统传播模式,等等。

2.3.3 传播与信息交流

总结概括各学者对传播的定义,有共享说、交流说、影响说、符号说,事实上,这些定义从不同的角度定义了传播的特性,综合这些特性,我们可以给出传播的定义:传播是指传播者把自己所拥有的信息以某种特定的符号,借助于一定的传播通道,传递给接收者,以达到与接收者共享或影响接收者的目的。传播的过程是一个双向、非对称循环的过程。

传播的线性模式和控制论模式明确了传播的要素构成,即包括传播者、信息、媒介、接受者、传播效果和外界的干扰。

交流是人类社会的一种普遍现象,是社会向前发展的必不可少的一种动力。它具体有下列重要性质:首先,交流必须发生在传播者与受传播者之间,缺少任何一方都无所谓交流。其次,交流是以交流媒介的存在为条件的,没有媒介,传播者与接收者无法接触,交流无法实现。再次,交流因传播者与接收者之间的社会关系的存在而发生。传播者在交流过程中具有一定的主动性,或起主动作用。最后,交流是一个过程,是一种复杂的社会互动过程。

信息交流又称为信息传播,是指通过特定的符号系统,利用一定的信息通道,使信息跨越空间和时间而实现的信息发送者和信息接收者之间的传输和交换行为。信息交流也是一个双向、非对称循环的过程。

信息交流过程中涉及的因素主要有:信息传递者、信息接收者、信息渠道、噪音和反馈。

(1) 信息传递者在信息交流活动中处于主体地位,一方面由于信息的交流活动始于信息传递者,另一方面是由于信息交流的内容也取决于传递者。所以传递者对信息交流的范围及形式都具有控制权力。信息传递者的主要目的是:与他人沟通信息、协调行动;说服他人,使其接受自己的观点;为了使人娱乐,得到享受。但并不是所有的信息传递行为都有明确的目的。

(2) 信息接收者,即是在信息交流活动中接受信息的一方。对于信息传递者传递过来的信息,接收者并不是被动地完全接纳,接收者是主动的信息接收者和信息交流参与者,对于传递过来的信息,他会根据自己的知识结构理解并选择性地接受。接收者是信息交流的对象,所以交流的内容必须是接收者能够理解或部分理解的。在信息交流过程中,信息传递者和信息接收者的角色是不断变化的。

（3）信息渠道是指信息交流的通道。信息渠道具有多种形式,主要包括三种：由人类自身的信息器官来传递信息；以各种人工信息中介,如文献、计算机网络、专门机构来传递信息；利用现代通信技术传递信息。信息渠道的选择可以根据信息交流的内容、对象、时空范围来确定。

（4）噪音是指妨碍人们准确接收、理解他人所传递的信息的因素。噪音包括系统内部噪音和系统外部噪音。

（5）反馈是指信息接收者在对接收到的信息的理解的基础上的反应,并将这种反应传递给信息传递者,正是通过信息的反馈,才能够保证信息交流的有效进行。

所以,信息交流是传播学的一个研究分支,其研究对象都是信息在不同主体之间的传递,传递的过程都是从传播者出发,到接收者为止。我们可以利用传播的各种模式来研究信息交流,只是信息交流更强调信息的反馈。

3 信息资源管理技术与信息系统

信息资源管理是一种基于信息技术的管理理论与方法,无论是基于生命周期的信息资源识别、提取、加工和利用过程,还是基于信息资源管理的需求分析、信源分析、信息的采集和转换、信息组织、信息存储、信息检索、信息开发和信息传递过程,都需要相应的信息技术来实现。在信息技术迅速发展和普及的环境中,信息方法已经大多通过软件或硬件的形式被技术化了。现代信息技术是以信息系统和信息网络的方式联结起来支持组织信息资源管理的,从某种意义上讲,各种各样的信息系统和信息网络就是现代信息资源管理思想的物化形式,现代信息资源管理则是基于信息系统和信息网络的管理理论与方法。本章主要从信息资源管理的技术基础出发,讨论信息系统的结构、功能、规划、项目运行、维护管理等问题。

3.1 信息资源管理技术基础

1981 年,英国的一项调查结果显示,占被调查总数 80% 的公众没有听说过信息技术一词,由此可见,信息技术作为一个专门术语历史并不长。不过,目前学术界普遍认为信息技术本身存在的历史比其术语的出现时间要久远得多。有学者将信息技术的发展分为三个阶段,即从公元前 3000 年到公元 1837 年的古代信息技术阶段,1837 年的电信革命到 20 世纪 60 年代的近代信息技术阶段,以及 20 世纪 70 年代至今的现代信息技术阶段。本章主要介绍现代信息技术的相关内容。

3.1.1 信息技术的概念

任何一个概念,其内涵都会因为内在或外在的因素而发生变化,信息技术也不例外。众多学者认为,到目前为止,信息技术的发展已经经历了五个阶段:语言的产生,文字的出现,造纸术和印刷术的发明,电报、电话、电视的问世以及电子计算机和现代通信技术的结合。前四个阶段,信息技术主要依附于别的技术起作用,到第五个阶段,由于信息技术在社会、政治、经济、文化等领域中的作用日益突出,信息技术已经正式从其他技术体系中独立出来,形成了一门独立的学科。

目前,有关信息技术的概念,学术界还没有达成共识,引用较多的是北京邮电大学钟义信教授给出的定义:"信息技术就是能够扩展人的信息器官功能的一类技术"。他认为:科学技术是在人类认识与改造自然的过程中为了增强自己的力量赢得更多更好的生存发展机会而发生和发展起来的,因而科学技术的天职是辅人,即科学技术是通过加强或延长人的某种或某些器官的功能来辅助人的,信息技术则是通过加强信息器官的功能来达到辅助人的目的。

人的信息器官主要包括四类:

(1)感觉器官:包括视觉器官、听觉器官、嗅觉器官、味觉器官、触觉器官和平衡觉器官等。主要功能是获取信息,通过视觉、听觉等各种感受器以获取外界各种事物运动的状态和方式。

(2)神经器官:包括导入神经、导出神经以及中间的传导神经等。主要功能是传递信息,通过导入神经把经感觉器官获取的信息传送给思维器官,通过导出神经把经思维器官加工的信息传送给各种效应器官。

(3)思维器官:包括记忆系统、联想系统、分析系统、推理系统和决策系统等。思维器官负责信息的加工和再生,承担了信息的存储、检索、加工和再生等复杂的任务。

(4)效应器官:或称执行器官,包括操作器官(手)、行走器官(脚)和语言器官(口)等。效应器官的作用是使用和反馈信息。

与四种信息器官相对应,信息技术包括分别用于辅助这四类信息器官的"信息技术四基元",即感测技术、通信技术、计算机技术和控制技术。

(1)感测技术:包括传感技术和测量技术等。它们是感觉器官功能的延伸,使人们能够更好地从外部世界中获得各种有用的信息。

(2)通信技术:是神经系统功能的延伸,主要作用是传递、交换和分配信息,以消除或克服时空的限制,使人们能更有效地利用信息资源。

(3)智能技术:包括计算机技术、人工智能技术等,是思维器官功能的延伸,主要用于帮助人们更好地加工和再生信息。

(4)控制技术:包括一般的调节技术和控制技术,主要用于根据输入的指令信息对外部事物的运动状态进行干预,是效应器官功能的延伸。

四种类型的信息器官和信息技术四基元,是一个相互作用、互相协调的有机整体。根据生物科学、信息科学的发展,它们之间有如下关系(图3.1):

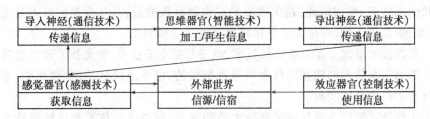

图 3.1　信息器官、信息技术四基元及其功能系统

图 3.1 反映了人类获取、传递、加工、处理、使用信息的基本模型,根据生物科学的进展,在原先研究的基础上,增加了从导出神经到感觉器官的信息反馈通

道,以及在反馈信息的作用下,感官主动从外界获取信息等两条连线。

国内外学者从自己的研究视角出发,形成了信息技术的其他角度的定义,影响比较大的有:

(1)信息技术主要是指信息的产生、获取、存储、传递、处理、显示和使用等技术,包括微电子技术、光子技术、光电子技术、计算机技术、通信技术、辐射成像技术等。

(2)信息技术是指在计算机和通信技术支持下用以获取、加工、存储、变换、显示和传输文字、图形、图像、视频以及声频信息,包括提供设备和提供信息服务两大方面的方法与设备的总称。

(3)信息技术是人类在认识自然和改造自然过程中积累起来的获取、传递、存储、处理信息以及使信息标准化的经验、知识、技能和体现这些经验、知识、技能的劳动资料有目的的结合过程。

(4)应用在信息加工和处理中的科学、技术与工程的训练方法和管理技巧;计算机及其与人、机的相互作用;与之相应的社会、经济和文化等诸种事物。

(5)信息技术是管理、开发和利用信息资源的有关方法、手段和操作程序的总称。

(6)信息技术是指感测、通信、计算机和智能以及控制技术的整体。

不难看出,前面的定义是等价的,但是,简单的分析可以发现,钟教授的定义比较抽象,而上述的六个定义则比较具体。

3.1.2 信息技术的体系

信息技术是一系列具体技术的集合,不过这些技术并不是位于同一层面的。目前学者普遍认同将信息技术划分为基础技术、支撑技术、主体技术和应用技术等四个基本的层次。

基础技术层次主要是指新材料和新能量技术。例如电子信息技术由真空管时代向晶体管、集成电路、超大规模集成电路时代的迈进,其内在的原因是由于锗、硅、金属氧化物、砷化镓半导体材料等的开发和利用。

支撑技术层次主要是指机械技术、电子与微电子技术、激光技术和生物技术等。因为信息技术的四基元都必须通过机械的、电子或微电子的、激光的、生物的技术手段来具体实现。

主体技术层次主要是指信息技术的四基元,其中通信技术和计算机技术是整个信息技术的核心部分,感测技术和控制技术则是核心部分与外界联系的接口。

应用技术层次是针对各种实用目的由信息技术四基元衍生出来的具体技术群,包括信息技术在工业、农业、国防、交通运输、科学研究、文化教育、商业贸易、医疗卫生、体育等各领域的应用。

信息技术的四个层次,可以用图3.2的树状结构表示。用计算机的术语可描述为:相邻高层对低层进行了一次抽象,例如由于信息支撑技术的存在,使得信息基础技术对于信息主体技术而言是透明的。

3.1.3 信息技术的分类

分类是认识事物的主要方法之一,通过分类可以集中相同的事物,同时也就可以实现将相异的事物分开的目的。分类的关键在于分类标准的确定,而标准的确定又离不开对事物本质特征的认识。目前,信息技术依据不同的标准可以划分为下面的类别。

图 3.2 信息技术的层次

(1) 按照信息工作的基本流程,常用的现代信息技术可划分为信息采集技术、信息传递技术、信息加工技术、信息存储技术和信息显示技术五大类。其中的核心技术是信息加工和信息传递技术,即人们常说的电子计算机和现代通信技术,它们构成了现代信息管理工作的技术手段和现实基础,大大提高了人类收集、传递、存储、加工和显示信息的能力,为高速度、高效率地处理大量信息创造了条件。现代信息技术的核心之一是电子计算机,它由硬件和软件两部分构成,其基本功能是高密度的存储信息、高速度的加工信息;另一个核心技术是现代通信技术,包括电缆通信、卫星通信、微波通信、光纤通信等不同方式,它为信息的传输提供了极高的速度和可靠性。除计算机和通信技术外,还有许多近年发展起来的用于信息的采集、存储和显示的其他技术。图3.3给出了按这种标准划分的目前常用的信息技术体系。

(2) 按表现形态的不同,信息技术可分为硬技术(物化技术)与软技术(非物化技术)。前者指各种信息设备及其功能,如显微镜、电话机、通信卫星、多媒体电脑。后者指有关信息获取与处理的各种知识、方法与技能,如语言文字技术、数据统计分析技术、规划决策技术、计算机软件技术等。

(3) 也可以按照所使用的信息设备不同,把信息技术分为电话技术、电报技术、广播技术、电视技术、复印技术、缩微技术、卫星技术、计算机技术、网络技术等。

(4) 从信息系统功能的角度可将信息技术划分为信息输入输出技术、信息描述技术、信息存贮检索技术、信息处理技术、信息传播技术。

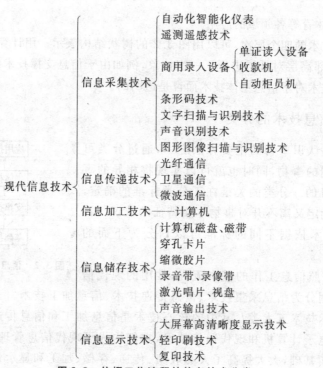

图 3.3　依据工作流程的信息技术分类

3.1.4　信息技术发展的原因与动力[1]

　　科学技术与经济管理是现代社会发展的两大杠杆,科学技术与技术的生产力功能是科学技术的最重要的社会功能。科学技术转化为直接生产力后,必然对经济产生重大的影响,它促进经济结构的更新,带来巨大的经济效益。信息技术从它诞生的那一天起就开始了它创造经济效益的历程。几十年来,它渗透到世界经济的每一个角落,发挥着巨大的作用。目前,采用大规模集成电路的微处理器正广泛地应用于电子计算机、通信、工业控制、航空航天等几十个工业部门,并且成为经济、科技竞争的制高点,引起世界各国的普遍关注。以信息技术为支撑的信息产业将是 21 世纪的支柱产业,从而使得经济的发展不再单纯依靠劳力、资本、原料和能源,而更主要依靠信息要素、知识要素。

　　技术发展既可以是劳动工具和工艺过程的不同变化和完善,也可以是能带来社会经济效益、更好地满足人们需要的技术变化。技术目的与技术手段的矛盾,是影响技术发展的一对基本矛盾。技术目的与技术手段的矛盾的产生,一般是由于社会需要,使原来的技术条件和水平不能与之适应,而基于这种需要设定的新的技术目的却是现有的技术手段所无法实现的,从而构成了技术目的与技

〔1〕　沈金福,沈谦.信息技术发展的自然辩证法.重庆工业管理学院学报,1998,12,(5):22~25,40

术手段的矛盾。解决这一矛盾必须通过发明创造新技术、新工艺、新设备、新的组织管理方式,还包括对原有的技术加以重组和综合来进行解决。

对信息技术的大量应用,直接导致了对信息产品的大量需求。信息经济时代的来临,个人化、特定生产经济模式的逐渐成形,网络多媒体、DVD 等新产品和电子邮件、远程教学等网络服务的日渐成熟,必然造成信息产品需求增长的高峰。今天各项技术持续进步,全球通信、金融、农业、工业都出现革命性的变化,国际贸易日益活跃,电脑、软件、卫星、光纤和高速电子传送系统高速发展,这一切都使得信息产品得到日益广泛的推广和应用,并给信息产业带来丰厚的利润和巨大的市场,从而使得在这个产业里群雄逐鹿,竞争日益激烈。在空前的竞争中,只有强者才能生存下来,这导致信息产业必然走上一条集约化大规模生产、降低成本、加强开发研制的道路。同时为了促进信息产品器件性能不断提高,促进低成本、高性能、高质量电子产品的开发,全球信息产品生产厂家正积极向国际化合作开发方向发展,实现强强联合,使得信息技术及信息产品的发展前景十分广阔。

现代科学是实验与理论的对立统一体。科学实验是形成科学理论的直接基础。只有通过科学实验,获取大量的数据和资料,并对这些原始材料进行思维加工,才能为科学理论的概况提供可靠的客观依据。科学实验又是检验科学理论真理性的直接标准。反之,被科学实验所证实的理论又成为科学实验的思想指导。这是因为,科学理论为科学实验课题的选定指明方向,为实验进程的构思和设计提供依据,为实验数据的分析和处理提供指导。同时,科学实验与科学理论又是互相联系、互相渗透、互相统一的。这种统一不是绝对的,而是相对的、可变动的。当新的科学实验所获得的事实发现和原有理论框架发生矛盾时,便预示着将有新的突破。当旧的理论不能解释新的事实时,便会产生新的理论。新的理论与事实又会保持和谐一致。科学的发展就是这样由理论与事实的统一到不统一,又由不统一到统一,如此循环往复、不断深化、无限发展的过程。在科学实验与科学理论这对基本矛盾中,科学实验一般来说是矛盾的主要方面,是最活跃的因素。信息技术的发展得益于对这个领域内的科学理论与科学实验这对矛盾的深入研究。

在信息产业的发展中,历来十分重视理论的研究。因为技术上的重大革新往往来源于理论的突破。从表面上看,基础理论的经济效益往往是不确定的,而且没有直接性,但是它与实际的技术应用存在着不可分割的联系,彼此相互渗透、相互影响。在实际中,基础研究的风险比进行生产实验的风险大得多,基础理论上取得一个重大突破往往需要几十年甚至上百年的时间,而把一项成果转化为生产力则容易得多。IBM 公司在将铜应用于芯片的研究中耗资巨大,才最终取得了世纪性的突破。在信息技术领域里,正是像 Intel、IBM 这样的大公司不遗余力地向基础科研投资,以战略性的眼光看未来,才有了今日这个如此红火的产业。Intel 公司 1990 年以前每年的研制开发费为 4 亿美元,而进入 90 年代,开始大幅度增加,1995 年为 13 亿美元。高额投资也带来丰厚的回报,1996 年 Intel 的营业额高达 177.8 亿美元,比 1995 年增长 35%。

3.1.5　现代信息技术的特征

信息技术作为一个极富影响力的且已获得独立地位的技术门类,势必具有自己鲜明的特点。关于信息技术的特点,主要的观点有:

(1) 以计算机、通信技术为核心的现代信息技术与文字、电报、电话、广播等较为传统的信息手段相比,具有数字化、网络化、大容量、高带宽的技术特性。

(2) 信息技术与其他技术相比主要具有以下特点:① 更广泛的适用性和更强的渗透性;② 高度知识密集,经济和社会效益显著;③ 发展速度更快,更新周期更短,具有极强的时效性;④ 投资大、风险大。

(3) 现代信息技术的本质特征有:现代信息技术是高智商的结晶体,蕴含着短周期效应,倾注着高投入,伴随着高风险,产生高利润,充斥着高竞争,对其他产业具有高渗透性。加快新技术产品的集团生产,促成社会经济国际化大联合。

显然,上述观点对信息技术的特点的理解存在着较大差异,主要原因包括:信息技术是一个新崛起的技术领域,对它的认识有一个不断深入和不断变化的过程;信息技术具有丰富的内容和复杂的层面,从不同的角度认识其特点便会得出不同的结论。目前学者大多从技术与社会两个层面探讨信息技术的特征。

(1) 信息技术的技术特性

信息技术的技术特性源于其技术领域本身,一般而言主要有以下方面:

① 数字化。在信息处理和传输领域,二进制数字信号是现实世界中最容易被表达、物理状态最稳定的信号。数字化就是将信息按二进制编码的方法加以处理和传输,将原先用纸张或其他媒介存储的信息转变为用计算机处理和传输的信息。数字化可以将多种信息形式,如文字、符号、图形、声音、影像等有机地结合在一起,为进行信息的统一处理和传输提供了基础。

② 网络化。计算机技术与通信技术的结合将人类带入了全新的网络环境,它把分布在各地的具有独立处理能力的众多计算机系统,通过通信线路和相应的设备联接起来,以实现资源共享。目前,网络技术发展迅猛,已经从局域网发展到广域网以至现在的 Internet。

③ 高速化。速度越来越高,容量越来越大,无论是计算机的发展还是通信的发展均是如此。超级并行计算机能把每一步运算分配给单独的处理机,两台乃至上千台处理机可同时工作,不仅运算速度快,还能同时处理大量不同信息。现代通信技术除采用数据压缩技术外,还要求高带宽。光通信技术是目前解决带宽的有效手段。

④ 智能化。信息技术注重吸收社会科学等其他学科的理论和方法,表现最

为突出的是人工智能理论与方法的应用与深化,如计算机领域的超级智能芯片、神经计算机、自我增殖数据库系统等;多媒体领域的计算机支持的协同工作环境及智能多媒体等。

⑤ 个人化。信息技术将实现以个人为目标的通信方式,充分体现可移动性和全球性。它应该实现的目标被简称为 5W,即 Whoever,Whenever,Wherever,Whomever,Whatever。

（2）信息技术的社会特征

信息技术的社会特征包括以下方面:

① 知识密集。信息技术涉及高技术前沿研究,它以大量的知识背景为依托,处于知识密集型和智力密集型领域,因而信息技术领域集中了大批科技尖端人才,形成了高智商高素质的人才群体。

② 更新加速。信息技术的快速、高水平发展使得信息产品的更新周期大大缩短,摩尔定律充分地说明了这一点。综合业务数字网、光盘技术等 80 年代兴起之后很快就成为热点。就增长速度而言,信息技术产品开发周期越短,增长速度就越快。

③ 渗透力强。每一项信息技术产生之后,都存在着应用到社会各种活动中去的可能性。信息技术及其原理的应用范围往往大大超出发明者和改进者的设想。

④ 互补性。从信息技术的发展史来看,每一次新的本质性的信息技术的发明创造都产生于原有信息技术的功能相对薄弱的地方,新的信息技术是在对原有信息技术不断继承和不断发展的过程中完善起来的。

⑤ 高风险。目前的信息技术领域,由于技术和制造越来越精密复杂,技术难度不断加大,网络覆盖范围越来越广,故此研究开发费用、基本建设投资特别是初始投资的需要量往往是很大的。许多国家用于信息技术研究开发的费用通常占销售额的 $5\% \sim 15\%$,这是其他领域的 $2 \sim 5$ 倍。与传统技术不同的是,信息技术是高投入的产业,其回报的风险性也很大,一旦决策失误不仅会遭受严重的损失,还会贻误发展的最佳时机。

3.1.6 信息技术发展的基本规律

信息技术的发展主要受到三个基本科学技术规律的影响和制约:辅人律、拟人律和人机共生律。

在人类认识和改造自然的过程中,技术能够帮助人类克服困难,不断地获得更多的自由与解放。正因为如此,人类才乐此不疲地不断创造和发展新技术,以巩固和扩大改造自然所取得的胜利成果。技术的这种性质即"辅人律"。

在人类认识和改造自然的过程中,技术总是通过延长和扩展人体各种器官的功能来达到它辅助人的目的,也就是说,技术是通过模拟人的器官的功能来辅助人的。技术的这种性质即"拟人律"。

辅人律与拟人律是技术发展的两条基本规律。辅人律规定了技术的功能和本质，拟人律则揭示了技术发展的方向和路线；辅人是目的，拟人是手段，即通过拟人的手段达到辅人的目的。

技术模拟人的器官的功能需要一定的前提条件，即人类必须认识到需要模拟器官的功能特点及其工作时的规律性。人类必须对这种规律性有深刻的认识，才能创造相关技术进行模拟。找不到器官工作的规律性，模拟是不可能的；所认识的规律性不完全，模拟的结果也会是不全面的、有瑕疵的。

因此，机器能够做的工作，都是人类首先认识到的，已经发现其规律，并制定了相应步骤，在有限时间内能完成的工作。机器在工作时不需要"思考"，只需要执行人类预先设置的"指令"即可。这些工作均能体现机器的优势，而这些优势正是人类所不具有的，比如耐高温、力量、耐疲劳、速度快等等。

在一定意义上，机器的能力和人的能力恰好是互补的：机器的适应范围宽，但是没有智慧，不能思考；人的思维能力很强，但是适应范围较机器窄。为了有效地处理越来越复杂的问题，客观上就要求人的能力与机器的能力互相结合、互相补偿。用机器广泛的适应范围弥补人的不足，用人的智慧来补偿机器智能的缺陷，这就是人机共生律。

当然，在人机共生的关系上，人与机器的地位并不对等，人始终处于主导地位。在人的智能与机器的优势这两者之间，是人的智能驾驭机器的优势，这一点很明确，而不是相反的情况，机器的作用说到底还是辅助人。换言之，在人机共生的关系上，辅人律和拟人律这两条根本的法则仍然有效。因此人机共生的结果，是人的总体能力得到进一步增强。这是个非常重要的原则。

科学的技术观告诉我们：人、机都有其不可替代的优势和缺陷。机器没有思维能力，它不能胜任过程中有不确定因素的工作，但是它却具有人所不可比拟的优势。人只有合理、充分地利用技术的这种优势，达到人机共生的和谐状态，才能使人的总体能力得到增强。

3.1.7 信息技术的作用

目前，信息技术已经应用到各领域，包括政治、经济、文化、教育、军事、管理、社会、工业、农业等。信息技术对相关领域产生了深远的影响，起到了积极的作用，下面分别以经济与社会发展领域为例介绍信息技术的影响。

（1）信息技术对经济发展的作用

① 促进生产增长。信息技术的生产推动新的工业生产部门的出现和发展，信息技术的应用通过生产率的提高和生产成本的降低来促进社会生产的增长。信息技术是生产力的重要因素，能使供给增加，减少无需求的盲目供给，更好地适应和满足需求。根据当代西方经济观点，信息交流是国民经济发展的倍增因

素,因此,推广信息技术,会直接推动生产的更快增长,经济的更大发展。

② 导致市场扩大。信息技术突破了地区、国家市场的有限范围,使其不受地理位置的限制,把市场扩大到全球。信息技术提高了市场的效率,使产供销周期缩短,流动资金占有量相对增多,产品成本下降,提高了在全球经济中的竞争力。

③ 提高经济效益。信息技术的应用一方面提高了劳动生产率,使竞争力加强,出口创汇增加,另一方面更加充分地利用了物质和能源资源,节约了材料,降低了能耗,从而提高了经济效益。

④ 引起经济组织的变革。信息技术的应用,使信息传递速度加快,信息处理效率提高,从而导致经济组织管理方式的变革。

⑤ 信息产业和信息经济的出现和发展。信息技术在使生产增长的同时还使产业结构发生巨变,一批为社会提供信息产品和信息服务的行业即信息产业迅速崛起,高能耗的产业逐步被低能耗的产业代替,劳动密集型产业的比重逐渐下降,技术和知识密集型产业比重迅速提高。信息技术的发展促进了国民经济的信息化,从而出现了信息经济。信息经济的发展,使国民生产总值中信息产业所占的比重和社会劳动就业中从事信息工作的劳动者所占的比重迅速提高,从而加速了物质经济向信息经济的转化。

(2) 信息技术对社会发展的影响

① 社会的结合将更加紧密。通过计算机网络,人们可以很方便地把自己的研究心得与对社会的看法向全世界传播,并存入人类知识的海洋中。人们又通过网络及时了解与吸取其他人的最新知识与成果。不论是全球的经济问题,还是环境生态问题,都涉及到每个地区、每个民族、每个国家,甚至每个人。这种变化,使人类真正成为一个紧密联系的整体,而不仅仅是生物学意义上的整体,显然,这大大提高了人类认识自然、抵抗灾害、开拓资源、有效运作的能力,这个飞跃的意义无疑十分深远。

② 增强了人类收集和处理信息的能力。由于信息技术的发展和普及,人们可以利用各种先进手段去收集信息,收集信息的能力大大增强。例如,通过卫星照相,遥感遥测,人们在短短三十年的时间里获取的地理信息远远超出了以往积累的全部地理信息,通过自动化仪表收集的高能物理的实验数据,其数量比手工式收集不知要高出多少倍,各种社会普查和抽样调查也都因为信息技术的应用而变得频繁、容易和顺利。与此同时,人们可以使用信息技术对收集到的大量信息进行深入的加工和分析,得出更加有用的成果,这在天气预报中表现得尤为显著,如果没有电子计算机,单就加工计算收集到的信息的时间而言,就无法进行有效的数值预报。收集和加工信息能力的大大增强,使人类有可能更有效地利用各种资源,更好地组织和管理社会,这方面的好处是人所共知的。

③ 加快了人类传递和交换信息的速度。不管你处在地球上的什么位置,你

都可以通过计算机网络和通信技术与任何人进行信息交换,通过电视会议系统出席同一个会议,通过广播电视获得世界各地的信息。从这个意义上说,地球变小了,变成了地球村,地理的远近已不再成为阻碍人们交流的障碍。如果计算一下人们在外出开会,收集资料,采购推销等方面所花费的时间、精力、人力、物力,可以看出信息传递手段的加快会多么有效地提高人们的工作效率。人们常说的现代生活的快节奏,其根源正在于这种技术上的进步,这种快节奏,能使人们在同样的时间内做更多的事情,享用更多的物质和精神财富,人的生命在这种意义上得到了延长。

④ 教育的内容和形式在发生深刻变化。从教育内容上讲,人们今后要学习与掌握的知识范围比以前扩大了;从教育方式上讲,计算机辅助教学(CAI)的发展,使纯粹灌输式的、以讲台为主的教学方式得以突破,学生可以根据自己的情况掌握学习的过程,真正做到因材施教。特别是计算机网络的发展,提高了均等教育机会。世界各地的学生,无论地理位置、语言肤色、健康残疾,都可同时享受到最好的教师、教材和最科学的讲解。人类的总体素质将会因此而有一个空前的提高,社会的进步将更加迅速。

⑤ 科学思想体系也在发生变化。从自然科学到社会科学,几十年来,涌现了大量的新学科、新思想、新技术。没有现代信息技术的迅速发展,这些新成果是不可能出现的,因为这些新成果来源于大量信息的分析和研究。这些新成果,使人类对宇宙、社会、自身以及自身与大自然、与社会的关系,都有了深刻的认识与新的视角,从而也深刻影响着科学思想体系。

⑥ 极大地改变着人们的文化生活和娱乐方式。现代信息技术使人们的文化生活和娱乐方式发生了翻天覆地的变化,给人们带来了生活质量的巨大提高,这方面的巨大变化是有目共睹无法否认的。

⑦ 社会将变得更加脆弱。由于人们越来越多地依赖于技术特别是信息技术,社会系统失效的可能性会越来越大,一个人有意或无意的破坏行为可以影响整个地区、整个国家乃至全世界的经济生活。由于全球一体化,社会的全局和局部矛盾会日益突出,冲突和摩擦不可避免,从而加重了社会的脆弱性,人类大家庭的协调管理成为空前的难题。

3.2 信息系统概述

3.2.1 信息系统的概念

信息系统可以从不同的角度理解,从技术角度看,信息系统是由一组相互关联的要素构成,完成企业内信息的收集、传输、加工、存储、使用和维护等,支持企业的计划、组织、人事和控制。

信息系统的结构可以简单地图示 3.4：

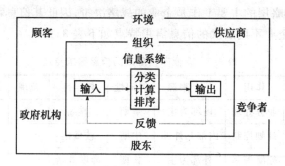

图 3.4　企业信息系统结构

从图可以看出，组织进行计划、决策、控制、分析问题、创新产品或服务所需的信息都是由信息系统的三项活动产生的，它们是输入、处理和输出。输入是完成对组织内部或外部环境中的数据的捕捉和收集；处理是将原始输入的数据通过分类、排序、分析、计算等形式转变成有利于应用的数据形式；输出是将处理过的信息传送给需要的用户。除此之外，信息系统还需要反馈。实际上，反馈也是一种输出，它被反馈给组织中合适的人员以帮助他们评价和修正输入。

这里需要说明的是，信息系统既可以是手工的，也可以是计算机化的。早期的组织同样存在着为计划、决策和控制提供支持的信息系统，只是这些信息的收集、处理、传递功能是由人工来完成的。例如邮政部门最初都是由工作人员人工浏览信件，根据不同的目的地，手工将各种信件分别放入不同的位置，以便按目的地分别传输，这个过程被称为分检。今天，大多数邮政系统都采用了计算机阅读邮政编码，并通过传递设备将信件自动分类，按不同的路径分别送到不同的位置。计算机化的信息系统缩减了信件的处理时间，提高了信件处理的精确度，同时还可以向管理人员提供各种计划和控制的信息。再如，早期的证券投资者为了确定投资机会，手工绘制各种分析图表和指数趋势图，以帮助他们做出投资决策。如今，功能强大的各种证券分析系统可以方便地进行证券数据分析，为投资者的决策提供了强有力的支持。许多信息系统开始都是手工系统，只是随着信息技术的发展和竞争的加剧，才逐步发展成为计算机化的信息系统。

3.2.2　信息系统的结构

（1）信息系统的层次结构

现代社会组织的管理活动都具有层次结构，不同层次的管理活动，有着不同的目标。人们通常将企业的管理活动分为三个层次：作业层、管理控制层和战略决策层，不同层面的管理活动有着不同的信息需求。作业层的工作主要是业务处理，其信息需求主要集中在内部信息，使用的主要确定性的信息；管理层的主要工作是计划控制,其信息需求主要是企业内部综合性的信息,同时,也需要部分外部信息;战略层的主要工作是企业的战略决策,因此其信息需求具有广泛性和不确定性。企业不同层次的信息需求特点如下表3.1。

表 3.1　企业不同层次的信息需求特点

信息需求特点	作用	信息来源	时间性	概括性	范围	综合性	确定性
作业层	业务处理	内部为主	短期	详细	窄	低	强
管理层	计划控制	内部和外部	中期	较概括	中	中	较强
战略层	战略控制	外部为主	长期	高度概括	广	高	较弱

企业为管理服务的信息系统也相应地分为三个层面:作业层信息系统、管理层信息系统和战略层信息系统,不同层面的信息系统具有不同的特点。

作业层信息系统是指支持、帮助,甚至取代企业基层业务人员工作的信息系统,例如登记库存、记录销售数据、工资处理等。这类信息系统主要支持企业基层的日常业务活动,提高业务的处理效率和处理质量,部分和完全取代手工作业。作业层信息系统都是高度结构化的,按照事先设计的程序处理固定的业务活动,不具备灵活性。

管理层信息系统主要是为企业中层管理人员的管理和控制提供支持的信息系统。管理层信息系统可以定期为管理人员提供反映企业各方面运营状态的综合性报告,管理人员据此开展计划和控制工作。较之作业层信息系统,管理层信息系统不仅具有信息处理功能,更重要的在于其决策支持功。管理层信息系统主要解决企业中普遍存在的结构化的决策问题,如销售计划的制订、生产控制等,极少数管理层的信息系统也能够支持半结构化的决策问题。

战略层信息系统主要是为高层管理者战略决策提供信息和决策支持的信息系统。战略层信息系统除了需要作业层和管理层信息系统提供各类信息之外,更需要大量的来自外部环境的信息,如用户需求、竞争对手、供应商等方面的情况,宏观经济发展状况以及行业发展动态等,同时,还有与组织发展有关的政治、文化、心理等多方面的信息,这些都是企业制订战略的依据。战略层信息系统还包含了进行战略决策所必需的各类决策支持工具,如各类决策模型、各种分析软件等。同管理层信息系统相比,战略层信息系统着重支持企业的半结构化和非结构化的战略决策问题,因此,战略层信息系统具有较大的灵活性。

(2)信息系统的职能结构

企业管理活动一般是按职能划分的,按照信息系统所承担的职能不同,企业信息系统可以分为不同的职能系统:生产系统、销售系统、财务系统、人事系统等。下面,以一般制造业的信息系统为例,分为以下几个职能系统:

市场销售系统:进行销售统计、销售计划制订,协助管理者进行销售分析与

预测,制订销售规划和策略;

　　生产系统:协助管理者制订与实施产品开发策略、制订生产计划和生产作业计划,进行生产过程中的产品质量分析、成本控制与分析等;

　　供应系统:协助管理者制订物料采购计划、物资存储和分配管理;

　　人事系统:支持管理人员进行人员需求预测与规划、绩效分析、工资管理等;

　　财务系统:支持管理人员进行财会账务管理、财务计划、财务分析、资本需求预测、收益评价等;

　　信息管理系统:支持信息系统发展规划的制订,对信息系统的运行和维护进行统计、记录、审查、监督,对各部分工作进行协调;

　　高层管理系统:为高层管理人员制订战略计划、进行资源分配等工作提供支持,协助管理人员进行日常事务处理,对下级工作进行检查、监督和协调。

　　由于各职能系统也有不同层次的信息处理结构,结合以上讨论的信息系统的层次,可以将信息系统的结构用图 3.5 综合地表示如下。

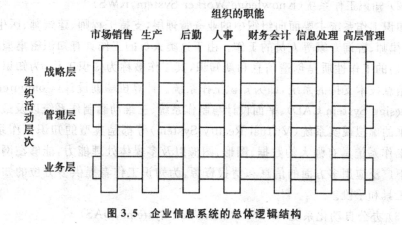

图 3.5　企业信息系统的总体逻辑结构

3.2.3　信息系统的类型

　　企业中由于工作岗位、专业性质、解决的问题各有不同,单一的信息系统显然无法提供组织所需的各种信息,所以组织中存在着不同类型的信息系统。按照信息系统的具体应用,可以将信息系统分为面向管理业务的信息系统和面向管理决策的信息系统。

　　面向管理业务的系统包括事务处理系统、知识工作系统、办公自动化系统;面向管理决策的系统包括管理信息系统、决策支持系统和高级经理系统。这些系统结合在一起,共同帮助企业中各级人员完成日常工作,解决各类管理和决策问题,从销售记录的登记、财务数据的处理、支持各级管理人员的决策,直到重要投资项目和竞争策略的选择。

（1）事务处理系统（Transaction Process System，TPS）

事务处理系统主要面向组织的事务处理，是为组织作业层服务的基本信息系统。它执行和记录组织经营活动所必需的日常交易，比如订货系统、工资处理系统、发货系统、订票系统等。这类系统是计算机信息系统在组织中早期的应用形式，也是最基本的形式。早期的信息系统主要是通过将日常的、劳动密集型的事务性工作自动化，降低成本、提高事务处理的效率，所以此类信息系统被称之为事务处理系统。

事务处理系统至今仍广泛地在组织中应用和发展。事务处理系统直接支持组织业务的具体实现，其有效性和可靠性对组织的业务运行至关重要，一旦发生故障，将会给组织带来直接的经济损失，因此，事务处理系统在安全性、可靠性方面要求较高。事务处理系统不仅直接支持组织的各项基础业务活动的实现，并且也为组织内各层次的管理人员提供了业务运行状况的第一手资料，同时也是组织中其他各类信息系统的主要信息来源。

（2）知识工作系统（Knowledge Worker System，KWS）

知识工作系统主要面向组织中的业务管理层，支持工程师、建筑师、医生、科学家、律师、咨询专家等人员的工作。由于这类人员的工作具有知识密集型的特征，他们的工作性质是创造信息和新知识，其工作被称为知识工作，为知识工作提供信息技术支持的系统，即为知识工作系统。计算机辅助设计（Computer Aided Design System CAD）、平面设计与制作系统、三维动画制作系统以及最近发展起来的虚拟现实系统（Virtual Reality System）等都是典型的知识工作系统。知识工作系统具有强大的数据、图形、图像以及多媒体处理能力，能够在网络化条件下广泛应用多方面的信息和情报资源，为知识工作者提供多方位的知识创造的工具和手段。

（3）办公自动化系统（Office Automation Systems，OAS）

主要是面向组织中的业务管理层，对各种类型的文案工作提供支持。从事这些工作的主要有秘书、会计、文员等，他们的工作性质不是创造信息，而是使用、处理和传播信息，他们往往被称为数据工作者（Date Worker）。办公自动化系统的主要目的是通过应用信息技术，支持办公室的各项信息处理工作，协调不同地理分布区域之间、各职能部门之间、各信息工作者之间的信息联系，提高办公活动的工作效率和质量。典型的办公自动化系统主要通过文字处理、桌面印刷、电子化文档进行文件管理，通过数字化日历、备忘录进行计划和日常安排，通过桌面型数据库软件进行数据管理，通过基于计算机网络的电子邮件、语音信箱、数字化传真和电视会议等进行信息联络和沟通。知识工作系统和办公自动化系统是近十年来发展速度最快的应用系统，在企业中的作用不可低估。

（4）管理信息系统（Management Information System，MIS）

主要面向组织中的管理控制层，为组织各类管理人员的计划和控制提供信息和决策支持。管理信息系统产生于 20 世纪 60 年代末,当时企业开发了大量的事务处理系统。人们很快发现,这些系统存储的大量数据可以用来帮助管理人员在其各自的领域内进行更好地计划、控制乃至决策工作,于是开发能够支持各类管理人员控制和决策的管理信息系统成为那个时期信息系统研究的主流。

典型的管理信息系统具有综合信息处理功能,能够通过分析性的信息处理,产生各类总结性的报告,并将报告传递给需要它的各级管理人员,为管理人员提供对组织当前和历史状况的联机查询,帮助管理人员了解日常业务,以便进行有效的控制、组织和计划。

典型的 MIS 可以提供定期和总结性报告。定期报告是指按预先确定的时间间隔产生的报告,可以是每天、每周或每月、每年等,如库存周报,每周定期提供库存报告,显示哪些产品库存已降到需补充的数量,为管理人员制订采购计划提供依据;总结性报告是指那些以某种方式汇总信息的报告,如按销售人员汇总的销售情况,按产品种类汇总的次品翻修报告,按顾客汇总的账龄报告等。MIS 还可以产生例外报告和比较报告。例外报告是基于某些选择标准显示有用的信息子集,比较报告则显示两个或更多相似的信息集合,以阐明彼此的关系。

MIS 能够帮助主管人员决定何时、何地采取行动,例如财务管理中的账龄报告可以显示顾客赊销的总金额、赊销时间、赊销额占销售总额的比重等,它反映哪些客户已超过赊销期限,哪些客户是主要的催讨对象,可以为管理人员确定相应的信用政策提供依据。

MIS 主要面向企业内部事务,解决结构化的问题。一般来说,MIS 的数据依赖于事务处理系统。图 3.6 描述了一个典型的 MIS 把来自库存、生产和会计的事务处理数据转换为管理报告的过程。

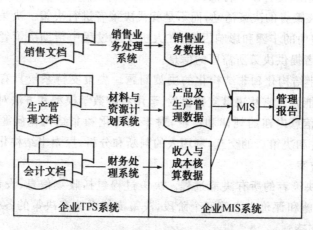

图 3.6 管理信息系统与事务处理系统的关系

（5）决策支持系统（Decision Support Systems，DSS）

决策支持系统主要面向组织中的管理控制层和战略决策层，支持中高层管理人员的决策活动。决策支持系统产生于 20 世纪 70 年代，许多现有的信息系统不能满足管理者的信息需求是决策支持系统产生的原因之一。事务处理系统、管理信息系统主要用来生成预定的报告，这些信息系统提供的报告对管理者是有帮助的，但管理者更需要支持决策的信息。1971 年，美国的 Michael S. Scott Morton 在《管理决策系统》一书中首次提出了"决策支持系统"的概念，决策支持系统具有查询和分析功能，能够以易于理解和使用的多媒体方式给决策者提供决策所需信息，同时在工具、方法和处理手段上支持决策者的决策活动。

根据决策问题的确定性程度，人们将决策问题分为结构化、半结构化和非结构化三类。结构化决策问题相对简单，其决策过程和方法有固定的规律可循，能用明确的语言和模型加以描述，并可依据一定的通用模型和决策规则实现其决策过程的基本自动化。管理信息系统比较善于解决此类问题。非结构化决策问题的决策过程复杂，决策过程和决策方法没有固定的规律可循，没有固定的决策规则和通用模型可依，决策者的主观行为对决策效果影响很大。半结构化决策问题介于两者之间，其决策过程和决策方法有一定规律可循，但又不能完全确定，即有所了解但不全面，有所分析但不确切，有所估计但不确定。

决策支持系统侧重应用模型化的数量分析方法进行数据处理，以支持管理者面临的半结构化和非结构化的决策问题。由于决策支持系统的用户是进行各级决策的中高级管理人员，因此该类系统的人机交互方式一般都比较友好，操作更加简便，更易于非专业人员理解和应用。同事务处理系统和管理信息系统相比，决策支持系统具有以下特征：

① 支持决策者的决策活动，而不是替代决策者进行决策。决策者可以控制所有决策过程中的步骤和影响因素，在人机交互过程中帮助决策者探索可能的方案，为决策者提供决策所需要的信息。

② 支持半结构化和非结构化的决策问题。决策支持系统具有很强的模型化、定量分析能力。它从决策支持出发，运用各种数学模型和方法对信息进行分析，力图挖掘信息内在的规律和特征，对半结构化和非结构化问题进行分析比较，同时，通过和决策者的交互，利用人的判断和分析，探索半结构化和非结构化问题的解决方案。

③ 支持决策者的所有决策过程。决策过程包括收集信息、设计备选方案、选择方案，实施和评价方案等四个阶段，决策支持系统在决策的各个过程中，为决策者提供支持。

④ 决策支持系统追求决策的有效性（Effectiveness）而非决策的效率（Efficiency）。决策支持系统与一般的事务处理系统不同，信息处理的效率不是衡量

系统功能的标准,决策支持系统旨在帮助决策者获得决策所需的信息,为分析和判断提供工具和方法的支持,使决策者能够做出正确的决策。

⑤ 支持组织不同层次的决策。有些决策的确定需要在不同层次的决策者之间通信。决策支持系统支持群体决策。

（6）高级经理系统（ESS）

高级经理系统主要面向组织的战略决策层,为组织的高层管理者提供工作支持。高层管理者的信息需求具有特殊性。首先,高层管理者实施战略决策所需的信息除来自于企业内部各职能部门、各地分支机构外,更大量地来自于企业外部。这些数量庞大的外部信息比内部信息更复杂、更难以辨认、更难以系统地搜集。其次,高层管理者所面临的战略决策主要是半结构化和非结构化的问题。决策是科学,也是艺术,既需要来自正式信息渠道的规范信息,同时也需要大量的非规范信息,如人们对变化的态度、价值观、企业文化、员工士气等。这些非规范信息与社会政治、经济、文化等大环境存在着微妙的关系,难以准确定义和量化,而且大多只能通过非正式沟通方式才能获得,这些对信息系统的灵活性提出了极高的要求。

针对高层经理信息需求的特殊性,相对于其他类型信息系统具有解决某类特定问题的功能,高级经理系统主要是为组织的高级主管人员建立一个通用的信息应用平台,借助于功能强大的数据通信能力和综合性的信息检索与处理能力,为高级行政主管人员提供一个面向随机性、非规范性、非结构化信息需求和决策问题的支持手段。高级经理系统不仅能够从组织内的各系统中提取综合性数据,也能够从组织外部的各种信息渠道获得所需的数据,在此基础上,系统能够对这些数据进行组合、筛选和聚合操作,并运用最先进的通信技术和多媒体技术将这些数据处理结果快速而准确地展示在高级管理人员的桌面上。同时,对于数据处理结果中的任何一项综合性数据信息,系统都可以按照用户的要求对其进行"追溯"（Drill Down）,通过与其他信息系统和信息源相连的通信网络,跟踪展示该项数据的处理过程、产生根源和收集渠道等,从而满足高级管理人员追究数据信息细节的要求。由于高级主管人员往往对计算机系统不是很熟悉,而他们的信息需求又经常具有很强的随机性和不确定性,因此系统对人机交互界面和交互方式有更高的要求,往往采用图形用户界面、图形化数据信息表达和更为先进而简单的命令输入方式。

（7）各类管理信息系统的关系

上述各种信息系统存在于组织的不同层面,执行着不同的职能,同时各类信息系统又紧密相连,互相提供支持,从而构成一个完整的组织信息系统结构（图3.7）。

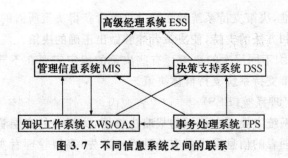

图 3.7 不同信息系统之间的联系

3.2.4 信息系统的生命周期

任何系统都有其产生、发展、成熟、消亡或更替的过程,这个过程称为系统的生命周期。信息系统的生命周期包括系统规划、系统开发、系统运行与维护、系统更新四个阶段。

系统规划是信息系统的起始阶段,其主要任务是:根据组织的整体目标和发展战略,确定信息系统的发展战略,明确组织的信息需求,制定信息系统建设计划,其中包括确定拟建的信息系统的总体目标、功能、规模和所需资源,并根据信息需求的迫切程度和应用环境的约束,确定出信息系统开发的优先顺序,以便分期分批进行系统建设。

系统开发是系统建设中工作最为繁重的阶段,其主要任务是根据系统规划阶段确定的系统总体方案和开发项目的安排,进行系统开发。系统开发阶段又分为系统分析、系统设计和系统实施等阶段。系统分析主要是通过初步调查,确定系统开发的可行性,对现行系统进行详细调查,明确用户的信息需求,提出新系统的逻辑方案。系统设计阶段主要是根据新系统的逻辑方案进行软硬件系统的设计,具体包括总体结构设计、输入设计、输出设计、处理过程设计、数据存储设计和计算机系统方案的选择等。系统实施阶段是将设计的系统付诸实施,主要工作有软件程序的编制、软件包的购买、计算机与通信设备的购置、系统的安装与调试、新旧系统的转换等。

系统运行与维护是系统生命周期中历时最长的阶段,也是信息系统实现其功能、发挥其效益的阶段。系统开发项目投入使用后,就进入了正常运行和维护阶段。信息系统规模庞大,结构复杂,管理环境和技术环境不断变化,系统维护的工作量大,涉及面广,投入资源多。据统计,现有信息系统的运行与维护费用占整个系统成本的 2/3 左右。信息系统的运行与维护包括系统的日常运行管理、系统维护、系统评价等。

系统更新是老系统的终结,新系统建设的开始。当现有系统或系统的某些主要部分已经不能通过维护来适应环境和用户信息需求的变化时,系统就需要进行更新。这一阶段是新老系统并存的时期,对现行系统可以全部更新,也可以部分更新或有步骤地分期分批进行更新。

4 信息资源内容管理

信息资源管理的核心工作在于信息资源内容的管理。对信息资源内容的管理包括信息源管理、信息采集、信息组织、信息检索等环节,本章我们将围绕这些环节来展开对信息资源内容管理的探讨。

4.1 信息源

4.1.1 信息源与信息资源

世界是物质的,物质是普遍存在的,物质都处于运动之中。凡有物质及其运动存在,就有信息产生。任何事物都能够产生、传递信息,所以信息源的范围非常的广阔,它指所有产生、持有和传递信息的人、事物和机构。

资源本来是指能够创造物质财富的自然存在物,是人类生存和发展所必需的生产资料、生活资料的源泉。对信息资源的理解有两种:一种是广义的理解,认为信息资源是人类社会信息活动中积累起来的信息、信息生产者、信息技术等信息活动要素的集合;一种是狭义的理解,认为信息资源是指人类社会经济活动中经过加工处理有序化并大量积累后的有用信息的集合,如科学技术信息、政策法规信息、社会发展信息等等,都是信息资源的重要组成部分。本章中,我们讨论信息资源的内容管理,所以持狭义的理解。

信息源不等于信息资源,信息源是蕴含信息的一切事物,信息资源则是可利用的信息的集合;信息资源可以是一种高质量高纯度的信息源,但信息源不全是信息资源。

4.1.2 信息源的类型

根据不同的分类标准,可将信息源分为不同的类型。

(1)按信息的加工和集约程度划分

按信息的加工程度,信息源可分为:一次信息源、二次信息源、三次信息源和四次信息源。一次信息源是最根本的信息源,所有的物质都是信息的发生源,也是一次信息源,信息资源生产者的主要任务就是从一次信息源中提取信息,形成知识;二次信息源也称为感知信息源,它是人的大脑中所存储的潜在的信息资源,其开发利用的最终成果就形成三次信息源;三次信息源又称为再生信息源,主要包括口语信息源、体语信息源、文献信息源、实物信息源四大类型;四次信息源也称集约型信息源,是文献信息源和实物信息源的集约化,如图书馆、档案馆、数据库、博物馆等，它们是现代社会最主要的信息源。

（2）按信息的运动形式划分

按信息的运动形式可以把信息源分为静态信息源和动态信息源。静态信息源是指其所包含的信息一经生产出来便成为一种固定的形式，不会随时间改变，也不会产生新的信息，如文献信息源、实物信息源等；动态信息源提供的信息通常处于不断地变化之中，主要包括一次信息源和二次信息源，能够不断地自我更新。

（3）按组织边界划分

按组织边界划分，信息源可分为内部信息源和外部信息源。内部信息源是指组织内部产生信息的部门或事物，例如企业中的管理部门、生产部门、销售部门、财务部门等，企业的生产设施、产品、办公设备等，以及企业所收集的图书、期刊、报纸及档案资料。外部信息源是指组织所处的自然、社会、经济环境中为组织活动提供信息的信息源，仍以企业为例，社会文化、国家的宏观经济政策、税收政策、市场需求等都是企业从外部信息源获得的信息。组织的内部信息是组织基本状况的反映，外部信息是组织生存环境的反应。

（4）按信息的载体划分

根据信息的载体形式，信息源可以分为个人信息源、印刷型信息源、缩微型信息源、电子型信息源、实物信息源等。

个人信息源包括上述的感知信息源和口头信息源，是指存储于人脑之中，通过创作、发明、交谈、讨论、报告等方式表现、传播的信息，人是信息的接收者，也是信息的创造者，是最富活力的信息源，参与社会信息交流活动的每一个人都是一个独立的信息源。

印刷型信息源主要是指纸质文献，凭借造纸技术的不断进步，通过印刷技术来传播各类信息，这种信息源包括图书、期刊、报纸、科技报告、政府出版物等，是历史悠久、存储量最大的信息源。

缩微型信息源是以感光材料为载体，通过缩微技术制作的大量缩微胶片、平片等。这种信息源的存储密度非常大，只是它们提供的信息需要通过缩微阅读机才能够获得。

电子信息源是随着现代信息技术的迅猛发展而迅速发展起来的，电子出版物的不断涌现，使得电子信息源成为现代主要的信息源之一。电子信息源一般包括磁盘、光盘、数据库等，这种信息源具有存储容量大、容易携带的特点。

实物信息源主要提供实物信息，包括各种实物以及提供实物的产品展览会、博览会，还包括各类百货公司、商场等。实物信息源能够使人们直观地了解实物的形状、颜色、构成、型号等信息。

除上述几种分类方法之外，还可以依据信息源的内容类别、提供信息的部门性质等进行划分。不同的划分标准对信息源进行了不同的归类，在信息管理的实践活动中还需根据实际需要来决定采用何种划分标准。

4.1.3 文献信息源

1）文献概述

文献是记录有人类精神信息的、便于存贮或传递的人工固态附载物。从其概念可以知道，文献有四要素构成：文献信息、文献载体、符号系统和记录方式，四种要素共同构成了文献，缺乏任何一种都不可能。

（1）文献的符号系统

文献的符号系统是指文字、图画、图表、编码、声像和电磁信息等。其中，图画是最早的文献信息符号，在文字出现以前，人类就用图画来表达精神信息，其独到之处在于较强的直观性，只是不能表达抽象思维的信息。

文字是由图画演变而来的，是采用一系列的书写符号对有声语言信息的书面表达形式，它弥补了图画不能表达抽象思维信息的缺陷。

声像信息指留在唱片、录音带、光盘上的声频信息和摄在胶卷、录像带上、刻录在光盘上的视频信号，声像信息必须通过特定的设备解读。

电磁信息符号是指计算机可读磁盘或光盘上的信息符号，由二进制的 0 和 1 构成，这些信息符号也不能直接提取，必须通过计算机解读。

（2）文献的记录方式

文献的记录方式是指将表达信息的符号系统通过特定的人工记录方式使其附着于一定的文献载体上。记录方法非常多，可以分为手工记录、机械记录、光记录、电记录、声记录和磁记录。按记录手段分为写画、雕刻、印刷、摄制、录音。其中印刷技术是应用最广泛的，从古代的手工印刷阶段发展到机械化阶段，再到今天的电子自动化印刷阶段。

（3）文献载体

文献载体必须适应于文献符号和相应的记录方式，同时又要有利于传播、整理和长期的保存，因此文献载体的材质在人类文明的演进过程中一直在不断地发展。

纸张是应用最广泛的文献载体，它具有价格低廉、质地柔软、易于书写、携带和收藏的优点。

缩微文献是以感光材料（银盐片、重氮片、微泡片等）为载体，用缩微照相技术制成的文献复制品，其主要优点是：存储量大、体积小、重量轻、成本低、价格便宜、保存期长、易于检索复制、放大、转换成其他形式的文献。

音像文献是以磁性材料、光学材料为记录载体，利用专门的机械电子装置与显示声音和图像的文献，它脱离了传统的文字记录形式，直接记录声音和图像。根据记录信号的不同，音像文献可分为以下三类：一是录音资料，记录语言、音乐、器具声以及自然界的声音信号；二是录像资料，可分为光学录像和磁性录像。

光学录像是用凸透镜成像原理让光线聚焦在录像载体上而记录下图像信号,磁性录像是利用光电元件的光电转换作用,将图像上每个像点的明暗变化转变为电流强弱的变化,最后转变为磁场强弱的变化,使录像载体磁化而记录下图像信号;三是声像资料,综合了录音和录像技术制成图文并茂的文献。

磁盘分为硬磁盘和软磁盘。硬磁盘是在铝合金圆盘上涂有磁表面记录层的磁记录载体,其最大的优点是能够随机存取所需数据,存取速度快,适用于大容量检索设备。软磁盘是在柔软的塑料圆盘上涂有磁记录层的载体,其优点是驱动器体积小、重量轻、结构简单、价格低,缺点是存贮量小,存取速度和数据传输率都较低。

光盘是用聚焦成直径小于1微米的激光束在光记录介质上写入与读出信息的高密度存贮载体。光盘集纸质和磁介质载体的优点于一身,可存贮图像色彩、全文信息,可用计算机存贮与检索。另外,它还具有存贮量大、成本低、检索速度快等特点。

(4) 文献信息

文献信息就是利用某种符号系统及其相应的记录方式记载于一定载体上的人类精神信息,它具有信息的所有性质和功能,又有其自身的特点。主要表现为:第一,文献信息是经过一系列加工后记录下来的信息,不是指文献符号系统本身的信息,也不是指文献载体本身的信息。文献信息独立于符号系统和记录载体,不会因为符号系统和记录载体的变化而改变,但是它又必须通过一定的符号系统和记录载体来记录和传递。第二,文献信息的传递必须利用一定的符号系统和记录载体来实现,所以对文献信息的摄取方式和吸收程度必然受到其相应的符号系统和记录载体的制约。第三,文献信息是一种相对固化的信息,一经生产出来,就不会再改变,即属于静态信息,这也是文献老化的原因。第四,文献信息是人对客观世界的认识,因而不一定完全符合客观实际。

2) 各种文献信息源

(1) 图书

图书是记录和保存知识、表达思想、传播信息的最古老、最主要的手段。图书中所包含的信息是作者就某一个问题形成了系统的、科学的认识,并对它进行的详细、系统的论述。所以图书中所包含的信息比其他形式的文献更成熟、更稳定、更可靠。如果要全面、系统地了解某一问题,或对不熟悉的领域有个初步的了解,或者要了解就某一问题前人的研究成果,图书是最合适的信息源。正因为图书所包含的信息比较成熟、稳定,所以有一定的滞后性,信息用户不能在其相应的信息产生之初就得到它。

图书的类型是多种多样的,根据其作用可分为工具书、教科书、科普书、学术专著等;根据其著述形式可分为专著、编著、译著、汇编、类书;根据其出版和刊行情况可分为单行本、丛书、抽印本、多卷书等等;根据其载体性质可分为纸质图书、录音书籍、电子图书等。

（2）期刊

期刊是由一个稳定的编辑部编辑出版的一种定期或不定期的连续出版物，它具有 ISSN 编号、固定统一的名称、每期具有一定的序号、发表多个作者的新作。期刊的出版周期短，发表文章快，而且具有连续性，因而能够及时报道不断运动发展着的知识。所以，与图书相比，期刊的特点是出版迅速、内容新颖、能迅速反映科学技术和学术研究的最新成果，从而成为信息用户寻找新思想、新发现、新问题的首要信息源。但是期刊文献所包含的部分信息并不成熟、不稳定。

期刊根据其所含信息内容和作用的不同可以分为以下几种类型：① 学术性期刊。这类期刊主要刊登学术讨论文章、会议论文、报告等，在科技方面，它是高薪技术发展创新的理论支柱，在社会科学方面，它所提出的新思想、新简介对推动我国经济发展具有指导作用。② 检索性期刊。检索性期刊是二次文献（文摘、索引等）的主要来源，能够及时报道一次文献，从而方便信息用户查找、利用信息。③ 评论性期刊。这类期刊主要提供三次文献：综述、述评、书评、评论等，是了解事物的发展动态、成果、趋势的主要信息源，同时也是查找一次文献的重要工具。④ 通信性期刊。这类期刊主要刊登快报、简讯、消息、动态一类的信息，以登载最新成果的短文或消息为特色。⑤ 数据资料性期刊。以刊登实验数据、参数、技术规范、条例法令、统计资料为特色的期刊。⑥ 行业性期刊。即各行各业专门报道本行业信息动态的期刊。⑦ 知识性、普及性期刊。是以广大人民群众为对象的，提供科普知识、生活知识、休闲文章的期刊。

期刊作为最新颖、最活跃的文献信息源，已经成为文献的主要组成部分。

（3）报纸

报纸与期刊相同，也是由一个稳定的编辑部编辑出版的一种定期的连续出版物，它也是使用固定统一的名称、每期具有一定的序号。报纸主要刊登新闻，是出版周期最短的定期连续出版物。报纸作为一种独特的信息源具有以下的特点：① 及时性。报纸的出版周期最短，最长的周期是一周，所以能够迅速地反映国内外的政治、经济、社会情况。报纸的及时性又可称为是新闻性和时间性。② 内容丰富。报纸作为一种新闻媒介，并不仅仅刊登新闻、政治、经济、文化、科学、知识等，凡是社会生活中涉及到的事物都是报纸报道的对象，因此报纸也可以说是社会生活的反映。③ 内容的真实性。报纸必须真实地反映客观实际。④ 连续性和完整性。报纸是周期最短的连续出版物，能够对事物从发生到结束做跟踪报道，利用报纸就可以获得事物发展的动态信息。⑤ 传播面广。报纸因为价格低、易散发、易获得、信息量大，发行量都比较大，从而传播面也较广。

报纸也有其相应的缺点，即材料分散、知识不系统、信息分布比较凌乱、比较难于保存和积累。

（4）科技报告

科技报告是对科学研究的进展或研究成果的报告的记录。科技报告的特点是：① 迅速地反映新的科技研究成果。科研成果都是通过专门的出版机构和发行渠道以科技报告形式发表。② 内容多样化。科技报告涉及到所有学科的研究进展、研究成果。③ 属于一次文献。科技报告报道的都是科技人员的研究成果和原始资料，数据详尽可靠。

（5）政府出版物

政府出版物是由政府机构制作出版或由政府机构编辑并指定出版商出版的文献。政府出版物的形式多样，内容也无所不包，但基本上可以分为两类：一类是行政性文献，一类是科技文献。

（6）专利文献

专利文献是记录有关发明创造信息的文献，包括专利申请书、专利说明书、专利公报、专利检索工具以及相关的一些资料。专利文献与一般的科技文献相比具有下列特点：① 详尽。各国对专利说明书的详尽程度都做了规定，要求以所属技术领域的专业人员能够实施发明为准。② 内容广泛。任何在产品生产中可以直接利用的发明、改进、外观设计都可以获得专利权，形成专利文献。③ 专利文献蕴含着技术信息、法律信息和经济信息。

（7）标准文献

狭义的标准是指按规定程序指定的、经公认的权威机构批准的一整套在特定领域内必须执行的规格、规则、技术要求等规范性文献。标准文献的一个特点是具有约束力，是由权威机构根据相关领域的实际情况制定的，在生产过程中必须贯彻执行，具有法律效力。标准文献的另一个特点是时效性，是以某段时间内相应领域的技术发展水平为上限，反映的是普遍能够达到的水平，随着技术水平的提高，标准也要相应的提高，所以标准文献也要进行修订、补充。针对性是标准文献的第三个特点，一般一个标准解决一个问题，不同种类和级别的技术必须制定不同的标准。

（8）会议文献

会议文献是在学术会议上宣读、交流的论文、报告及其他资料。会议文献大部分是本学科领域的新成果、新理论、新方法，专业性强、学术水平高，且经过专家学者提问、讨论、评价、鉴定，又经本人修改过的。所以，了解学科发展动态、最新研究成果，会议文献是非常重要的信息源。

除上述所列文献之外，还有学位论文、灰色文献、档案文献、地方文献等多种文献信息源。

3）文献信息源的增长、老化和分布规律

一切事物都处在不断地运动和发展之中，文献信息源的数量、内容和效用也在随着时间的不断推移而发展变化。作为信息源的主要组成部分，信息资源管理研究和管理的主要对象，我们不应该仅从静态的角度来研究、利用文献信息

源,还应该从动态的角度研究文献信息源的发展变化规律,从而指导信息资源管理和利用工作。

(1) 文献的增长规律

文献的增长规律即是指新出版的文献数量随时间的推移而增长的规律。

1944 年美国韦斯莱大学图书馆学家赖德经过调查统计,发现全美主要大学图书馆的藏书量平均每 16 年增加一倍。随后英国著名的情报学家普莱斯统计了几种历史悠久的期刊的增长情况,证实了文献的指数增长规律,并给出了著名的普赖斯指数增长曲线:

$$F(t) = a \cdot e^{bt}$$

其中:$F(t)$ 表示文献累计量;

　t 表示时间(年);

　a 是初始时刻($t=0$)的文献累积量;

　b 是文献的持续增长率,其值近似等于文献的年增长率。

普赖斯指数模型只是文献增长的一个理想模型,没有考虑许多复杂因素对文献增长的限制,如文献的老化问题、人为的影响等。在指数模型的基础上,苏联科学家纳里莫夫和弗拉杜奇发现,在初始阶段,文献的增长是符合指数规律的,但当文献量增加到某一定值时,其增长率开始变小,最后缓慢增长,即文献的增长速度分阶段而不同。基于此,他们提出了文献增长的逻辑曲线模型:

$$F(t) = \frac{k}{1 + ae^{-bt}}$$

其中:$F(t)$ 表示文献累计量;

　k 表示当 $t \to +\infty$ 时文献的累积量,即文献累积量的最大值;

　a、b 为参数。

以后美国匹兹堡大学的雷歇又提出了滑动指数模型、直线增长模型。

(2) 文献的老化规律

文献的老化是指文献随着其"年龄"的增长,逐渐失去了作为科学情报源的价值,越来越少地被用户利用的过程。文献的老化过程是一个复杂的过程,一般而言主要有以下几种情形:

① 文献的内容论证不完善,研究中存在缺陷,或者是文献本身就没有什么新思想,只是对已有文献的总结报道;

② 文献中的内容被后来的文献所完善、补充、发展或超越;

③ 文献的内容是正确的,也是先进的,但由于某种原因,使得人们失去对该主题内容的研究兴趣;

④ 文献中的内容被更新的文献所包括;

⑤ 文献中的内容已经成为常识。

为了衡量文献的老化速度,1958 年美国学者贝尔纳提出了"半衰期"的概念。所谓文献的半衰期就是指某学科尚在被利用的全部文献中较新的一半是在多长一段时间内发表的。这里以文献是否被引用来衡量其是否被使用。

1960年,美国人巴尔顿和凯普勒从定量的角度描述了文献老化的过程,即巴尔顿－凯普勒方程:

$$y = 1 - (\frac{a}{e^x} + \frac{b}{e^{2x}})$$

其中:$a+b=1$;

   y 表示某学科尚在被利用的文献的累积相对比;

   x 表示时间(是被利用的文献是在过去多少年内出版的),以10年为单位。

当 $y=0.5$ 时,可以计算出文献的半衰期。

1971年普赖斯建议利用"有现时作用"的引文数量与"档案性"引文数量的比例来衡量各种知识领域的文献老化问题,即普赖斯指数。

$$P = \frac{有现时作用的文献总数}{被引文献的总数} \times 100\%$$

其中有现时作用的文献总数是指不大于5年的被引用文献的数量。

文献的老化是文献信息交流、发展的必然规律,也是一个非常复杂的过程,其影响因素主要有:① 文献的增长。文献的老化与文献的增长是密切相关的。文献迅速增长,说明科学技术进步迅速,新理论、新方法、新技术不断出现,从而导致原有的文献信息内容不全面、不确切。② 学科特点不同。文献内容所属的学科性质和特点决定了文献老化的速度。一般而言,比较稳定的学科文献要比新学科或正经历重大变化的学科文献的半衰期长;基础理论学科的文献比应用技术学科的文献半衰期长。③ 学科发展阶段不同。在学科发展的过程中,都要经历诞生、发展、成熟等不同的历史阶段。即使是同一学科,在不同的发展阶段,它的知识更新速度、文献增长速度也是不同的,所以文献的半衰期也不同。④ 情报需求与情报环境。由于文献用户的素质不同、研究目的不同导致对文献的需求不同。

研究文献的老化问题可以指导阅读、指导文献的组织管理以及文献的剔旧工作。

(3) 文献的分布规律

文献分布规律是指文献在一定时期内在空间上(如地区、领域、学科、专业和主题)分布的总趋势,包括文献的集中规律与分散规律。文献的集中规律是指某一学科的大部分论文往往高度集中在少数期刊中的规律;文献的分散规律是指某一学科的部分文献分散于各学科、各载体、各用户等文献的空间中。

文献集中与分散规律受到科学发展的内在规律和人为因素的影响。科学技术领域间的相互联系和渗透是科学向广度和深度发展的必然结果,这种发展的显著特征就是学科越分越细、越分越多,相关领域间的联系越来越密切、越来越复杂,相互交叉、渗透,从而导致文献的集中与分散。同时,在文献生产和交流的过程中,许多环节会受到人为选择因素的影响,如人为的"最省力原则"和"马太效应"等。

1948 年,英国著名的文献学家和化学家布拉德福在大量统计分析的基础上,对文献的集中与分散规律给出了最终的表述:如果把科学期刊按其关于某一学科的论文刊登数量的多少,以递减的顺序排列起来,在所得的清单中可以分出直接为此学科服务的期刊所形成的核心区和另外两个区,其中每一区所刊载的论文数量同核心区中的期刊所刊载的论文数量相等。则核心区中的期刊数量与相继各区中期刊数量的关系可以表示为:$1 : a : a^2$。

文献的分布规律可以指导确定核心期刊、核心著者、核心出版社,指导文献收藏和信息检索工具的评价工作。

4.1.4 个人信息源

1）个人信息源的特点

人类具有独特的信息感知、传递、处理与存储的器官,并且在长期的社会实践活动中形成了独特的信息交流工具,因而能够不断地吸收、创造、传播信息。个人信息源就是指存储于人脑之中,通过创作、发明、交谈、讨论、报告等方式表现、传播的信息。个人信息源具有以下特点:① 及时性。通过与个人直接交谈,可以最为迅速地获得信息,而且及时进行反馈。② 新颖性。在交流过程中所涉及到的内容基本上都是对方不知道或不清楚的事物,有时甚至可以得到一些非公开的内部信息。③ 主观随意性。个人接收信息之后,根据已有的知识,对它进行加工处理,进而接收或排除;在信息交流过程中,个人又往往根据自己的好恶、个人的意志对信息进行加工取舍。因此此口头信息交流过程中,往往掺杂了个人的主观认识,容易导致信息失真。④ 瞬时性。个人大脑中的信息可能会转瞬即逝,也可能会随着人的自然死亡而不复存在,必须记录在其他信息载体上才能长期保存。

2）个人信息源的形成过程

个人信息源的形成有四种过程:第一种是当外界的信息摄入大脑后,就会在脑中发生某种结构或化学的变化,产生认识和记忆,这种认识包括见解、观点、思想,在其形成之初,往往缺乏完整性、系统性,甚至是有失正确性,不可能通过文献的形式公之于世。这些认识,有的犹如思想的火花,转瞬即逝;有些会成为长期的记忆存贮大脑中,无论如何,都可以通过口头交流来了解、修正、确认。

第二种是在社会实践的过程中,个人频繁地从事某一活动或利用某种事物、技术,随着时间的推移,对事物的认识也会加深,从而积累了大量的有关该活动、该事物或该技术的经验,有些经验可以通过正式文献的形式得到推广,但大部分只能够保留在个人的头脑中,或通过耳闻口授的方式一代一代流传保存下来。

比如在社会生活中经常会引用到的俗语、谚语、民歌等。世界著名的系统分析方法——德尔菲法，就是利用专家在社会实践活动中丰富的经验，研究事物的发展并进行预测的。

第三种是在社会生活中，个人经历了无数的风浪和挫折之后，阅历非常丰富，看问题的眼光也比较独特、敏锐，从而对事物能够产生更深层次的见解，能够发现事物更深层次的原因、内涵，但是这些都无法用文字表述出来。这也就是为什么人们往往非常重视老年人的意见和建议。

第四种是个人处在特定的社会环境和工作环境中，对其环境要比不在该环境中的人更了解，而且可以知道一些不对外公开的内部信息，因此相对于环境之外的人，环境中的人就成为信息源。这也是现代企业搜集竞争情报的过程中，把与竞争对手的员工交谈作为一种重要方法的原因。

3）个人信息源的作用

个人信息源在社会信息交流系统中具有重要的作用。1965 年，卡尔森对美国国防部工程师的 3 400 人次信息查询登记进行分析，结果发现有 31％的信息是通过口头交流获得的。米哈依洛夫在《科学交流与情报学》中指出，在科学、技术、设计、生产四个领域中，经过人物信息交流所获得的信息分别占所有获得的信息的 40％、64％、79％和 77％。所以，个人信息源是最重要的信息源，尤其是各行业的专家、生活阅历丰富的人，他们积累了丰富的经验，占有着大量的信息，而且又在不停地创造信息。利用个人信息源记录人类的知识、经验和史实是充分利用信息资源的一个非常重要的方面。

个人信息源会因为人的自然死亡而消失，从而导致大量宝贵的信息资源流失。美国正是因为爱因斯坦、鲍利等著名科学家的相继去世，才突然意识到不留下科学家的口头信息，损失将是非常惨重的。所以个人信息源所包含的信息必须转换到其他载体上才能够长期保存，发挥其信息资源的潜在价值。从个人信息源获得信息的方法主要有：对个人的演讲、即兴发表的评论、个人口述回忆，可以通过录音的形式永远地记载下来；科学讨论会、学术交流会上专家的见解、观点可以利用会议记录保存下来；对于著名的科学家、某方面的专家、经验丰富的人可以通过个人采访的形式制作个人专访录音；等等。

4.1.5 实物信息源

任何事物都能够产生、传递信息，任何事物都是信息源。实物信息源则主要提供有关实物本身的信息，包括各种实物以及提供实物的产品展览会、博览会，还包括各类百货公司、商场等。实物信息源能够使人们直观地了解实物的形状、颜色、构成、型号等信息，为人们充分认识实物提供了完备的信息。

实物信息源具有其他信息源所不具备的优点：① 直观性。实物的最大优势就是能够提供直观、生动、全面、形象的信息。以产品样本为例，在造型、外观、包装等方面的信息可以很直观地从其外表获得；通过反求工程，可以了解其工作原理、工艺过程，全部信息都可以轻而易举地获得，而且容易理解；通过操作演示，可以直接了解其功能、作用。② 客观性。实物信息源是客观存在着的实物，信息可以直达信宿，没有经过文字、图片等中间媒介表达，人们获取的是第一手的完整可靠的信息。③ 综合性。一件实物可承载多种信息，人们从不同的角度、不同的方位去考察、提取信息，可以分别获得不同的信息：技术人员可以了解其工艺、技术、材料；管理人员可进一步分析其制造工序和成本；装潢人员可以从其造型、色彩、包装等方面得到启发；用户可以了解其用途、优缺点。④ 实用性。实物是现实的物品，除了本身具有的信息价值之外，还具有使用价值，一旦不被作为信息载体，就可以投入使用，发挥其使用价值，并继续发挥其信息功能。⑤ 零散性。实物信息源的时空分布十分广泛、散乱，很难进行收集、加工，一般可以利用产品展览会、产品发布会或者到商场直接购买相关产品。

日本人在决定建立自己的摩托车工业时，就是采用了搜集实物信息的方法。在购买摩托车、帮助建厂的幌子下买回了 170 部样机，他们将每种样机的两部，一部解剖，一部做运行试验，并结合搜集到的信息资料，对全部厂家、型号的摩托车及其零部件的质量、优缺点等进行比较、分析、综合，博采众家之长，最后设计出一种轻便耐用、性能优良、价格便宜的摩托车。

4.1.6 电子信息源

电子信息源是在现代计算机技术、通信技术、信息存储技术等迅猛发展的基础上迅速发展起来的，主要包括广播、电视、数据库、网络等。

（1）广播

广播是指以无线电波或导线所传送的声音为媒介来传递信息的电声广播，分为无线电广播和有线广播两类。广播作为信息源的优点是：① 及时性。无线电的传播速度非常快，每秒 30 万公里，使得信息从信源到信宿的时间差几乎为零。广播的这种特点正好符合新闻的"新"的要求，所以它是新闻信息的理想传播工具。② 不受空间的限制。只要颠簸能够到达的地方，就能够传递广播的信号，接收广播传递的信息，对于报纸无法到达的地方就可以通过广播传递信息。③ 雅俗共赏。广播是以口语化的语言播报信息，无论文化水平较高的人，还是没有接受过文化教育的人，都能够听明白广播的信息。

广播作为信息源也有其缺点：广播节目都有一个整体的规划，具体每一个时间段播放不同的节目，听众没办法自由选择；广播是实时进行的，中间不会有大的停顿，听众只能追随播报内容，难以停下来思考，从而影响听众接收信息的质量。现在的广播事业面临着电视、报纸的激烈竞争，也在不断地改善自身，公众参与节目的机会越来越多了，而且针对听众感兴趣的事物，电台纷纷设立了专题节目，播音的时间也已经延长至全天。广播作为一种信息源又重新确立了其在信息传递中的重要地位。

（2）电视

电视是传送图像的一种广播通信方式，它是应用电子技术对静止或活动的景物影像进行光电转换，然后将电信号传送出去，使远方的接收器重现形象。电视作为电子信息源具有下列的特点：① 视听兼备。电视首先是具有屏幕图像，再辅以音响效果和色彩，所以电视是画面、声音和色彩的结合，兼具视觉和听觉的效果，是一种综合性的传媒工具。② 兼容性强。电视新闻播报可以采用播音直播、穿插影片、录像报道，可以利用图表、照片做衬录，可以有采访者和被采访者的现场谈话等多种形式。电视节目包括知识性节目、服务节目、教育节目、娱乐节目等。③ 感染力强。电视本身具有视听兼备的特点，再加之电视艺术融文学、戏剧、电影表现手法于一体，使得电视节目具有非常强的感染力。④ 现场纪实性强。通过现场电子操作，在时间、空间两方面达到传播过程与事件发生、发展过程同步，逼真地再现信息源的各种情景。⑤ 收视随意性。电视台的增多，电视节目的丰富和播放时间的延长，给观众开拓了一个收视空间，观众可以按自己的信息需求来选择节目，决定收视时间和方式。

（3）数据库

根据 ISO/DIS 5127 号标准，数据库是指至少有一种文档组成，并能满足某一特定目的或某一特定数据处理系统需要的一种数据集合。通俗地讲，数据库就是在计算机系统中合理存放相互关联的数据集合。数据库是计算机技术与信息检索技术相结合的产物，是现代重要的信息源，也是信息资源的管理工具。

根据数据库中信息内容的形式，可以分为以下三种：

① 参考数据库

参考数据库所提供的信息用以指引用户到另一个信息源去获取详细信息或其他细节，即提供的是线索性信息，包括书目数据库和指南数据库。书目数据库存储某个领域的二次文献，如文摘、题录、目录等书目数据；指南数据库存储关于某些机构、人物、出版社、项目、程序、活动等对象的简要描述信息。

② 源数据库

源数据库是指能够直接提供原始信息或具体数据的数据库，用户不必再查阅其他信息源，就可以满足信息需求。具体包括以下类型：数值数据库，专门提供以数值方式提供的数据；文本－数值数据库，同时提供文本信息和数值的数据库；全文数据库，存储文献全文或其中主要部分的数据库；术语数据库，专门存储名词术语信息、词语信息以及术语工作和语言规范工作成果的数据库；图像数据库，存储各种图像或图形信息及有关文字说明的数据库。

③ 混合型数据库

混合型数据库能够同时存储多种不同类型的数据。

（4）网络

随着计算机网络的迅速发展,网络已成为一个巨大的知识宝库和信息海洋,它是以电子数据的形式将文字、图像、声音、动画等多种形式的信息存放在光磁等非印刷质的载体中,并通过网络通信、计算机或终端等方式再现出来。

对于网络信息的采集主要有两种来源,一是网络数据库,二是各种网站。网络数据库是出版商和数据库生产商、服务商在互联网上发行、提供的出版物和数据库,用户可以通过互联网直接访问。网络数据库具有检索界面直观、操作方便简单、便于资源共享、信息更新快、检索价格相对便宜、服务形式多样、信息容量大、种类多等特点。按数据库中设计的主要内容范围,可将网络数据库分为商业数据库、学术数据库和特种文献数据库。其中商业数据库提供与国内外商业活动有密切联系的各类信息,如公司、产品、市场行情、商业动态等;学术数据库主要提供学术、科研信息;特种文献数据库主要收录专利文献、法律法规、技术报告、会议文献、标准文献等。比较著名的网络数据库有 Dialog、Profound、Lexis-Nexis、美国 UMI 公司、Questel-Qrbit、OCLC Firstsearch、STN 系统、万方数据资源系统等。

随着网络的日益普及,各国各地区的各种机构都在互联网上建立了自己的网站,利用网络向外界发布消息,提供服务,并充分利用丰富的网络信息为自身的发展创造条件,如企业信息网站、专利信息网站、政府信息网站等。直接访问这些网站,可以得到很多具体到某一特定领域的相关信息,如科技信息、政府信息、专利信息、法律法规、文化娱乐、市场信息等。同时各种各样的网络公司不断出现,他们都建立了自己的网站,专门提供信息服务,其所涉及的信息包括社会、政治、经济、教育、娱乐等方面,是获取最新社会动态信息的重要来源。

4.2　信息采集

信息采集是根据特定的目的和要求将分散在不同时空的相关信息积聚起来的过程。信息采集是信息资源开发利用的首要环节,直接决定着信息资源潜在的经济价值。

4.2.1　信息采集的原则

随着信息技术的迅猛发展,信息正以爆炸式的速度在增长,而且信息交流速度飞速提高,导致信息老化、信息污染、信息分散的现象日益严重,这就给信息采集工作增加了难度。所以为了保证采集信息的质量,减少人力、物力、财力的浪费,信息采集过程中必须坚持以下几个基本原则。

1）针对性原则

社会信息数量庞大,内容繁杂,而人们的信息需求总是特定的,有层次、有范围的。信息采集的过程就是以信息选择为核心的过程,这是一个科学、客观的过程,选择什么信息并不取决于信息采集人员的主观意志,而是取决于采集信息的目的。根据信息采集的最终目的,有针对、有重点、有选择地采集信息,才能够获得真正有价值的信息。

2）系统性原则

事物是在不断地发展变化之中的,信息反映的正是事物的运动变化状态。要能够准确、全面地反映事物的运动变化,所采集的信息必须保证空间上的完整性和时间上的连续性。即从空间角度,要把与某一事物相关的分布在不同区域的信息采集齐全;从时间角度,要对某一事物在不同时期、不同阶段的发展变化信息进行跟踪搜集,从而在时间和空间的角度,全面、完整地反映事物的真实面貌。

3）可靠性原则

真实可靠的信息是正确决策的重要保证。在信息采集过程中,必须坚持调查研究,通过比较、鉴别,采集真实准确的信息。

4）经济性原则

由于社会信息数量的迅猛增长,如果不加限制地滥采信息,不仅造成人力、物力、财力上的巨大浪费,还会因为采集的信息质量参差不齐、主次不分,最终造成所有的信息都无法发挥其社会、经济效益。因此,在信息采集过程中必须坚持经济性的原则,根据信息采集的最终目的,选择合适的信息源和适当的信息采集途径、方法。

5）及时性原则

信息的基本性质之一就是时效性非常强,随着事物的运动变化,过时的信息已经不能准确地反映事物的属性,所以在信息采集过程中,不仅要注意信息的全面性,同时要保证信息的新颖性,这样的信息才能够反映出当前事物的现状,保证信息决策的前提准确无误。

6）预见性原则

任何事物都是在发展变化之中的,尤其是在当今信息技术、生物技术迅猛发展的时代,我们周围的一切都是瞬息万变,在采集信息的过程中如果仅仅考虑当前的信息需求,那么信息采集工作就会永远滞后于信息需求,永远处在被动的位置。信息采集过程不仅要立足于现实的需求,同时还要有一定的超前性,要掌握社会、经济、科学技术等的发展动态,制定面向未来的信息采集计划。

4.2.2 信息采集的途径

信息采集的途径是指获取信息的渠道。不同的信息归属于不同的信息部门,依附于不同载体的信息也储存在不同的地方,相应采集信息的途径也不同,本节从信息载体的角度来探讨信息采集的途径。

1）文献信息

文献信息源的类型包括图书、期刊、报纸、科技报告、政府出版物、专利文献、标准文献、会议文献、产品样本、学位论文、档案文献等。其中前八项都属于公开发行的出版物，通过向出版社订购或者在书店购买，对于科技报告、政府出版物、专利文献等还可以通过特定的管理部门查询获得。

产品样本是厂商为向客户宣传和推销其产品而印发的介绍产品情况的文献，由厂商发行或者由专门介绍新产品、新工艺的期刊出版，所以对于企业的产品样本可以从企业内部或者企业产品展销会上获得，或者购买、查阅有关的专门期刊。

学位论文是高等院校或研究机构的学生为获得各级学位，在导师指导下完成的科学研究、科学试验成果的书面报告。学位论文一般不公开发表，所以要获得学位论文必须到相关院校、研究机构查阅；有些国家为了充分发挥学位论文的作用，将论文制成缩微胶卷或录入数据库，如《国际学位论文文摘》、PQDD 博士论文全文数据库等等。

档案文献属于历史记录性文献，一般都保存在档案馆内，只是根据其不同类型保存在不同的档案部门，如人事档案、军事档案、工程档案、基建档案等，必须到相应的档案部门查询。目前有的档案部门已经建立了自己的网站，并设立了检索功能，那么对于不需要查看原件的档案信息就可以通过直接访问档案网站获得。

2）实物信息

实物信息作为一种特殊的信息，其采集途径也是多方面的。对于从事考古、生物、地址等研究的人员而言，最具有价值的信息就是实物信息，这类实物信息的采集必须由研究人员亲自到民间、到大自然中去采集。而对于产品类的实物信息则可以从产品经销部门、发布会、展销会、交易会、展览会等获得。

3）个人信息

个人信息是存在于人脑记忆中的信息，因为其存在形式的独特性，采集途径也是非常独特的，只能通过与个人的交谈、谈论或引发其用文字的形式表述出来。

4）电子信息

电子信息源包括广播、电视、数据库和网络。广播、电视节目都有一个整体的规划，具体每一个时间段播放不同的节目，广播、电视信息的采集需要根据采集的目的选择信息采集源，即广播、电视的具体节目，然后在具体的时间注意收听、收看节目，或笔录或录音。

数据库作为信息存储的主要工具，其存储形式有光盘数据库、网络数据库，其内容由引文数据库、文摘数据库、全文数据库、题录数据库等，在采集信息的过程中可以根据实际的设备和需求选择光盘数据库或网络数据库，在数据库中利用各种检索方法检索信息。

网络信息依地理位置分布在世界各地，但它有直接的工具可以采集到遍布世界的信息，如搜索引擎、FTP 文件传输协议、Telnet 远程登录、E-mail 等。

4.2.3　信息采集的方法

信息采集是获取信息的过程,所采用的方法依据信息源类型和性质的不同而有所不同。对应于不同的载体,信息采集方法分别为:① 文献信息的采集方法主要是购买、检索、浏览、交换、索取等;② 个人信息的采集方法主要是调查、采访、谈话、通信等;③ 实物信息的采集方法主要有观察、考察、试验、监测等;④ 电子信息的采集方法主要有收听、收视、检索、网络浏览、查询等。下面主要介绍几种主要的信息采集方法。

(1) 调查方法

调查方法是最常用的信息采集方法之一,主要用于获取潜在信息和有关现实信息资源的各种信息。调查方法依据其实施的具体过程可以分为问卷调查法和访问调查法。

问卷调查法是调查者就有关问题涉及调查问卷,向被调查者发放调查问卷,问卷填写完之后回收,然后经过统计分析获得有关调查对象的信息。问卷调查方法一般包括以下几个步骤:

① 问卷设计。问卷调查法的成功与否首先取决于调查问卷的设计。问卷设计必须围绕调查目的和调查对象来确定调查内容,然后在此基础上设计调查问卷。调查问卷通常包括前言(说明调查目的和填写要求)、调查项目(被调查者的基本情况、提问的问题)和结束语(致谢)。在问卷设计的过程中应该注意以下问题:一是调查问卷要力求简明。要让被调查者的主要精力集中在思考问题上,而不是把时间消耗在理解复杂的调查问卷上,以便于回答。二是问题要具有针对性。调查活动的组织者要紧紧围绕调查目的,提出的问题要针对实际的信息需求。三是提问要集中并有层次。调查问题要集中,不能过分分散。按等级展开的内容,逐个选择合适的提问,先综合后局部,同类问题中,先简单后复杂,这样由浅入深,有层次的展开。四是问题的数量要适当。问题数目过多会导致被调查者分散注意力,难以认真地回答每一个问题。问题过多时,组织者应认真分析、抓住重点。五是不应介入组织者的观点。问卷调查法的目的是从被调查者身上获得信息,而不是让他们确认组织者的观点,因此不应在调查问卷中介入组织者的观点或出现诱导性提问。

② 选取样本。调查对象的选择问题直接关系到调查结果的代表性和准确性。选取样本就是从研究总体中按照一定的方法抽取一部分来实施调查,并以此来推断总体。选择样本时要注意:一是被调查者要有代表性,避免片面性和不充分性;二是被调查者要有可靠性,避免调查数据的虚假和问卷回收率低的现象;三是被调查者的数量要适中,避免工作量过大。样本选取的方法有简单随机抽样、系统抽样、分层抽样、分群抽样等。

③ 实施调查。实施调查应有一定的计划和组织,并对调查者进行适当的培

训。必要的时候,可先进行试点调查,以及时发现问题并进行修正,然后再全面展开调查。实施的方法可以采用入户发放问卷并等待,然后直接回收问卷;把问卷邮寄给被调查者,并请他回答完毕之后回寄;报刊登载或因特网发布;等等。在调查实施过程中要注意的问题是必须保证问卷的回收率。

④ 结果统计。对回收的问卷进行统计分析,一般可以采用多种统计方法,并利用各种数学工具对统计结果进行分析,得出最后的结论。

访问调查法又称采访法,是通过访问信息采集对象,与采访对象直接交谈而获得有关信息的方法,这是大众传播机构和各类信息公司最常用的信息采集方法。这种方法是通过信息采集人员与采访对象直接交谈来实施的,因此,可以达到双向沟通的效果,便于对问题进行深入的探讨,提高信息采集的针对性。

根据采访的对象,访问调查法可分为个别访问和集体访问。个别访问是针对个人的采访,谈话比较自由,没有拘束,往往可获得较深层次的信息;集体访问包括座谈采访、参加会议等形式,集思广益,可以获得更大量的信息,而且使各位被采访者之间形成互补,提高所采集信息的全面性和准确性。

根据访问的方式,访问调查法可以分为电话采访、通信采访和面谈。电话采访要首先与被采访者预约,通过电话交流信息,只是不便讨论复杂的问题,也不宜深入地讨论问题;通信采访是通过书信的形式采访,采访的效率明显降低,但可以深入地探讨问题;面谈的自由性比较大,而且比较直观,交流的信息量也大,采访者可以根据被采访者的谈话内容、态度等随机应变,进行更深一步的采访。

(2)参加各种社会活动

社交活动的形式多样,参加人员的学历、履历、职业、单位等有时单一,有时复杂,那么各个层次的人所拥有的信息必然五花八门。参加社交活动可以获取各种各样的信息,但信息的完整性却难以保证。

通过参加各种正式会议可以获得比较可靠的信息,如参加学术研讨会、科技报告会等,与会的基本上都是各方面的专家,占有大量的学术信息、科技信息;参加于本组织有关的产品展销会,可以通过同行业厂家展示的产品获得大量信息;等等。

(3)媒介分析

媒介分析是信息咨询部门、图书馆、情报中心和编辑出版部门常用的信息采集方法。通过对媒介的分析,可以获得如下的信息:一是媒介所包含的内容,即作为一种信息的载体,其所承载的信息内容;二是媒介的形式信息,包括媒介的名称、责任者、存在形式、发行数据等;三是关于媒介信息的信息,包括目录、索引、文摘、引文、综述、评论等。利用对媒介的分析来采集信息是信息资源管理部门最常用的方法。

(4)数据库、网络查询

随着信息技术的发展,各种类型的数据库不断涌现,所有可公开的信息也都在网络上发布。数据库查询是以特定的数据库为基础,配以相应的数据库管理系统和检索软件,并根据数据库的特点提供相应的检索途径,用户可以根据数据库的特点以及提供的检索途径制定检索策略,在数据库中检索信息。

网络信息的查询主要是利用网络信息检索工具来进行,如搜索引擎、远程登陆、文件传输协议、新闻组等。

（5）网络采集方法

这是 20 世纪 90 年代后期兴起的一种新型的信息采集方法,将传统的信息采集方式和网络技术相融合,在市场调研、社会问题研究方面得到了广泛的应用。与传统的信息采集方式相比,网络采集方法具有独特的魅力。

① 克服了时空的限制,能采集到全球范围内的信息。这是传统的信息采集方式不能比拟的。例如澳大利亚一家市场调研公司 www. consult 在两个月时间内就进行了包括中国在内的 7 个国家的 Internet 用户在线调查活动。这样的信息采集任务是传统方式难以胜任的。

② 网络信息采集及时高效。用户输入的信息只需要几秒钟就能被数据库接收,利用计算机软件能快速的分析出调研结果。用户也可以随时查看到目前为止的调查结果,加强用户的参与感,提高用户的积极性和满意度。调查过程中,被调查者不会受到调查者的主观影响,在一种轻松、自由的环境下回答问卷,因此调查的信息准确真实地反映了被调查人的心里状态。

③ 网络信息采集便捷、经济。无需借助传统的纸张,也无需派人员访问被调查者,网络采集可以节省大量人力、物力和财力。通过网络来采集用户信息,并且能利用计算机来对信息进行整理和分析,十分便捷。采集过程中的互动性还有助于被调查者的意见得到及时的反馈。

④ 除了上述优点外,网络信息采集还能够采集到纵向的信息,能对同一个固定样本实施跟踪调查,了解被调查者的态度的变化趋势,这是传统的调查方法几乎无法办到的。

网络信息采集方法存在的主要问题是,一是网络安全问题,用户的信息有可能遭到黑客的恶意攻击和非法窃取。二是被调查群体需要具有上网条件,特别在我国许多落后地区不具备上网条件,实施起来还有一定困难。三是由于网络的无限制性,出现重复样本的困扰。特别在进行投票调查时,会出现同一个人重复投票,导致结果不准确的问题。

一个网络采集的实例是:Nickelodeon 公司进行的一次在线访问:如何弄清每个孩子都在想什么？以往这是以小组讨论法及一对一访谈来进行的。但是,E-mail 的发明使人想把孩子们带上因特网。Nickelodeon 公司通过公司安排了70 多名因特网观察员。孩子们在家使用个人电脑和一个调制解调器与 Nickelodeon 公司或彼此之间讨论一些话题。他们可以在电脑公告板上贴消息。每三周他们开一次定期会议。在这些会议上,因特网调研员引导他们讨论不同的话题。参与的孩子们,他们年龄大约在 8～12 岁,代表着家庭收入在 3 万～10 万美元的家庭。估计这个系统的年平均费用为 8 万～10 万美元,仅为传统调研方法费用的一个零头。通过在线访问使 Nickelodeon 公司可以以较传统方法更快速、更廉价的方式得到更为详细的资料。

4.3 信息组织

信息组织是信息资源管理的一个重要环节,它是一个信息增值的过程,同时也是信息检索与利用的基础。

信息组织,即信息整序和加工,利用一定的科学规律和方法,通过对信息外在特征和内容特征的序化与综合,实现无序信息流向有序信息流的转换。所谓信息的外在特征是指信息的物质载体所直接反映的信息特征,如信息的物理形态、题名、责任者、出版者等;信息的内容特征是信息所包含的具体内容。信息组织的基本依据就是信息的外在特征和内容特征。信息组织是信息资源开发利用的主要手段,是信息传播前的必要准备。

4.3.1 信息组织的方法基础

信息组织是一种普遍的社会实践活动,其不断发展的过程,是建立在一定的方法基础之上的。语言学、逻辑学、知识分类是信息组织的方法基础。

语言是人类最重要的信息交换符号系统,是信息的载体。语言由词汇和语法构成,词汇是构成语言的词语总汇,语法是指把词语组合起来的各种规则的总和。这就是人类的自然语言。而在利用信息的过程中,要把分散、混杂的信息组织成有序、优化的整体,也必须建立相应的符号系统,这就是在自然语言的基础上,所创造的用于信息组织的人工语言。有了这样的符号系统,各种信息单元就能够对号入座,从而揭示其个体特征,体现出信息系统的有序性。

逻辑学是关于思维规律的科学。信息组织也是一种思维过程,而各种信息组织的语言也是建立在概念逻辑的基础上的。信息组织不仅要明确地表达每一个信息单元,而且还要显示各个信息单元之间的逻辑关系。所以信息组织工作必然要用到逻辑学的一些方法,其组织过程必须符合逻辑思维规律。

知识分类是一门研究知识体系结构的学问。而信息组织就是首先对信息进行分类,然后再归类的过程,所以信息组织活动必须建立在人们对知识体系认识的基础之上。

4.3.2 信息组织的基本方法

信息组织方法是按照一定的规则、根据一定的内在或外在的特征对信息进行排序。信息组织方法根据其组织对象的范围可以分为信息宏观组织方法和信息微观组织方法;针对信息的形式、内容、效用三个基本方面,相应的信息组织方法依次为语法信息组织法、语义信息组织法和语用信息组织法;根据信息组织的内容,信息组织方法可以分为信息描述方法、信息揭示方法、信息分析方法和信息存储方法。本节将主要介绍语义信息组织法中的主题组织法和分类组织法以及一些基本的信息加工方法。

1)主题组织法

主题组织法是根据信息对象所反映的主题特征,直接以代表信息主题概念的主题词作为信息的标识,并根据主题词的字顺来组织主题词体系及相应的信息。主题组织法的关键是主题分析,主题是信息所表达的中心问题,不同主题之间的相关关系通过详尽的参照系统等方式予以揭示。

主题组织法在信息资源组织中主要是用来处理信息资源、编制各种检索工具及检索系统。

主题语言是信息主题组织法的语言基础,包括标题词语言、单元词语言、叙词语言和关键词语言,是用于描述、存储、检索信息主题的受控词汇。其中标题词法的检索标识是在编制标题词表时已经固定组配好的,即所谓的"先组式"组织方法,单元词法和叙词法则是后组式的组织方法,即只在正式使用时才将概念加以组配,其适用能力要比先组式语言强。

标题词法、单元词法和叙词法都要对取自自然语言的语词进行规范化处理,建立相应的标题词表、单元词表和叙词表,而关键词法是直接使用自然语言组织信息,即采用不受控的自然语词,也不需要建立词表。

(1)标题词法

标题词法是以严格规范化的先组定组式的标题词作为信息单元的主题标识的主题词法,是最早出现的一种主题词法。标题词就是经过词汇控制,用来标引文献的词或词组。标题词即可以是单个的词,也可以是词组,分别表示单纯概念和复杂概念。在标题语言中,每一个标题词都是一个完整的标识,可以单独地标引一个信息主题,也可以与其他标题词组配,形成多级标题。

标题词法对各标题词之间的语义关系的揭示是通过语义参照进行。主要有单纯参照、相关参照。单纯参照反映的是具有同义关系的正式标题词与非正式标题词之间的参照,一般用"见(see)"、"见自(see from)"来显示等同关系,"见(see)"表示非正式标题词参见正式标题词,"见自(see from)"表示正式标题词参见自非正式标题词;相关参照反映的是两个具有等级或相关关系的正式标题词之间的参照,一般用"参见(see also)"、"参见自(see also from)"显示,"参见(see also)"一般表示上位标题词参见下位标题词或相关标题词之间的参照,"参见自(see also from)"一般表示下位标题词参见自上位标题词。

标题词法是按事物集中有关文献的。在同一个标题下,常常集中了关于某一事物的许多方面的资料,为了对这些信息单元进行区分,各种检索工具分别采用了不同类型的标题,如单级标题、多级标题、带说明语的标题、倒置标题等。单级标题一般只有一个单词或词组构成,采用单级标题标识信息比较简单,但是专指性差,而且往往同一个标题下会集中大量的信息,不便于检索。

多级标题是由多个标题词采用组配符号连接起来的标题形式,通常形式是主标题与子标题的固定搭配。主标题是对信息内容的关键性概念的标识,而子标题仅仅是对主标题的限定、说明和修饰,但都必须是规范化的标题词。例如:歼灭机-设计,其中主标题是歼灭机,子标题是设计。

带说明语的标题即相当于一个复词标题,用以表达复杂的概念,一般标题词在前,说明词在后,实际上也是对标题词的限定、说明,可以达到较高的专指度,但由于增加了限定词,标题比较冗长,排列次序不够明确,如"硬盘,便携式的"。

倒置标题是将标题中具有检索意义的后置部分作为检索入口前置,前后用逗号隔开。如:超音速飞机——飞机,超音速。倒置标题一方面可以集中资料,另一方面又造成难以判断检索入口的问题。

（2）单元词法

单元词是指从信息内容抽取出来的最基本的、能够表达信息主题的、字面不能再分的标引信息单元主题的词。单元词可以是一个单纯词,也可以是一个合成词,这些词在概念上不能再进一步分解,否则就不能表达完整的概念,如"信息组织"就可以进一部分解为"信息"和"组织",而"信息"和"组织"如果再进一步分解为"信"、"息"、"知"、"识",则都没有明确的含义。单元词法就是以单元词作为信息单元标识的主题词法。

单元词是最基本的、最小的表达主题概念的词,一般情况下,单个的单元词并不能独立地准确表达文献主题,而必须相互组合或组配,以构成专指的标题。因此单元词法是最早出现的后组式的主题语言,其最基本的特点就是概念组配。即从单元词表中选择若干单元词,通过不同的组配方式,可以构成多个表达复杂概念的、更为专指的标题。如:"素质"和"教育"的组配构成更专指的概念"素质教育"。

单元词法是用最基本的表达主题概念的词组配来表示文献主题,组配的过程中所形成的概念只是字面组配,不够严密,有时会出现组配错误的情况。

（3）叙词法

叙词指从信息内容中抽取出的、能概括表达信息内容基本概念的名词或术语,在国内也称为主题词。叙词法就是以叙词作为标识符号,标识信息单元的方法,它是以受控的自然语言为语词基础,以字顺和分类系统为词汇显示的基本手段,以语词的概念组配而不是字面组配为重要特征的一种标引和检索文献的理论方法。叙词法的关键在于拆义,它把完整的主题内容从概念上分解为多个独立的概念,然后再从叙词表中选择可以明确表达这些概念的叙词进行组配,形成更为专指的概念。

叙词法是在标题词法、单元词法的基础上发展而来的,吸收了其他方法的优点且改善了它们的缺陷,所以叙词法逐渐成为受控信息组织和检索的主要方法。我国目前使用最广泛的叙词表为《汉语主题词表》。

叙词法的主要特点是:① 直接以规范化了的自然语言——叙词作为标识符号,直观性强;② 直接从论述和研究的具体对象和问题出发进行选词,并采用叙词组配来描述主题,专指性强;③ 叙词法能随时进行增设修改,适应性强;④ 对叙词主要采用字顺排列方式,查找迅速;⑤ 主要采用后组式概念组配,灵活性强;⑥ 对同一主题的文献,可以做多维检索;⑦ 叙词表中编制和建立了叙词语义关系的网络结构(叙词字顺索引的参照系统、叙词范畴分类系统、叙词等级系统、叙词词族图等),加强了叙词法的学科系统性和族性检索作用。[1]

叙词的选择从标引和检索的实际需要出发,并考虑各学科的现状和发展;所选择的叙词必须概念明确,能够准确地表达文献主题和检索提问,且能够发挥组配的优越性,又能兼顾词汇的专指性;叙词表中以名词为主,必要时也收入了少量形容词。叙词包括普通名词和专有名词,其中普通名词是组成叙词表的基本词汇,如表示具体事物的名词术语、表示事物性质、状态的名词术语、表示学科门类的名词术语,等等。专有名词是表达某一特定的单一事物的名词术语,如:自然地理区划名、机关团体名、人名等。

叙词法采用的组配方式是概念组配,其实质就是在概念分析的基础上再进行概念组合,不同于字面组配利用构词法进行词的分拆和组合的方式。概念组配的结果所表达的概念与原来的各单元概念在逻辑上一般表现为下位概念与上位概念的关系。

叙词表中以字顺方式来组织各叙词,为了反映各叙词概念之间的相互联系,叙词法通过建立参照系统的方法予以揭示,形成了反映叙词之间关系的语义网络。其参照系统如下表所示:

参照项名称	符 号	简 称	作 用
用项	Y	用	指引相应的正式叙词
代项	D	代	指引相应的非正式叙词
分项	F	分	指引所含的下位叙词
属项	S	属	指引所从属的上位叙词
族项	Z	族	指引所从属的族首词
参照	C	参	指引有语义关系的相关词

---

〔1〕 储节旺,郭春侠.信息组织:原理、方法和技术.合肥:安徽大学出版社,2002

其中"Y"用于非叙词之下,用来指向相应的叙词,"D"用于叙词之下,用来指向相应的非叙词,"F"为分项参照符号,用于上位概念叙词之下,指向该叙词的下位概念叙词,"S"为属项参照符号,用于下位概念叙词之下,指向该叙词的上位概念叙词,"Z"为族首词符号,指向该叙词所属的族首词,"C"参照符号表示叙词之间的相关关系,对相关关系的揭示只在正式叙词之间进行,二者相互参考,但并不严格。

(4) 关键词法

关键词是指从信息单元的题目、正文或摘要中抽取出的能够描述信息主题内容的、具有实质意义的词语。关键词选取简单,词语基本不做控制,或者仅作极少量的规范化处理。关键词法就是以关键词作为信息单元主题标识的主题词法,其实质就是将信息单元中原有的,能够描述其主题概念的、具有实质意义的词抽出,不作或仅作少量的规范化处理,作为检索的入口,按字顺排列。在利用关键词法进行信息组织的过程中,不需要建立关键词表,只需要编制一个非关键词表,列出一些冠词、介词、代词、连词等无检索意义的词语。在信息组织的过程中,只要不是非关键词表中的词语,都可以作为备选的关键词。

在利用关键词法组织信息时,所有的关键词都是平等的,即所有的关键词都可以作为信息组织的依据,成为信息检索的入口。

利用关键词组织信息共有两种形式:一是带上下文的关键词索引,包括题内关键词索引、题外关键词索引、双重关键词索引;另一类是不带上下文的关键词索引,包括单纯关键词索引、词对式关键词索引和简单关键词索引。

① 题内关键词索引(Keyword in context index, KWIC)

题内关键词索引就是把关键词保留在文献的题目之内,关键词的上下文和词序不变。在编制索引款目时,首先使用非关键词表选择题目中具有检索意义的词语作为关键词,并将其作为确定索引条目的依据;每一个关键词按照字顺轮流作检索点,排在版面的中间;关键词前后的上下文保持不变,以轮排的方式移至条目的前面或后面;条目的最后是信息的存储地址。

② 题外关键词索引(Keyword out of context index, KWOC)

题外关键词索引同样是在题目中选择具有检索意义的关键词,只是它将作为检索入口的关键词放置在题名之外,即置于题名的左端或左上方,题名的词序依然不变,完整地列在检索点的右端或右下方,每一条款目的最后还是信息的存储地址。所有的款目按照检索入口位置的关键词的字顺排列。

③ 双重关键词索引(Double KWIC index)

双重关键词索引是题内关键词索引和题外关键词索引的结合,即采用双重索引:首先根据题外关键词索引确定一个索引关键词,并置于题名的左端或左上方作为索引标目;然后根据题内关键词索引确定索引关键词,上下文词序不变,以轮排的方式建立副标目。

双重关键词索引可以通过主标目和副标目的组合进行检索。

④ 单纯关键词索引

单纯关键词索引的款目中不包括非关键词,是完全由关键词以及存储地址构成的索引款目,并以关键词的字顺进行轮排。这种关键词索引中的关键词不仅仅来源于题名,可以是在正文或文摘中提取的关键词。一个信息单元的关键词可以分成几个组,构成几组索引款目,因而可以对信息单元进行较深入的标引。

⑤ 词对式关键词索引

词对式关键词索引是每次只选择信息单元中的两个关键词组配构成索引款目,并根据关键词的字顺进行轮排。如果一个信息单元有 n 个关键词,都进行组配轮排,就可以生成 $n \times (n-1)$ 个索引款目,因此可以达到较深的标引效果。

⑥ 简单关键词索引

简单关键词索引既是最简单的关键词索引方法,也是质量最差的关键词索引方法。每一个索引款目只有一个关键词,每个关键词后面会有许多个信息单元的存储地址,每一个信息单元的存储地址列在多个关键词之后。

2) 分类组织法

分类是人类认识事物的基本方法、人类思维的基本形式,是指依据事物的属性或特征对事物进行区分和类聚,并将区分的结果按照一定的次序进行组织的活动。一般认为,分类包括分类和归类两个概念,分类就是根据事物的属性及特征,对事物进行区分,建立类别体系;对于这样一个分类体系,任何事物都可以在其中找到一个适合自己的类目,这就是归类的过程。

分类组织法是从信息主题内容的角度组织和揭示信息。它的实施也是一个分类的过程,首先根据信息所反映的属性及形式特征,对信息进行区分和类聚,建立相应的信息分类体系;然后根据信息分类体系,找到适合每一个信息单元的类目,赋予它们分类代码和相应的语词形式的类别标识,并根据不同类别的分类代码的某种次序进行排列组织。

分类语言是分类组织法的语言基础和依据,其具体表现形式主要是分类表。由于用分类表和分类规则来标引、组织和检索文献信息的方法被称为分类法,因此习惯上人们将某种分类表又叫分类法。它用分类号作为基本标识来表达各种信息概念,并将各种概念按学科性质进行分类和系统排列。分类语言包括体系分类语言和组配分类语言,即分类法主要包括体系分类法和组配分类法,其中体系分类法主要应用概念划分和概括的方法,组配分类法则主要应用概念分析和概念综合的方法。

(1) 体系分类法

体系分类法,又称等级分类法、列举式分类法,它直接根据知识分类的等级体系列出所有的类目,并根据概念之间的等级、从属关系分别赋予相应的分类号,按一定的次序排列。体系分类法的主要特点是按学科、专业集中信息,并从知识分类角度揭示各类信息在内容上的区别和联系,提供从学科分类检索信息的途径。

每一事物都有多种属性,即除了具有某种与同类事物相同的属性外,还有许多与同类其他事物不同的属性。那么在事物分类的过程中,可以采用多个标准进行逐级的分类。即首先选取主要属性作为分类标准,这时所建立的类目称为母类或上位类,然后针对上位类中所有事物,再选择某一种属性进行分类,形成子类或下位类。上位类与下位类的联系在于:各下位类互为同位类,属于并列的关系,所有的同位类都具有上位类所描述的属性或特征,但它们之间又具有互不相同的特殊属性。所有的事物都可以根据其多种属性不断分类,如此层层划分,便形成了秩序井然的、树型结构的等级分类体系。

建立分类体系必须遵守以下的规则:① 在每一次划分时,不同时使用两个或两个以上的划分标准,避免出现类目交叉、重叠的现象;② 划分所得的各下位类的外延之和应等于其上位类的外延,避免不完全划分和多出下位类的错误;③ 选择反映事物本质的、符合分类目的的属性作为划分标准。

同一类事物往往具有多种属性,若只采用其中的一种属性作为分类标准时,仅被用作分类标准的一组属性可分别集中具有该属性的事物,但因其他属性没有作为分类标准,相关的事物就处于分散状态,且无检索途径。例如每一部文学作品都有体裁、作者、国籍、时代、语言等属性,如果只采用国籍作为分类标准,可以分为世界文学、中国文学和各国文学,则不同体裁、不同时代的文学作品都被分散开来,而且在具体的分类体系的标识中没有显示出来。因此,在划分类目时必须选择具有科学意义的事物属性和具有检索实用意义的信息特征作为分类标准。

体系分类法主要通过分类表来体现,包括大纲、简表、主表和辅助表。分类表的大纲实际上是基本大类表,即分类表中的第一级类目,代表较大的学科或领域。根据基本大类表,人们可以对分类表的分类体系有一个最基本的了解。分类表的简表也称基本类目表,是由对基本大类所作的一次或二次划分所得的类目构成的。由于整个分类表的类目体系过于庞大,在线行排列的情况下不易了解整个分类表的内容,通过简表就可以迅速地了解其概况。主表是分类表的正文,是根据事物的基本属性和社会习惯逐级扩展而成。主表由类名、类目标识(类号)和注释构成,是分类标引的实际依据。辅助表也称为复分表,是将主表中按相同标准划分某些类目所产生的一系列相同子目抽取出来,配以特定的号码,单独编制,供主表中的有关类目进一步细分用的类目表。编制复分表是统一类目和简化分类表的主要方法。通常复分表包括通用复分表和专用复分表两类。通用复分表是整个分类表所通用的,包括总论复分表、地区复分表、时代复分表、民族复分表、通用时间表、地点表等;专用复分表只在某一大类甚至只限于某一小类中使用,一般插在主表中的相关位置。

(2)组配分类法

组配分类法的构成基于概念的可分析性和可综合性,即一个复杂概念可以分析为若干个简单概念,若干个简单概念可以综合为一个复杂概念。因此一个复杂的信息主题概念可以用若干个表达简单概念标识的组配来表达。因此,组配分类法的基本思想就是:整个分类表全由复分表组成,即只给出一些基本概念的划分标准,而不给出实际使用的概念子项。尽管没有给出详细具体的类别,但由于包含了所有的基本概念,且划分标准完备,进行信息归类时只要通过若干个由基本概念划分产生的子项之间进行组配,就可以在任意专指度上构造出合适的类目。

组配分类法可以分为分面组配分类法、组配—体系分类法和体系—组配分类法三种类型。分面组配分类法由若干个面构成,这些面都是基本范畴,都可以作为检索途径,而无主次之分,一般只用于比较窄小或比较单纯的专业范围使用。组配—体系分类法首先将知识分为一些基本类,构成一个作为主干的体系结构;然后每个基本类进一步做分面分类,则相当于一个分面组配分类法。体系—组配分类法基本上属于体系分类法,只是大量采用分面组配方法,使用各种复分表、仿分以及组配符号、合成符号等,并且使分类号尽量保持分段的组配形式。

3)题录、书目、提要、文摘、综述

(1)题录

题录,又称为篇目索引、篇名索引,主要是针对各种报刊、丛刊、集刊、论丛、会议录等文献中所刊载的各种论文,以篇为单位,论文题名为标目,并以其外部特征为描述对象,按照一定的方法组织条目所形成的一种检索工具。题录是一种线索性的检索工具,它通过短小精炼的款目反映文献的外部特征。用户利用题录可以获得文献的出处、著者等线索性信息。

题录的种类非常丰富,根据不同的划分标准可以分为不同的类型。① 根据收录文献的对象范围划分,题录可以分为期刊篇目索引、报纸篇目索引、报刊篇目索引、图书篇目索引、会议文献篇目索引、书刊混合索引、档案全宗索引等。② 根据题录出版的周期可以分为定期出版的题录和不定期出版的题录两种类型。定期出版的题录是由专门机构负责周期性地整理、出版及发行的题录,属于检索刊物;不定期出版的题录是为某一专题、课题的研究需要而编制的一种专题索引。③ 根据收录文献的知识门类的不同可以分为综合性题录和专题性题录。综合性题录是选择一定的信息源,针对其中所涉及到的所有知识门类的文献而编制的题录;专题性题录则是针对某一专题的文献而编制的题录工具。

题录的著录款目一般由题名、责任者、出处等描述文献外部特征的著录项目及标识符号组成。

（2）书目

书目是以各种文献为对象，揭示文献的题名、作者、出版者、出版日期、载体形态、主题内容、获得方式等外部特征和内容特征。书目在我国具有悠久的发展历史，如汉代的《七略》、《汉书·艺文志》，唐代的《古今书录》，宋代的《崇文总目》，清代的《四库全书总目》、《书目答问》，民国时期的《民国时期总书目》，解放后的《全国总书目》、《中国国家书目》，等等，都比较系统地记录了各个历史时期的图书文献。下面具体介绍几种书目：

① 国家书目

国家书目是全面登记一个国家所有文献的总目。它不仅记录一个国家领土内出版的各种类型、语言、载体的文献，而且对领土以外出版的本国公民及本国语言的文献也作记录。主要包括两种，一种是全面登记一个国家最近出版的文献的现行国家书目，如《全国新书目》、《全国总书目》；一种是全面反映一个国家在过去一定历史时期出版的文献的回溯性国家书目，如从 1978 年起北京图书馆筹备编制的《民国时期总书目（1911—1949.9）》、我国图书馆界所编制的《中国古籍善本书目》。

② 联合目录

联合目录是选定若干个图书馆或文献单位合作编制的馆藏目录。以反映文献的收藏处所为特征，揭示预报到有关图书馆的部分或全部馆藏文献。根据反映文献的类型可以分为图书联合目录、期刊联合目录、报纸联合目录等；根据地域范围可以分为国际性联合目录、国家联合目录、地区联合目录等。

③ 推荐书目

推荐书目，有称为导读书目、劝学书目，它是根据特定读者对象，对某一专门问题的文献进行精心选择而编制的书目。如清朝末年，四川学政张之洞针对当时青年学生"应读何书，书以何本为善"的疑惑，编制了《书目答问》。根据推荐书目的编制目的，可以分为科学文化知识教育的普及性推荐书目、配合政治理论学习的教育性推荐书目、帮助专业技术进修的指导性推荐书目、提供研究专门问题的学术性推荐书目等。

（3）提要

提要是根据一定的需要，对文献内容特点所作的说明。它是揭示文献内容最常用也是最基本的一种方法。与文摘相比，提要既可介绍文献中的有关内容，也可根据读者了解文献的需求，叙述与文献有关的外部特征，如作者情况介绍、与同类著作相比有何特点、文献的社会效果、版本的考辨等。一般情况下，提要主要有五部分组成：关于文献作者及写作过程的介绍、关于文献内容及特点的揭示、关于文献社会价值及影响的评说、关于文献的类型及读者对象的说明以及其他与文献相关的资料。

（4）文摘

文摘是对初始信息内容进行浓缩加工，即抽取其中的主要事实和数据而生产出的，基本保持原有信息含义的信息组织产品，是原始信息的浓缩和精华。

① 按照对文献内容的压缩程度，文摘可以分为报道性文摘和指示性文摘。报道性文摘是定量地揭示文献主要内容的文摘，以向用户提供信息的实质性内容为主要目的，在某种程度上可以代替原始文献；指导性文摘是定性地描述文献的主要内容，不能代替原文，但能够指导读者的阅读。② 按照所涉及的知识门类，文摘可以分为综合性文摘和专科性文摘，这主要是针对文摘性的期刊而言的。综合性文摘涵盖多个学科的文献，如《科学文摘》；专科性文摘则只涉及某一个学科的文献，如《化学文摘》、《物理文摘》。③ 按照文摘的作者，可以分为作者文摘和非作者文摘。作者文摘是由原始文献的作者亲自编写的文摘，其质量比较高；非作者文摘是由文摘员或其他人编写的文摘，其客观性较强。④ 还可以根据加工手段分为手工文摘和机编文摘，根据文摘的语种可以分为中文文摘、英文文摘，等等。

文摘的款目结构主要包括题录部分、文摘正文和补充著录三部分。其具体内容为：① 文摘类号、序号；② 文献题名；③ 责任者；④ 责任者单位地址；⑤ 文摘正文；⑥ 补充著录，主要包括参考文献、插图、表格等的数量，抽取的关键词以及文摘员姓名或编号等内容。

（5）综述

综述是对与主题相关的大量初始信息记录或非记录形式传播的大量初始信息或事实等进行分析、归纳、综合且按一定逻辑顺序组织而成的，能在一定时间和空间上反映特定课题研究的全部或大部分成果的具有研究价值的二次信息产品。它是对信息的概括和提炼，是信息组织活动的高级形式。

根据综述的内容深度及侧重点，一般可以分为叙述性综述、事实性综述、评论性综述和预测性综述。叙述性综述是对某一课题的大量文献中所探讨的问题进行综合分析而编写的综述，一般都比较客观地反映原始文献中的学术观点和见解，不深入分析文献内容。事实性综述是对某一课题文献中的事实资料进行系统的排比，并附以其他资料的一种综述，其特点在于利用丰富的数据和可靠的事实资料反映课题的概况。评论性综述是对某一课题文献进行全面深入的分析研究，并进行论证评价的一种综述，其主要特点在于评论，即在文献归纳整理的基础上，阐明自己的观点和看法，这是一种更高层次的综述。预测性综述是对某一课题的文献进行科学的分析综合，并对未来发展趋势提出预测的一种综述，它的特点是通过文献分析、数据调查，利用各种科学方法对某一课题的前景做出战略性的预测。

综述一般有引言、概述、正文、建议、参考文献等五部分组成。引言主要阐明本课题的基本状况、综述的时间阶段和文献的收集范围、综述的观点、章节内容以及结论等;概述主要叙述本课题前阶段的研究情况;正文是综述的主要部分,对本课题的重要内容、代表性观点、发展趋势及关键性问题进行分析评论和阐述;建议是在正文分析评论的基础上,提出的解决问题的建议和应采取的措施;参考文献是编写综述所参阅或引用的文献目录。

4.4 信息检索

4.4.1 信息检索的基本理论

信息检索是指将信息按一定的方式组织和存储起来,并根据信息用户的需求查找有关信息的过程。从信息检索的基本概念可以知道,其核心问题是实现所存储信息的特征与用户提问特征之间的匹配,这也是信息检索的基本原理,概括起来就是:信息集合与需求集合的匹配与选择。

信息集合是有关某一领域的,经过人为加工和整序的信息的集合体,可以向用户提供所需要的信息或获取信息的线索。当人们在进行某一项工作或满足某种需要时,需要获取信息来解决问题,因此就要进行信息检索。匹配和选择则是一种机制,负责把用户的需求与信息集合中有关信息的特征进行比较,然后根据一定的原则、标准选择符合用户需求的信息。

信息检索的过程是由检索者控制的,所以在实施检索之前,检索者必须要做两方面的工作:一是要弄清各个信息集合的主题范围、信息的组织方式;二是要善于分析用户的提问,提取出主题概念或其他属性,并利用信息集合中的标识系统将用户的信息需求转化为可检索的概念。

信息检索的基本程序包括:① 分析用户信息需求,并用确切的语句表达提问。用户在具体工作过程中产生信息需求,但往往由于专业知识的局限或对问题的敏感度不高,无法认识到其潜在的信息需求,或者不能准确地表述其真正的信息需求。信息检索者可以对用户面临问题的性质、所属领域以及用户的提问认真分析,从而确定学科范围,并形成检索需要的主题概念。② 选择检索系统。根据确定的检索范围和要求来选择检索系统,要具体了解有哪些系统收录了相关内容的信息,而且信息比较丰富,质量较高。③ 确定检索途径。根据检索系统中信息组织的主要方式以及检索者已经掌握的有关信息确定检索途径。比如系统中采用分类法组织信息,则其主要的检索途径就是分类途径;系统采用主题法组织信息,其检索途径主要是主题途径。如果已知相关著者、专利号、标准号等条件,则可以利用著者途径、号码途径等进行检索,或者是多个途径配合使用。④ 编制检索提问式。根据已确定的检索途径,把用户的信息需求转换为检索系统能够识别的检索标识,然后分析其相互之间的逻辑关系,构造检索提问表达式。检索提问式要能够完整准确地反映出检索需求,同时符合检索系统的限制条件和逻辑表达方式。⑤ 实施检索。利用已经确定的检索提问式在系统中检索,并根据检索结果不断地修正提问式,以保证检索结果的准确性和完整性。⑥ 检索结果的分析。对于最终的检索结果,由用户来进行相关性判断,若相关,即符合用户的需求,则检索过程结束;如果不相关,则必须重新明确问题的实质,并进行新一轮的信息检索过程。

4.4.2 信息检索的历史沿革

1) 手工检索

20 世纪 80 年代以前,计算机还没有普及时,手工检索一直占据着重要的地位,各种有关手工检索的工具书层出不穷。如国内出现的《中文科技资料目录》、《国外科技资料目录》,国外的《化学文摘》、《科学引文索引》等等。

手工检索的主要功能和特点是:① 遵循既定的标引规则,进行各项的著录,检索者根据文献标引规则查阅有关文献;② 能了解各类检索刊物的收录范围、专业覆盖面、特点和编制要点;③ 便于检索策略的修改,检索过程中及时发现问题,及时修改和补充;④ 用户主要是专业人员。

今天,很少有人纯粹的依靠手工检索获取信息了,各种先进的设备和手段带给人们更多的选择,但是在某些场合,手工检索仍被认为是计算机检索重要的辅助环节,这也是至今许多科研部门仍然保持着手工检索职能部门的原因。可见任何新事物的出现都不能完全替代旧有事物,在必要的时候,仍要依靠手工检索来满足信息需求。

2) 联机数据库检索

联机信息检索就是指人们在计算机检索网络的终端机上,利用通信线路与计算机数据库中心连接,并使用特定的检索指令、检索词、检索策略,从数据库中检索出所需信息,再由终端设备显示或打印的过程。

(1) 联机信息检索系统的组成

联机信息检索系统主要是由联机检索中心、检索终端、通信网络组成。

① 联机检索中心

联机检索中心是联机检索系统的核心部分,它包括中央主机、数据库、支持系统正常运行的管理与检索软件以及打印机等。中央主机是联机系统硬件的核心,用于存放系统数据库,并在软件的支持下,承担对于整个系统数据库的建立、维护与检索工作。数据库是联机系统存放相互关联信息的集合体,是用户检索的对象,通常由三类相关且独立的文档组成,依次为数据文档、索引文档和检索倒排文档。系统的管理与检索软件负责提供对联机系统用户的注册与管理;多途径、多功能的检索;友好的用户界面;优良的检索算法并具有较高的查全率和查准率。

② 检索终端(Terminal)

检索终端是联机检索系统与用户联系的窗口。用户使用联机系统时首先接触到的就是检索终端,按设备的组成分为简易终端、复合终端、智能终端等。

现在基本上用的都是计算机终端,由计算机、打印机及调制解调器(Modem)组成。通过计算机的外部设备,可输入、修改各种检索指令;打印机可将检索终端发送和接收的信息记录在纸介质上;调制解调器是实现远程通信重要的组成部分,它的主要功能是将数据源送来的数字信号变成音频信号,同时将线路接受的音频信号变换成数字信号,并传送给数据接收器。以这种形式,数字信号就能沿一根标准的电话线传输。此外,调制解调器还有其他一些辅助功能:如建立连接能力的功能;在发送设备、接收设备和终端之间建立同步交换与控制关系的功能;改变音频信道的功能等。

③ 通信网络(Communication network)

通信网络是联机检索终端与计算机的桥梁,其作用是确保信息传递的畅通。近年来,各种通信网络投入使用,为国际联机提供了极大的便利。国际上大的联机检索系统的主机都与本地区数据通信网络相联,在网络上有端口,检索用户通过公用电话线路或专用线路与本地的数据通信网络相联,然后拨对方主机的端口地址号,通过各种通信媒体与主机相联。

(2) 联机信息检索的特点

提供联机信息检索的系统一般为大型的计算机系统,它主要有以下特点:

① 收录文献内容广泛

联机系统中含有丰富的信息资源,现在的数据库涉及多个学科及人类衣食住行等各个领域,如美国 DIALOG 国际联机检索系统中有 400 多个数据库,一个数据库收有数十万、数百万,甚至上千万条记录,涉及的时间从几年到几十年,并包括多个国家,多种语言。通过联机系统不仅能立即得到各种类型的文献资料和文摘,而且能得到产品的性能、规格、价格以及各种统计资料和行情信息等。

② 报道及时

联机系统都能及时更新数据库中的信息。如 DIALOG 系统中的 EI Compendex Plus(工程索引)、WPI(世界专利索引)每周更新一次,报纸类的数据库每天更新一次,商情类的数据库随时都在更新。

③ 查找迅速

由于联机系统的主机运算速度很快,在含有数百万条记录的数据库中,一条检索指令几秒钟就可得到响应,一般查找一个课题,只需几分钟至几十分钟就可完成。

④ 资源共享

利用联机检索系统可以实现充分的信息资源共享,完全不受地域、时间的限制。

⑤ 检索途径多,检索方便

联机检索系统对数据库记录的许多字段都做了索引,这些索引字段均可作为检索入口,特别是篇名、文摘字段采用文中自由词查找的方法,更是工具书无法办到的。另外,检索界面多样化,有的是命令式检索,有的是菜单式检索,有的是混合式检索,用户只要掌握任意一种方法,都可进行检索。

(3) DIALOG 联机信息检索系统

Dialog 系统是目前世界上规模最大的一个联机检索服务机构,总部设于美国旧金山附近的 Palo Alto 市。该系统拥有 500 多个数据库。这些数据库专业内容覆盖自然科学、工程技术、社会科学、艺术与人文科学、商业经济等各个领域。其中科技文献数据库占 40%、社会科学与人文科学占 10%、公司与产品等商业数据库占 24%,其他为新闻媒体以及参考工具等类型数据库,基本上能满足用户的各种需求。数据库收录信息的时差较小,一般新闻报道等每日更新,其他数据库有的周更新、双周更新等。数据库的类型有:书目数据库(Bibliographic Database)、数值数据库(Numeric Database)、全文数据库(Fulltext Database)、指南数据库(Directory)、复合数据库(Composite Database)。

DIALOG 系统使用四台大型计算机,组成四个平行的系统,通过 DIALNET、SPRIN TNET、TYMNET 等通信网络,在自制的大型检索软件 DIALOG Version 2 的支持下,向全世界的终端用户提供服务。Dialog 系统一共提供八种服务:

① Dialog Business Connection(DBC):系统提供的一种针对商业信息而设的菜单检索服务,对大量的商业查询可提供快速明确的回答;

② Dialmail:系统提供的电子邮政服务,可通过它与 Knight-Ridder 信息职员、信息提供商及其他 Dialog 用户进行通信联系。Dialmail 还提供将信息结果打印件及时传送到用户的电子信箱。

③ Dialog Alert Service:系统提供的一种定题检索服务,对用户的特定课题进行自动定时更新,并将打印件及时传送给用户;

④ Dialorder:一种联机文献订购服务,用户通过 Dialorder 可从大范围的文献提供商中获取原始文献的复印件;

⑤ Dialindex:系统提供的数据库检索工具,通过 Dialindex,用户可同时扫描多个数据库,以获知哪些数据库中,有用户所需的信息;

⑥ OneSearch:是一种独特的检索手段,Onesearch 使得用户可同时从多个数据库中检索、显示记录;

⑦ KR Ondisc:Knight-Ridder 信息公司将系统的一些数据库制成光盘产品,供不同的用户需要;

⑧ DialogLink:Dialog 系统提供的联机检索通信软件。

Dialog 系统目前有四种检索模式:

① 菜单式检索(Menu Search):是联机检索新用户或检索那些不常用的数

据库的理想模式；

② 命令检索(Command Search)：是一种可更快更准确地获取信息的方法，系统所提供的各种检索命令，能使用户各取所需；

③ 目标检索(Target Search)：对系统全文数据库的检索提供一种基于相关度排序的快速检索手段；

④ Internet 网 WWW 上运行的检索界面 KR ScienceBase：KR ScienceBase 是面向科学技术人员的一种简易检索界面，使得普通人员不需要掌握联机很高的技巧即可通过 Internet 网络浏览和获取 Dialog 系统的资料。

3) 光盘数据库检索

由于光盘的数据储存容量大、制作方便、检索简单，一些大的信息服务机构纷纷将其数据库制成光盘产品出售或租赁给信息用户。光盘数据库检索和国际联机检索相比，具有一定优势：

① 光盘检索系统是一个相对独立的计算机检索系统，它在检索过程中不涉及远程通信网络问题，避免了国际联机检索通信费用昂贵等不利因素；

② 国际联机检索系统通常需要采用较复杂的检索方法和命令，而光盘检索系统软件功能比较齐全、操作简单易学，且不受检索时间的限制，即使是没有受过专门培训，也能按照屏幕的提示或系统的帮助独立进行操作；

③ 光盘检索一般不必考虑检索时间、远程通信费等因素，因而可尽可能利用多种检索方法进行检索，直到得到满意的检索结果。

光盘数据库检索系统和国际联机检索系统相比也有一些明显的不足，如引进光盘数据库一次性投入较大、数据容量小、专业范围窄、更新速度慢。各家信息服务机构提供的光盘数据库的检索软件不一样，也就是说，只有掌握某公司的光盘检索系统的使用方法，才能有效地利用该公司的所有的光盘数据库产品。下面具体介绍 EI 光盘数据库的检索方法。

Ei Compendex Plus 光盘与印刷版文摘型检索期刊《工程索引》(The Engineering Index, Ei)相对应，收录工程技术类期刊 4 500 多种，会议录 2 000 多种，还收录技术报告、科技图书等。专业覆盖应用物理、光学技术、航空航天、土木、交通、机械、电工、电子、计算机、控制、环境、石油化工、动力能源、汽车船舶、采矿冶金、材料等几乎所有工程技术领域。该光盘为季度更新，是理工科专业的教师和学生及工程技术人员最常用的检索数据库。

与 DIALOG 系统相同，EI 光盘数据库也根据标引词提供了基本索引和辅助索引字段。

基本索引字段，在检索中一般是以后缀形式出现(与 DIALOG 系统的后缀代码基本相同)：

字　段	后缀代码	全　称
题名	TI	Title
标引词、叙词	DE	Descriptors
标引词、自由词	ID	Identifier
文摘	AB	Abstract

辅助索引字段,在检索中一般是以前缀的形式出现:

字　段	前缀代码	全　称
Dialog 编号	DN	DIALOG NO
著者	AU	Author
月刊文摘号	AN	EI Monthly No
会议日期	CD	Conference Date
会议地址	CL	Conference Location
团体来源	CS	Corporate Source
会议标题	CT	Conference Title
期刊刊名	JN	Journal Name
出版年	PY	Publication Year
国际标准刊号	SN	ISSN
EI 分类代码	CC	CAL Classification Code
期刊代码	CO	CODEN
文献类型	DT	Document Type
语种	LA	Language
文献来源	SO	Source
会议主办单位	SP	Conference Sponsor
处理码	TC	Treatment Code
会议号码	CN	Conference Number

资料来源:何晓萍,胡德华.信息检索.北京:海洋出版社,2002

　　EI 光盘数据库提供两种信息检索模式:字段检索和命令检索。

　　① 字段检索

　　EI 提供了任意词、EI 主题词、作者、作者单位、题名关键词、期刊、会议名称、会议地点、会议主办者、会议年代等 10 个检索点。其中主题检索字段有:任意词或短语、EI 主题词和题名关键词等三种检索方式,其中任意词或短语在命中记录的自由词或文摘字段中出现,主题词在标引词或叙词中出现,题名关键词则在篇名中出现。

针对每个检索字段,EI 均提供索引词典。选择一个字段作为检索途径后,系统自动进入该字段的字典搜索状态,在搜索框内输入所需的检索词或词组,系统自动在字典中定位,在字典中选中一个或多个检索词进行检索。如果字典中没有所要检索的词组,可以用字段组配检索。

字段检索还有辅助字段检索,包括 EI 分类代码、主题词、出版年、语种等。同时还可以对检索记录进行限制,如限定为英文记录、期刊论文、会议文献、最新光盘更新记录等。

② 命令检索

命令式检索是最常用的一种检索方式,它最大的特点是操作灵活、检索快捷,检索可达到较好的效果。EI 的光盘数据库的命令检索与联机检索采用的是相同的检索软件,数据库的组织方式也完全相同,所以已介绍过的前后缀代码、逻辑运算符、位置运算符、关系运算符、截词符,在光盘检索中都适用,只是主要的检索指令少了一些,但功能相同,比如只有 BEGIN、SELECT、SELECT STEPS、SORT 等指令。

A. BEGIN 指令,缩写:B,功能是用来清除先前的检索步骤并开始新一轮检索。如前面的检索对后面的检索没有任何用途,那么就可用 BEGIN 指令清除以前检索所产生的集号。

B. SELECT 指令,缩写:S,后面跟检索项目。在系统提示符"?"后面输入指令,空格,再输入检索项,回车,系统执行后,给出检索结果。

C. SELECT STEPS 指令,缩写:SS,功能也是给出检索结果的中间集号。

D. SORT 指令,格式是 SORT <集号>/ALL/<排序字段,多个字段用"逗号"隔开>,功能是将检索结果按要求排序输出。

4) 网络检索

互联网堪称世界上资源最丰富的信息库和文档资料库,几乎能满足全球范围内对任何信息的需求。网络检索的特点是:① 采用的是客户机/服务器模式,具有开放的平台、较高的运行效率及灵活的扩展性能;② 检索范围广,几乎覆盖了所有类型的网络信息资源;③ 界面友好,采用人工智能、专家系统、超文本等让用户方便地访问网络上各种信息资源;④ 具有多媒体信息采集、存储、加工、检索、传递功能,检索的结果不但有文本、图片,还可以有声音、动画、影视等形式的信息内容;⑤ 检索不受时间和空间的限制;⑥ 具有良好的反馈能力和快速的响应能力。

网络检索的常用工具包括:① 文档查询服务(Archive):帮助用户在遍及全世界的大量 FTP 服务器中寻找特定的文件;② 基于菜单的信息检索服务(Gopher):将用户的请求自动转换为 FTP 或 Telnet,用户通过选取自己感兴趣的信息资源,逐步展开多层次的菜单,就可以对因特网上的远程信息系统进行实时访问;③ 基于关键词的文档检索服务(WAIS):用户访问互联网上的 WAIS 服务器,这些服务器对网上的文献进行全文标引,提供全文检索服务;④ 基于超文本的搜索引擎服务(Search Engine):这是最常用的检索工具,利用搜索引擎通过互联网从全世界任何地方检索所需要的文本、图像及声音等信息资源。

4.4.3 信息检索技术

信息检索技术就是指能够快速、有效地从信息检索系统中查找到用户需要信息的一种查询技术。目前,在实践中应用较为广泛的信息检索技术主要有:布尔逻辑检索、加权检索、截词检索、全文检索、超文本检索以及智能化检索等。

(1)布尔逻辑检索

布尔逻辑检索是检索系统中应用广泛的检索技术,其理论基础是集合论与布尔逻辑。它采用布尔逻辑表达式来表达用户的检索需求,并通过一定的算法和实现手段进行检索。

布尔逻辑表达式是采用布尔运算符来连接检索词,以及表示运算优先级的括号组成的一种表达检索要求的算式。常用的布尔逻辑运算符有三种,分别为逻辑与"and"、逻辑或"or"、逻辑非"not"。

① 逻辑与"and"

针对某一检索课题,如果有两个或多个检索词,且只有同时满足所有检索词要求的记录才可能是相关的记录,就需要用运算符逻辑与"and"连接检索词。逻辑与运算符通常记为" * "。

② 逻辑或"or"

如果两个或多个检索词的检索条件是"或"的关系,即在检索过程中,只要满足任意一个检索词要求的记录都可以作为命中记录,则需要用运算符逻辑或"or"连接检索词。逻辑或运算符通常记为"+"。例如查找有关分类组织法和主题组织法的文献,其检索表达式可以表示为:"分类组织 or 主题组织"或"分类组织 * 主题组织"。

③ 逻辑非"not"

逻辑非运算是一种排除性运算,即检索中凡是拥有该检索词的记录均为非相关记录。逻辑非运算符通常记为"—"。为了保证检索结果的质量,逻辑非运算必须与逻辑与运算同时使用,若逻辑非运算符前有检索词,则此时的"非"运算默认为"与非"运算。在实际检索过程中,常常采用"非"运算来排除某些不相关的信息,从而提高检索的查准率。例如要检索有关肿瘤治疗方面但不包括手术的文献,其检索表达式可以表示为:"肿瘤治疗—肿瘤手术治疗"。

在检索逻辑中使用逻辑非 NOT,能排除含有 NOT 所限定检索词的文献,协助检索出更相关的文献。但是,使用 NOT 必须慎重。因为如果两个关系紧密的检索词同在一个检索逻辑表达式中,对其中一个使用逻辑非 NOT 会导致含另一个词的文献也被排除。例如,检索表达式:(白血病 AND 药物治疗)NOT中医疗法,在这个例子中,检索白血病药物治疗方面的文献是检索的主要目的,但由于使用 NOT 运算符,将同时包含白血病药物治疗和中医治疗的相关文献排除了。

布尔运算符的优先级为:逻辑非、逻辑或、逻辑与。对于一个布尔逻辑表达式,计算机的处理顺序总是从左向右进行的,要改变其运算顺序必须增加括号,括号内的逻辑运算优先执行。

布尔检索表达式的特点:一是与人们的思维习惯一致。布尔逻辑式可以表达与用户思维习惯一致的查询要求。用户的查询要求通常用普通的语言叙述,如希望查找有关某一主题的文献、希望查找同时包含主题 A 和 B 的文献、希望查找主题 A 或 B 的文献、希望查找主题 A 的文献,但排除包含 B 的文献,这些查询要求完全可以利用相应的布尔逻辑表达式来表示。二是方便扩检和缩检。在布尔逻辑检索中,利用逻辑或关系连接新的检索词,可以达到扩检的目的;利用逻辑与串联新的检索词可以达到缩检的目的。三是易于计算机实现。由于布尔检索以比较的方式在信息集合中进行匹配,非常易于利用软件来实现,这也是现在的各种检索系统中都提供布尔检索的重要原因。

(2) 加权检索

加权检索是根据用户的检索需求来确定检索词,并根据每个词在检索需求中的重要程度不同,分别给予一定的权值加以区别,同时利用给出的检索命中界限值(阈值)限定检索结果的输出。加权检索与布尔检索的区别在于:加权检索的侧重点不在于判定检索词或字符串是否在文献记录中存在,以及与其他的检索词或字符串的关系,而在于判定检索词或字符串在满足检索逻辑后对文献命中与否的影响程度。进行加权检索时,利用检索词查找数据库,每条命中记录将其所包含的检索词根据检索时所设定的权值,分别计算命中记录的权值之和,当已检出记录的权值之和超过或达到阈值时,才为命中信息,否则为非相关信息。下面分别介绍词加权检索、词频加权检索和加权标引检索。

① 词加权检索

在检索式的构造过程中,检索者根据对用户检索需求的理解选择检索词,同时每一个检索词给定一个权重,表示其针对本次检索的重要程度。检索时先判断检索词在文献记录中是否存在,对存在检索词的记录计算其所包含的检索词权值总和,通过与预先给定的阈值比较,权值之和达到或超过阈值的记录视为命中记录,命中结果的输出按权值总和从大到小排列输出。

② 词频加权检索

词频加权检索是根据检索词在信息记录中出现的频次来决定该检索词的权

值,而不是由检索者指定检索词的权值。词频加权检索方法必须建立在全文或文摘型数据库基础之上,否则词频加权将没有意义。

词频加权主要是根据词的出现频率来确定词的权值,通常有两种方式:绝对词频加权和相对词频加权。

绝对词频加权,指检索时累计检索词在记录中出现的次数,检索的记录权值之和由记录包含的所有检索词在记录中出现的次数总和决定。这种方法存在一个缺陷,就是长记录与短记录采取了统一的频次标准,导致了短记录不容易被检出。

相对词频加权,指综合考虑每一个检索词在单个记录中出现的频率和在整个数据库中的频率,从而确定权重。相对词频加权的统计方法:

文内频率＝指定词频次/全文总词数

文外频率＝指定词在本记录中的频次/该词在所有记录中的频次

③ 加权标引检索

加权标引检索是指在进行文献标引的同时,针对每一个标引词在文献中的重要程度,分别赋予相应的权值,检索时通过对检索词的标引权值相加来筛选记录。一般情况下,主要特征词赋予较高的权值,次要特征词赋予较低的权值,但是必须要有一定的标准,避免导致检索时的混乱和差距过大,这也是加权标引检索的难点所在。

加权标引检索中,检索的阈值可以从两个方面考虑:一是给每个检索词指定一个阈值,文献中该标引词权值大于其阈值才能作为命中记录,因此避免了次要内容被检出;二是给总的检索结果指定一个阈值,当被检出的记录中所有检索用标引词的权值之和大于阈值时,才被作为命中记录。

(3) 截词检索

所谓截词(truncation)是指检索者将检索词在认为合适的地方截断;截词检索,又称为模糊检索,主要是利用检索词的词干或不完整的词型进行检索。在检索前,针对逻辑提问中的每个检索词附加一个截断模式说明,指出该检索词在与文献库中的词比较时,采取完整匹配还是部分匹配。在西方语言文字中,一个词可能有多种形态,而这些不同的形态,多半只具有语法上的意义,从用户的角度看,它们是相同的。在中文文献中,如果两个词的某一部分相同,其内在概念上应有必然的联系,检索时不可忽视。因此,大多数系统都采用将检索词截断来进行检索匹配,从而在一定程度上避免漏检。词的匹配形式有如下三种形式。

① 精确匹配。精确匹配又称不截断,指将检索词作为一个完整的词来检索,记录中具有同一属性的规定字段的词必须与检索词完全相同才算命中。

② 任意截断检索。任意截断检索是指检索词串与被检索词实现部分一致的匹配。被截取的部分用" * "来表示,截断形式有前截断(后方一致)、后截断(前方一致)、前后截断(任意一致)等三种情况。

前截断检索是指要求检索词与被检索词实现词间的后部相同,即对同词干而前缀不同的概念进行检索。通常在检索项前加一符号,DIALOG 系统采用"＊"。如利用检索词"＊信息"也可检索出包含诸如"经济信息"、"文献信息"、"医学信息"等词的记录。

后截断检索是指检索词与被检索词间的前部相同而后缀不同的检索。如检索词"信息＊"可成功检索出含有"信息原理"、"信息技术"、"信息系统"等词的记录。

前后截断检索是指检索词与被检索词之间只需任意部分匹配即可。如检索词串"＊检索＊"可以检索出以上两种检索结果的所有组合,如"信息检索技术"、"超文本检索方法"、"全文检索式的构成"、"信息检索"等含有这些词的记录均被命中。

使用任意截断必须慎重,检索词串不能太短,否则会造成大量误检或磁盘溢出,使检索失败。

③ 有限截断检索。有限截断检索是指检索词串与被检索词只能在指定的位置可以不一致的检索。每一个被屏蔽的字符都由一个"?"来替代(汉字应用两个"?"来替代),表示在其前面或后面最多可以有多少字符。例如,检索词"????信息"可以恰当地匹配出含有"经济信息"、"医学信息"等词的记录,而含有"出口贸易信息"的记录将落选。

总之,对于检索系统而言,截词检索的方法可以减少检索词的输入量,简化检索步骤,扩大查找范围,提高查全率。目前,截词检索已在检索系统中得到广泛应用。

(4) 位置检索

位置检索是全文检索系统中主要的检索技术,是指规定了检索词在原始文献中相对位置的限定性检索。利用位置检索运算可以表达复杂专深的概念,从而提高检索的专指度,弥补布尔逻辑算符难以表达某些复杂提问的不足。它大致包括下述四种级别的检索:

记录级检索,限定检索词在数据库的同一记录中;字段级检索,限定检索词在数据库记录的字段范围内;子字段或自然句级检索,限制检索词在同一子字段或自然句中;词位置检索,限定检索词的相互位置满足某些条件;

不同的检索系统所规定的全文检索位置运算符可能不同。例如 DIALOG 系统提供的全文检索位置运算符如下:

① (W)或(nW),词位置顺序紧连。(W)表示在此算符两侧的检索词按前后衔接的顺序排列,次序不许颠倒,而且两个检索词之间不许有其他的词或字母出现,但允许有空格或标点符号。比如 Solar (W) Energy,要求 Solar 应在 Energy 之前,两相邻词不能颠倒,且不能有除空格之外的其他字符。

(nW)表示在此算符两侧的检索词之间允许插入不多于 n 个实词或虚词,两个检索词的词序不允许改变。比如 robot（1W）control，可以检索出含有"robot control"、"robot automatically control"等中间可以嵌入一个词的文献记录。

②（S）子字段内词运算。（S）表示在此算符两侧的检索词只要在一个子字段或全文数据库的一个段落中出现，其检索结果就符合检索提问的要求，两个检索词的词序和插入的词数不限。比如 Solar（S）Energy，要求 Solar 和 Energy 在同一子字段中即可。

③（F）同字段检索。（F）表示在此算符两侧的检索词必须同时出现在文献记录的同一个字段内，如出现在篇名字段、叙词字段、文摘字段，两个检索词的前后顺序不限，夹在两个检索词之间的词的个数也不限。比如 Solar（F）Energy，要求 Solar 与 Energy 在记录的同一字段中，词序不限。

④（C）记录级"与"运算。（C）表示在此算符两侧的检索词必须同时出现在同一文献记录中，但对其位置没有要求。比如 Solar（C）Energy，要求 Solar 与 Energy 在同一记录中即可，无论是哪个字段。

⑤（N）或（nN），词位置紧连。（N）表示在此算符两侧的检索词彼此相邻，次序可以颠倒，但两个检索词之间除空格或标点符号外不允许有其他的词或字母出现。比如 robot（N）control，可以检索出含有"robot control"或"control robot"的文献记录。

（nN）表示在此算符两侧的检索词之间允许插入不多于 n 个实词或虚词，两个检索词的词序可以改变。比如 robot（1N）control，可以检索出含有"robot control"、"robot automatically control"或"control robot"、"control mobile robot"等中间可以嵌入一个词的文献记录。

（5）全文检索

全文检索是指对文献全文内容进行字符串的匹配检索，包括字符串检索、截词检索、位置检索、同义词控制以及后控词表等技术。与其他检索技术相比，全文检索技术的新颖之处在于，它可以使用原文中任何一个有实际意义的词作为检索入口，而且得到的检索结果是源文献而不是文献线索。全文检索技术中的"全文"，表现在它的数据源是全文的，检索对象是全文的，采用的检索技术是全文的，提供的检索结果也是全文的信息。

字符串检索指对检索词与库文献中语词的字符片段按一定规则进行对比，查找夹在一个长词中的某个字串。这在西文文献检索中是一种强有力的检索手段，但运算速度比较慢，一般只用于对已命中的结果进行二次检索。

同义词控制是以自然语言为基础的全文检索系统的重要任务。同一词典在系统中的配置及其自动转换，对全文检索系统改善查全率是十分必要的。但目前一般的联机检索系统和网络信息检索系统没有实现这个功能，而把同义词控制的任务通过检索者的智力活动来实现。

后控词表是一种只辅助检索的词表，由系统自动获取检索式中用逻辑加相连的检索词,把它们之间的关系看作同义或近义的关系,形成一个个词表的片段。这种词表在后来的检索中自动把同义词或近义词增补到检索式中去,以提高查全率。后控词表是随着检索量的增加而不断增长的。但需要定期人工检查,以驱除内容含义上不相干的词,降低误检率。

（6）超文本检索

超文本(Hypertext),是对原有的单向线性工作、单值媒体或单值排列的一种扩充,一种开拓,实质上是对"文本"的一种扩充,它既是一种信息的组织形式,也是一种信息获取技术。它利用计算机技术、通信技术和人工智能知识表达技术,将包含文字、图像、图形、声音、动画等多种形式的电子信息按其相互之间的关联和可能出现的连续性,进行非线性编排。用户可按照自己的意愿来组织这个相互关联的信息网络系统。同时,只要两个信息单元之间存在着直接和间接的关联,就可以从其中之一出发,顺着关系链到另一个信息单元。

超文本信息检索与传统的信息检索系统相比具有明显的优越性:

首先,它以知识单元为单位,通过链路将同一文献或不同文献的相关部分连接起来,检索时可深入到知识单元;而传统的检索系统以文献为单位,检索结果都是整篇文献。

其次,传统的检索系统采用准确匹配的检索方法,检索结果是一组未经排列的文献,无法区分它们的重要性,而在超文本检索系统中,文献是结构化建立的,并非处于同一层次,用户使用超文本检索系统时,可以看到文献间链路以及两个文献间路径或相隔的结点数,并由此确定文献的重要性。同时,还可根据需要在没有链路的文献之间加上链路。

第三,一般检索中,由于不熟悉检索语言和检索策略,给用户造成很大困难。尤其是跨数据库检索时,由于每个数据库具有不同特征和使用不同的检索语言,更增加了检索的难度。而超文本系统可通过链路浏览,找到所需信息,避免了检索语言的复杂性问题。另一方面,超文本系统还可以作为一个独特的用户界面,将不同数据库的检索语言一体化。

超文本技术是一项综合性的技术,涉及到数字处理技术、通信技术、计算机窗口技术、数据库技术、数据存储技术、计算机输入输出以及人工智能的知识表达技术和传递激活技术等。

（7）智能化检索

所谓"智能检索"可以理解为:

——某一用户,为了寻求某一问题的求解方法或获取一些有用的信息来到信息服务中心。

——用户不知道如何去精确地描述其信息需求,就是说无法精确地说明其信息需求。

——信息中心的检索咨询人员则可以通过和用户间的交流,从而理解用户的信息需求,通过对一个或多个具有文献描述的数据访问,找出用户所需的信息文献。

从智能的角度来看,要完成上述智能检索过程中的第 3 步,就要求系统必须:① 能够考虑个别用户的特性;② 能够在问题描述一级解决用户问题(不需要用户对其情报需求作进一步的特殊描述);能够充分考虑某些概念,比如问题求解状态、系统能力、所需响应的时间等;③ 有一个完整有效的人—机接口,以便使系统能够和用户进行一些必要的会话;④ 能够确定存贮有关文献的数据库、文献结构、内容及其用户求解问题的有关知识,并能在检索过程中使用这些知识;⑤ 能够自动确定用户和文献之间的某些关系;⑥ 不断学习和自我完善的功能。

智能检索系统的核心是必须具有智能化人—机接口,从而使用户在求解问题过程中能发挥更恰当的作用。同时必须具备系统推理能力,以此来确定用户及其提问和数据库文档之间的关系。

现有的检索系统增加智能化的人—机接口而形成智能检索系统必须具有:① 主动向用户提供检索系统的参数,如数据库分布、更新情况等,帮助选择数据库;② 具有语法分析功能,使用户能用自然语言进行提问;③ 帮助用户确定检索策略;④ 记忆不同用户使用的检索模式及其对数据库的覆盖范围和对所得结果的评价,以便完成自我学习和更新。而集中融合传统检索技术和人工智能技术建立的新一代智能型情报检索系统,则完全能以自然语言方式接受检索课题,并像人工那样进行课题分析与设计,全过程地自动完成课题的检索。

从理论上讲,一个智能型情报检索系统一般应由如下几部分组成:① 知识获取及加工系统;② 情报资料获取及加工系统;③ 知识库;④ 知识库管理系统;⑤ 搜索机;⑥ 输入/输出接口。实现智能情报检索系统则必须解决下列问题:① 自然语言理解;② 知识表示;③ 推理机制;④ 知识获取;⑤ 机器学习。

4.4.4 信息检索效果评价

信息检索效果是信息检索服务过程中所反映的效率和结果。评价信息检索效果的目的是找出检索中存在的问题以及影响信息检索效果的因素,以便于进一步提高信息检索的有效性。信息检索效果是通过相关信息检索过程的各项指标来衡量的。

(1) 影响检索效果的因素

在信息检索的过程中,与信息检索结果相关的因素是多方面的:信息检索系统、检索者、信息用户。

① 信息检索系统

信息检索系统的质量直接决定着信息检索的效果,具体指标如下:

信息收录的完备性,简称为收录范围。指信息检索系统的数据库所覆盖的学科范围、信息类型、数量和时间跨度。系统的收录范围越广,就越能保证检出信息的全面性。

信息更新周期,即系统每隔多长时间对数据库进行一次维护,增加新记录,删除无用、过时、老化的信息。信息检索系统的更新周期越短,信息的实时性越强。

检索结果的输出方式,即对于符合用户检索提问式的信息记录的显示方式。这与数据库的类型有关,如题录数据库、书目数据库、文摘数据库、全文数据库等分别以题录、书目、文摘或全文的形式显示命中记录。对于题录、书目型的记录只是提供信息线索,文摘型的记录是对具体记录的高度概括,只有全文型的记录是信息的完全描述。

标引语言,不同的信息检索系统采用了不同的标引方式,如关键词标引、主题词标引、分类标引等,标引语言不同,则相应的检索语言不同。检索过程中,与用户检索提问式匹配的并不是信息内容,而是信息内容表示,即标引词。标引词应该能准确地表示信息的核心内容。

标引的网罗度,即标引词数量的大小,是指标引中确认信息所有主题的程度,即信息内容被揭示的程度。标引时对信息的主题内容分析的越深入、越全面,用来标引的检索词越多,则标引的网罗度越高。网罗度高可以提高查全率,但会相应的降低查准率。

② 信息检索者

信息检索者是检索过程的具体实施者,对用户提问的分析、检索词的选择、检索表达式的构造、检索结果的判断都是由他们来完成的。信息检索者所提供的信息服务要面向各个层次、各个专业的用户,能够准确地分析用户的真实需求,并构造检索提问式。信息检索者必须首先要了解各信息检索系统的基本情况:收录范围、信息类型、标引语言等;其次要具备广博的知识,对于用户提问的领域要有基本的了解。在信息检索过程中,输入系统进行检索的并不是用户原始的信息需求,而是用户描述并转换而成的检索提问式,要使得检索系统能够理解所提交的检索提问式表达的真正需求,而且检索提问式与标引词之间要能够匹配。

③ 信息用户

从信息用户的角度而言,影响信息检索效果的因素主要是用户的知识水平,即对需求的认识程度以及接受信息的能力。

用户对信息的需求包括潜在需求和显在需求。对于显在需求,用户会有明确的认识,而对于潜在需求,受用户的知识水平以及个人的主观经验、主观意识的影响,有些能够明确地认识,有些却无法明确其真正的需求。明确了信息需求,具体的检索工作就可以顺利地开展,如果对于需求都没有明确,则后续的工作都是徒劳的。

用户在检索结果进行相关性判断时还会受到环境、时间、语言、用户的心理、情绪等因素的影响。

（2）信息检索效果评价

在信息检索理论中，相关性是一个非常重要的概念，它是指被检出的信息与用户需求之间的相关度，而信息检索的首要目的就是为用户需求提供相关的信息，在信息检索系统中存在一个基本的假设：检出的信息是与提问相关的，没有被检出的信息即是不相关的。所以相关性是评价检索结果的重要方面，但由于相关性是一个主观的概念，用相关性作为评价指标，没有一个准确的、定量的结果。基于检索结果的相关性，查全率和查准率成为评价检索效果的重要指标。

查全率（recall ratio，简写为 R），是指检索出的信息的数量与检索系统中相关信息总量之间的比率。其计算方法为

$$R = \frac{检出的相关信息数量}{系统中相关信息的总量} \times 100\%$$

查准率（precision ratio，简写为 P），是指检出的相关信息的数量与检出的信息总量之间的比率。其计算方法为

$$P = \frac{检出的相关信息数量}{检出的信息总量} \times 100\%$$

信息检索是直接面向用户的信息服务工作，是信息资源被广泛利用并发挥潜在价值的重要途径，此前的信息采集、信息组织、信息存储工作的价值在信息检索效果中才得以体现。

5 网络信息资源管理

5.1 网络信息资源概述

近十几年来，计算机技术、通信技术、网络技术的迅速发展，由电子计算机和现代通信技术结合形成的全新的网络环境，对人类社会的经济、文化、军事等方面产生了全方位的深层次的影响。1993 年美国开始实施的信息高速公路计划现在已经成为一个巨大的社会经济系统，它将计算机、通信网络、信息资源网、信息提供商、信息用户等融为一体。该系统从根本上改变了人类信息的生产、流通、分配和利用方式，引起了整个社会的变革，人类又面临着一次新的"信息革命"，不过这儿的信息资源不再是传统的印刷型资源，而是网络信息资源。

5.1.1 网络信息资源的定义

席卷而来的 Internet 将全世界丰富的信息资源带到每个人的身边，可以这样认为，用户所需要的绝大部分信息在 Internet 上都可以检索到，而且大多可以免费获得。

人们对于网络信息资源谈论的较多，不过它到底是什么？迄今为止尚没有统一的定义，类似的名称很多，如"电子信息资源"（electronic information resources）、"Internet 信息资源"（Internet information resources）、"联机信息"（on-line information）、"万维网资源"（World Wild Web resources）等。其定义的表述也多种多样，如有人认为，网络信息资源是"通过计算机网络可以利用的各种信息资源的总和"。也有人认为网络信息资源的含义有广义和狭义之分，广义的网络信息资源涵盖了软件、数据和信息、用户、演示程序以及相关硬件设备、环境、人员、资金等要素，而狭义的网络信息资源则指以电子数据的形式将文字、图像、声音、动画等多种形式的信息通过计算机网络再现出来的可以利用的各种信息资源的总和。我们赞同以下的网络信息资源定义"网络信息资源是以电子数据的形式将文字、图像、声音、动画等多种形式的信息存放在光磁等非印刷纸质的载体中，并通过网络通信、计算机或终端等方式再现出来的信息资源。"即通过 Internet 可以利用各种信息资源，它包括：科技数据库、时事新闻、社会科学、文学艺术、历史资源等方面丰富的文献资料和一些公用软件。

5.1.2 信息资源的类型

庞大的网络信息资源必须依据其特点和人们对其利用的习惯进行系统化研究，才能充分地得到利用。学者从不同的角度对网络信息资源进行了分类，其目的是便于人们更好地认识了解、组织、检索、管理和使用网络信息资源。根据分类标准的不同,可以分为以下类别。

(1) 按照人类信息交流的方式分

① 非正式出版物信息。如电子邮件、专题讨论组合论坛、电子会议、电子公告牌等。

② 介于正式出版物与非正式出版物之间的信息。如从各种学术团体和教育机构、企业、商业部门、国际组织、政府机构和行业协会等网址或主页,用户可以查询从正式出版物系统无法得到的信息。

③ 正式出版物。通过 Internet,用户可以查询各种数据库、联机杂志、电子杂志、电子版工具书、报纸、专利信息等。

(2) 按网络信息资源的层次分

① 指示信息。即一个信息单元的地址,如一个超文本链接、数据库名、书目参考、特殊的关键词间联系等。指示信息由信息的实际地址以及有关该信息的标识、注解等内容构成。

② 信息单元。可以指示信息表达的最小信息单元,如文献中的某一行、某一段、某一章、一个目次页或一份统计表等。一个信息单元由一个文本组成,该文本可以具有或不具有特定的指示信息。

③ 文献。是相关信息单元的集合,如 FTP 文件、WWW 网页、数据库的记录、电子邮件、文章、图片等,文献由若干信息单元以及一些特定的指示信息构成。

④ 信息资源。指相互关联的文献集合,如一个数据库、一份杂志、一本书、一本电话簿、一张光盘或视盘等。

⑤ 信息系统。指一组相关的、经过标引和建立了交互参见的信息资源的集合,如一个虚拟图书馆、一部百科全书。信息系统还包括不同信息资源之间的相互关联的指示信息。

(3) 按信息存取方式分

① 邮件型。邮件型的信息存取方式是以电子邮件和电子邮件群服务(mailing list)为代表的。电子邮件群服务的主题和功能是非常多样化的,既有各种最尖端的科学技术内容也有娱乐性的信息,它也可以作为电子期刊的订阅和分发。

② 电话型。是指以特定的个人或群体为对象即时传播信息的方式。代表性的手段有会话(talk)和交互网中继对话(IRC),这两种工具都能帮助人们在网络上通过文字交往实现实时的信息传播。后者还能提供同时有多人进行文字对话。除此以外,在国际互联网上还有许多用图像或图像文字方式传播的工具和软件。与邮件型相比,这种信息工具能够提供即时的信息传播。

③ 揭示板型。它是以不特定的大多数网络利用者为对象的非即时的信息传播方式。比较具有代表性的是网络新闻和匿名 FTP。把匿名 FTP 归入揭示

板型的理由是,它本质上是一种对外公开的、提供各类文件的一种存取信息方式,网络利用者可以无需登记就可以自由地获得公开开放文件。

④ 广播型。这是目前正在开发的,可以在网络上向特定的多数用户即时提供图像和声音等信息的传播方式。

⑤ 图书馆型。以上类型的信息存取方式主要是一次性的信息。在 Internet 上还存在着类似于图书馆的藏书那样既有一次文献也有二次文献的信息存取方式。也就是说,通过对一次信息进行有系统的组织来提供各种信息。比较有代表性的是目前使用比较广泛的有 Gopher 和 WWW 等。

⑥ 书目型。主要用于检索网络信息资源的各种检索工具,是提供二次信息为主的存取方式。比如查人物机构团体的 finger 和 Whois,查 FTP 文件的提供者的 Archie 和 WAIS,以及在 WWW 上的 Yahoo,Infoseek 等。

(4) 按所对应的非网络信息资源分

① 图书馆藏目录,在 Internet 中,图书馆目录发展成为 OPAC(即 Online Public Access Catalog,联机公共目录检索系统)。使用时人们通过目标图书馆目录的 URL,即可在自己的网络终端查询世界各地的大学图书馆、公共图书馆、专业图书馆的馆藏,完全冲破了以往利用图书馆的时空限制。

② 电子书刊。电子书刊指完全在网络环境下编辑、出版、传播的书刊。广义的电子书刊也包括印刷型书刊的电子版。由于现有信息技术为电子书刊的出刊发行创造了良好条件,网络上电子书刊的数量正急剧增加,从而创造了一种新型的科学出版和学术研究环境。

③ 参考工具书。许多传统的和现代的参考工具书都已进入了 Internet,如大不列颠百科全书、牛津大辞典等,这些网络版参考工具书使用起来非常方便,用户只需要键入待查的词或词组,就可以对相关的定义和使用方法等进行查询。此外,用户还可以利用网上为数众多的指南、名录、手册、索引等。

④ 数据库。数据库的内容涉及不同领域、不同专业,为用户提供了各领域的信息检索服务。

⑤ 其他类型的信息。除了上述几种类型的信息之外,电子邮件、电子公告、新闻组、用户组也成为信息交流的重要渠道,并成为网络信息的重要组成部分之一。

(5) 按照组织网络信息资源的应用层协议分

① WWW 信息资源。WWW(World Wide Web)采用 HTTP 协议,是 20 世纪 90 年代初期由位于瑞士的欧洲研究中心(简称 CERN)实现的,由于它能方便迅速地浏览和传递分布于网络各处的文字、图像、声音和多媒体超文本信息,适合于 Internet 信息服务的特点,因此在 90 年代中期以后得到迅速发展。Internet 上的 WWW 服务器以每年几番的速度增长,从而成为 Internet 信息资源的主流。

WWW 采用客户机/服务器体系,用户能够轻松、方便地利用分布在网络上的各种信息资源,实现 Internet 环境下分布式超文本检索体系。WWW 利用超文本标记语言(Hypertext Markup Language,HTML)在文件中标记链源和链宿,其中链宿用 URL 来描述。如果用户对于链宿的内容感兴趣,只需用鼠标点击链源,系统就自动获取链宿 URL 中的信息,利用指定的协议到指定的主机地址和路径中取出指定的文件,并在浏览器中显示。浏览器是 WWW 服务的客户端软件,如 Netscape 或 Explorer 可以阅读 HTML 文档,可以通过 HTTP 和 TCP/IP 协议向 URL 对应的服务器发送和调用特定的信息资源。

② FTP 信息资源。FTP(file transfer protocol)称为文件传送协议,是 Internet 上历史最为悠久和应用最为广泛的网络工具。它允许人们通过协议连接到 Internet 的一个远程主机并读取所需文件下载到自己的计算机上,传送的文件可以是文本、图像、声音、多媒体、数据库以及可执行文件等。从某种意义上来说,FTP 就相当于在网络上两个主机间拷贝文档,它曾经是 Internet 信息流量的主力,目前仍然是发布、传递软件和长文件的主要方法。FTP 的使用方法很简单,通过 FTP 客户端程序连入 FTP 服务器,输入用户名和密码。登录方法有两种,一种称为"特许"传送;另一种称为"匿名登录",允许没有特定账户的用户读取公开的信息资源。

③ Telnet 信息资源。Telnet 是 Internet 的远程登录协议,允许用户将自己的计算机作为某一个 Internet 主机的远程终端与该主机相连,从而使用该主机的硬件、软件和信息资源。许多机构都建立了可供远程登录的信息系统,如各类图书馆的公共目录系统,信息服务机构的综合信息系统,政府和公共事业部门的信息系统,商业化数据库系统等等。Telnet 的使用方法与 FTP 类似,也有两种登录方式,一种"特许"方式;另一种为"公开"方式,系统可公开提示应输入的用户名和口令,或要求输入通用用户名"public"或"guest",或根本不须输入用户名和口令。

④ USENET/Newsgroup 信息资源。USENET 用于提供新闻组(Newsgroup)服务。在该服务体系中,有众多的新闻服务器,它们作为 Internet 主机运行的服务器(News Server)软件,接收和存贮有关主题的消息,供自己的用户查阅。用户可在自己的主机上运行新闻组阅读器软件(News Reader),申请加入某个新闻组,并从服务器中读取新闻组消息或将自己的意见发送到新闻组中。用户可查阅别人的意见并予以回复,由此反复形成讨论,所以新闻组又称"电子论坛"。

Internet 有上万个新闻组,并有一套规则来区分各自的主题范围,名称的第一部分用于确定新闻组的大类,常见的包括:

biz	商业类	comp	计算机类	news	新闻类
rec	娱乐类	sci	科学类	soc	社会类
talk	辩论类	misc	杂类	alt	其他类

⑤ LISTSERV/Mailing list 信息资源。Internet 上进行交流和讨论的主要工具有三种：USENET/Newsgroup（新闻组），LISTSERV（电子邮件群），Mailing list（用户邮件组）。这三种工具的原理和使用方法非常相似，均用于网络用户间的信息交流。但差别如下：

第一，新闻组和电子邮件群往往涉及较为广泛的内容，对参与用户也没有限制，但用户邮件组通常涉及较专门、甚至有争议的议题，对参与的用户有一定的限制；

第二，新闻组的订阅通过连入新闻组服务器即可，可以即时开通，无须专门的订阅手续。而电子邮件群和用户邮件组均要求用户履行专门的订阅手续，用户只有得到答复后才能加入；

第三，新闻组的信息存放在服务器上，用户要通过专门的客户软件阅读所需信息，而电子邮件群和用户邮件组要将信息传送到用户的电子邮件地址；

第四，新闻组和电子邮件群大多是自动管理，用户邮件组多为人工管理。

电子邮件群和用户邮件组有管理地址和邮件地址。其中管理地址负责接受订阅、暂停发送、取消订阅等信息，通常电子邮件群在网络地址前加"LISTSERV@"，用户邮件组在网络地址前加"-request@"。邮件地址负责接收需要发送的具体消息。加入电子邮件群和用户邮件组必须申请订阅，即向其管理地址发送一个订阅申请，待受到同意订阅的回复后才能通过其发送和接受消息。电子邮件群和用户邮件组都是一对多的交流工具。你传送的消息会到达所有成员处，当然，你也可以使某个成员的个人电子邮件只传送给个人。

⑥ Gopher 信息资源。Gopher 是一种类似万维网的分布式客户机/服务器形式的信息资源体系。众多的 Gopher 服务器上建立了一系列的资源目录，它们可以直接连接到某个具体的数据文件或检索系统中。也可以连接到另一个 Gopher 服务器的资源目录和文件中。现在 Gopher 的使用已经逐渐减少。

⑦ WAIS 信息资源。WAIS（Wide Area Information Server）是一种两层的客户机/服务器结构的全文检索系统。WAIS 客户机管理输入输出，将用户检索要求转换成标准检索指令传送给 WAIS 目录服务器或数据库服务器，或接受和显示检索结果。目录服务器提供 WAIS 网络中各个数据库服务器的名称、网络地址、内容描述和关键词，并根据用户指令检索和提供一个或多个相关服务器的名称和网络地址。数据库服务器对多个数据文件编制全文关键词索引，根据用户指令检索和提供一个或多个相关数据文件的名称、路径、检索词出现次数。

其他的标准还包括，按时效性分网络信息资源还可分为电子报纸、动态信息、全文信息和书目数据库四大类；按文件组织形式可将网络信息资源划分为自由文本（全文、文摘或标题的非结构化组织，未经规范处理）和规范文本（即按统一标准和格式上网的文本）；从网络信息资源的主体上看，有政府、研究机构、大学、公司企业、社会团体、个人等等；从内容上看，有政治性文件、学术研究报告、经济活动的信息(广告、企业情况等),历史文献资料、文学艺术、娱乐性等;从形式上看,有文本或文件(如电子期刊,也有计算机软件、图像文件等)。

5.1.3　网络信息资源的特点和缺陷

网络信息资源的出现,使人类信息资源的开发利用进入了新的时代。网络信息资源在特性和构成上与传统的信息资源有显著的差异。与其他类型信息资源相比,网络信息资源具有以下特点:

(1) 从内容上看

① 海量的信息且增长迅速。现代微电子技术以其高强的集成度、柔性的系统结构和严密的处理方式保证了网络信息资源具有量方面的海量特征。随着网络的覆盖范围的不断扩大以及网络技术的发展,存在于网络上的信息资源飞速传播并迅速增长。

② 种类繁多。在网络信息中,除文本信息外,还包括大量的非文本信息,如图形、图像、声音信息等。呈现出多类型、多媒体、非规范、跨地理、跨语种等特点。数量巨大的网络信息资源来源于各行各业,包括不同学科、不同领域、不同地区、不同语言的各种信息,内容极其丰富。

③ 分布开放,但内容之间关联程度强。网络信息被存放在网络服务器上,一方面由于信息资源分布分散、开放,显得无序化,对网络信息资源的组织管理也并无统一的标准和规范;另一方面则由于网络特有的超文本链接方式、强大的检索功能,使得内容之间又有很强的关联性。

(2) 从形式上看

① 非线性。超文本技术的一大特征是信息的非线性编排,将信息组织成某种网状结构。浏览超文本信息时可根据需要,或以线性顺序依次翻阅,或沿着信息单元之间的链接进行浏览。

② 交互性。网络信息资源基于电子平台、数字编码基础上的新型信息组织形式——多媒体不仅集中了语言、非语言两类符号,而且又超越了传统的信息组织方式,因为它能从一种媒介流动到另一种媒介;它能以不同的方式述说同一件事情;它能触动人类的不同感官体验。

③ 动态性。网络信息资源的呈现方式从静态的文本格式发展到动态的多模式的链接。

(3) 从效用上看

① 共享性。Internet 信息除了具备一般意义上的信息资源的共享性之外,还表现为一个 Internet 网页可供所有的 Internet 用户随时访问,不存在传统媒体信息由于副本数量的限制所产生的信息不能获取现象。

② 时效性。网络信息的时效性远远超过其他任何一种信息,网络媒体的信息传播速度及影响范围使得信息的时效性增强。同时网络信息增长速度快,更

新频率高也是其他媒体信息所不能企及的。Internet 信息都是以网页的形式呈现,所有的信息都有一个具体的 URL 地址或 IP 地址作为 ID 区别于其他网络信息,这是不同于其他数字或电子信息的。

③ 强转移性。人类社会为使信息资源得以充分利用,总是要将信息加以转化。网络环境下的信息资源转化是高效的。

④ 强选择性。网上信息比传统信息具有更强的可选择性。

⑤ 高增值性。正是由于网络信息资源具有共享性、时效性、强转移性、强选择性,使得它是一种成本低,产出高的可再生资源,具有高增值性。

与传统的信息资源相比,网络信息资源具有多项新特征,在看到它带来的巨大的益处的同时,还需看到与其相伴而来的多种负面影响。

(1) 资源分布的无序性

由于没有一个主管机构进行集中领导和管理,尽管网络上有大量高质量的有序的信息,但整个网络信息资源的分布呈现出一种混乱、无序的状况。迅速产生的大量信息中有许多未经筛选,可靠性差,甚至是虚假信息;有许多信息随着时间的推移已失效,却因各种原因没有清理,成为垃圾信息,挤占信息存储空间,妨碍人们有效地查找、利用信息,甚至还造成危害。网络信息资源的迅速扩充,但这些急剧增长的信息缺乏有效的组织与控制机制,造成信息资源的极度混乱,给信息获取和利用带来了困难。

(2) 资源分布的不均衡性

网络信息资源的分布在不同行业、地理位置和技术水平上有很大差别,各个网点的信息资源分布在数量上也是千差万别。在信息的质量、内容和更新周期上也没有一个完善的体系和结构,这造成网上很多节点信息质量不高。因此,只有了解网络对信息资源的影响,才能对信息资源实施有效管理,充分发挥网络信息资源的长处,即通过计算机和通信技术的联合发展,形成全世界的信息资源网络,实现人类所有的信息资源的真正共享。

5.2　网络信息资源的组织

信息组织是指采用一定的方式,将某一方面的大量的、分散杂乱的信息有序化,从而形成一个便于利用的系统的过程。网络信息资源的"量"与"质"相对于传统的信息资源都发生了巨大的变化,信息组织的方法与方式也随之发生了根本性的变化。信息组织的对象从各种类型的数据发展到具有丰富内容的知识,组织形式从数据结构发展到知识表示,组织方式也从手工单一发展到了网络群体,组织的结果从静态的文本格式发展到动态的多模式的链接,组织方法从传统的分类法、主题法发展到元数据方法等。

5.2.1 网络信息资源的组织方法

网络信息资源的组织方法主要包括传统的分类法、主题法以及元数据方法，下面分别介绍。

1）分类法

（1）分类法组织网络信息资源的优势

• 系统性强。分类法是按照事先规定好的学科或体系范畴，依据一定的属性将信息分门别类组织成系统便于查检的方法。按照学科范畴组织信息，具有很好的层次性与系统性，符合人类认识事物的逻辑思维方式。分类法的知识系统性、族性检索、扩检、缩检能力是其他检索语言不具备的。

• 有利于对非文本信息的组织。随着网络的发展，信息组织的对象趋于多样化，多数网络信息资源很难用文字来表达，分类法的聚类功能及其代码化为之提供了一条可能的途径。

• 检索范围易于调控。分类组织法的语义关系网络与超文本系统有某些相似之处，将它用于超文本系统，可以起到指南的作用。

• 通用性。由于各国存在语言上的差异，因此信息资源的标识语言也有所不同，但是由于分类法以其分类号作为检索标识，使其很有可能成为国际通用的检索语言。

（2）分类法自身的不足

• 关系的表达能力欠缺。传统分类法在表达主题、类目之间关系方面主要采用参见、组配等方式，比较适合传统文献主题相对单一、学科分类相对清晰的特点。

• 体系的一维性。长期以来为了满足文献排架的需要，传统分类法采用了顺序的、单线的和固定的组织方式。这种体系对多元化、交互式、动态的网络信息资源是不适合的。

• 语言专业性太强。传统分类体系主要是由图书馆界的专家和学者建立的，它不使用自然语言而且强调科学性和专业性，类名设置过分专业，不便于普通用户的理解和使用。

• 更新周期长。传统分类法是一个相当稳定的知识体系，它的更新时间长，以《中国图书馆图书分类法》为例，目前最新的版本是第四版，与网络信息资源高度动态的特点是难以适应的。

（3）分类法组织网络信息资源的不足

• 类目划分标准欠妥。传统分类法在类目划分方面的标准不够合理，对信息资源在同一层次的划分标准不统一，易产生重复和遗漏现象。

• 部分类目划分逻辑性差。在网络环境中，许多网站只提供一些热门的信息资源，而学术资源比较少，因此在组织分类体系时缺乏对某些方面信息资源的揭示,另外为了方便用户查找,有些网站直接将查找频率比较高且热门的信息直接放在一级类目。所以在各类的展开中,有不符合基本的逻辑规则的现象发生,存在整体不能包含局部的现象。

• 类名不规范。类名用语不准确,难以判断其外延,如中文雅虎的"另类科学"。

• 类目注释缺乏。网络环境中,网络分类体系中一般不使用注释揭示类目的内涵,容易使一些类目的含义和范围难以确定,并且由于网络分类目录未设分类标记,缺少提示,用户不能直接找到所需的类名,影响使用效果。

(4)分类法的完善

• 分类系统的构建。建立网络信息资源的分类体系,必须遵循面向网络环境、面向网络用户的原则,突出其实用性和易用性,充分借鉴网上已编制分类体系的经验和传统分类法理论、技术的成果,建立合理的网上信息资源分类体系。

• 加大标引深度。将文献中的所有具有研究价值和检索意义、符合检索系统要求的主题内容及外表形式特征均用标引词标识出来,提供多种检索途径,降低漏检率。

• 减少类目层次。将用户频繁访问的、处于深层网页中的信息提取出来,减少使用类目的深度。面向网络信息资源的类目设置与划分需要与传统的有所不同,其目的是让用户以最快的方式找到所需的网络信息,因此,在类目设置和划分时,应将大多数类目的层次控制在3、4层为宜,不过专业栏目可以适当延伸。

• 多维分类系统的构建。可以充分利用计算机技术建构多维的分类体系,揭示多维信息空间的联系,采取等级结构展示知识的系统联系,形成枝干分明、脉络清晰的知识地图。

• 加快更新频率。网络信息资源更新非常快,要求网络分类体系应该频繁更新,设立一些新类目,摒弃一些旧类目,调整局部或整个网络体系结构。

• 加强分面组配技术的应用。分面组配技术具有良好的容纳性和灵活性,对事物具有较强的网罗性,更容易适应现代科技发展的高度分化与高度综合的发展趋势,因此,应逐步在分类网络中加强分面组配技术的应用。

• 加强检索结果的组织。可以采用分类和按照相关度级别顺序显示检索结果。

2)主题法

(1)主题法的优势

主题法的优势主要包括直观性、相关性、组配性、动态性等,具体的含义已经比较清楚,不再展开介绍。

(2)主题法在网络信息资源组织中的应用

• 主题法是网络信息组织所采用的主要方法,其应用主要有两种形式:一是采用现有的词表(叙词表、标题表)组织网络信息资源;二是广泛采用关键词法。

· 主题词法。由于主题词表是结构化的受控词表,是后组式的检索语言,它可以清晰和系统的表示自然语言词汇之间的基本语义关系。主题词表在检索系统中起着组织信息和查找信息的功能。

· 关键词法。关键词检索在网络信息的组织中应用相当广泛,有相当部分的搜索引擎都以主题词为组织与揭示信息的主要途径与方法。不同的搜索引擎提供的关键词检索功能不同。有的只能进行简单关键词查询,有的既可以提供简单关键词查询,又可以提供高级或复杂的关键词查询。

（3）主题法的缺陷

· 关键词的使用给数据交换和网络检索带来了一定的困难。

· 主题法的通用性较差,由于主题法采用经规范化的自然语言词语作标识,其含义直观,但是通用性不足。

· 主题词表结构复杂、专业性强,一般用户难以理解,而且编制和维护主题词表的成本较高。

（4）主题法的自我完善

采用关键词与叙词法相互结合的双重组织法来揭示网络信息资源,可同时给出标引词——关键词与叙词,然后建立关键词与叙词之间的参照关系,对每个叙词进行多个关键词注释,使关键词较准确地覆盖叙词。这样做一方面有利于读者利用自然语言组织文献;另一方面也有利于对网络信息资源准确描述与科学组织。

3）元数据

元数据（Metadata）是关于数据的数据,它是对网络数据进行组织和处理的基础。关于元数据,迄今为止,并没有一个统一的定义,比较有代表性的定义有:① 元数据是关于数据的结构化的数据。这个概念突出了元数据的结构化特征。② 元数据是与对象相关的数据,此数据使其潜在的用户不必预先具备对这些对象的存在或特征有完整认识。③ 元数据是代表性的数据,通常被定义为数据之数据。它包含用于描述信息对象的内容和位置的数据元素集,促进了网络环境中信息对象的发现和检索。

目前,通行的元数据格式采用三层结构的方式加以定义:内容结构对该元数据的构成元素及其定义标准进行描述;句法结构定义元数据整体结构以及如何描述这种结构;语义结构定义元数据元素的具体描述方法。

元数据的内容结构包括以下元素:① 描述性元素（Descriptive Elements）,即对数据对象的基本内容特征进行描述的元素,例如标题等;② 技术性元素（Technical Elements）,即对数据对象制作、传递、使用或保存过程中的技术条件或参数进行描述的元素,例如压缩方法、使用软件等;③ 管理性元素（Administrative Elements）,即对数据对象及元数据本身进行管理的要求、规格和控制机制进行描述的元素,例如有效期等;④ 复用元素（Reused Elements）,即从其他元数据集中复用的元素,有可能需要对其语义范围和编码规则进行修订。

元数据的句法结构:① 元素的分区分层分段结构,例如 MARC 的结构包括头标区、目次区和数据区;② 元素结构描述方法,一般用 XML DTD 来定义;③ DTD 描述语言,例如 EBNF Nntation;④ 元数据复用方式,例如通过 namespace 链接相关的 DTD、Ontology 或内容规范。

元数据语义结构包括三个层次:① 元素定义是对元素本身有关属性的明确定义,一般采用 ISO11179 标准,该标准通过以下属性来界定元素:Name(元素名称)、Identifier(元素标识)、Version(版本)、Registration Authority(登记机构)、Language(描述语言)、Definition(定义)、Obligation(使用约束)、Datatype(数据类型)、Maximum Occurrence(最高出现次数)、Comment(注释)。② 元素内容编码规则确定在描述元素内容是应该采用的编码规则。为了准确使用元数据,应该在定义元素时明确定义相应的编码规则,如 Dublin Core 建议日期内容编码采用 ISO 8601、资源类型编码采用 Dublin Core Types 等。③ 元素语义概念关系把元素放置在一个概念体系中来说明它的上下文关系,说明它与其他概念的关系。

元数据作为网络信息资源组织的一种基本方法,其作用可以概括为以下几点:① 对信息对象的内容、特征进行描述,从而利于信息的存取和利用;② 包含信息对象的位置信息,便于信息的发现和检索;③ 指出相关信息的存储地址和存取方法,便于相关信息的连接;④ 提供有关信息的名称、内容、年代、格式等基本属性,在不用浏览信息本身的情况下,就能够对信息有个基本的了解和评价;⑤ 对某些非文本信息进行文字说明,以便对描述对象有一个完整的描述。

4) 都柏林核心集

都柏林核心(Dublin Core,DC)是 1995 年 3 月由国际图书馆计算机中心(OCLC)和 NCSA (National Center for Supercomputing Applications)联合赞助的研讨会,是 52 位来自图书馆、计算机、网络方面的学者和专家,共同研讨的产物,目的是希望建立一套描述网络电子文件的方法,以协助信息检索。在研讨会的报告中,将元数据定义为资源描述(Resource Description),研讨会的中心问题是如何用一个简单的元数据记录来描述种类繁多的电子文件。根据研讨会的报告,都柏林核心集处理的对象,将只限于"类文件对象"(Document-Like Objects,简称 DLO)。所谓的 DLO 是可用类似于描述传统印刷文字媒体的方式加以描述的电子档案。研讨会的目标是发展一个简单的有弹性的、且各种专业人员也可轻易了解和使用的数据描述格式,所以都柏林核心集只规范了在大多数情况下必须提及的信息特性。基于与会者认为没有任何单一的元数据格式能满足需要,因此,他们认为 DC 基本设计原则是先建立一套描述数据的最小核心数据项。

（1）DC 的特点

都柏林核心集以其自身的特点在电子资源的描述方面占据了突出的优势。

• 简易性。都柏林核心集只有 15 个元素，且都具有一个能够普遍理解的语义，适合各种背景的人士使用，即使没有正式编目工作经验的人，只要稍加培训就可以掌握。

• 通用性。都柏林核心集并不针对某个特定的学科或领域，而是支持对任何内容的资源进行描述，增加了跨学科的语义互操作的可能。

• 兼容性。都柏林核心集是通过内嵌在 HTML 语言中来实现其对 Web 资源的描述，由于 HTML 已经成为一种通用的语言，各种通用的浏览器都支持对它的解释，因此，都柏林核心集对资源的描述具有较好的兼容性。

• 灵活的可扩展性。用 15 个元素描述所有的资源有些过于简单，要满足不同学科、不同需求的实际需要，增强不同体系之间的互操作能力，都柏林核心集提供了一种能够扩展描述的方法，即限定词的使用。1997 年 3 月第四届都柏林核心集研讨会正式确定了 3 个限定词：模式体系（Scheme）、语言种类（lang）、类型（type），即所谓的"堪培拉限定词"（Canberra Qualifier），目前有关限定词和子元素的研究正在进展之中。

• 模块化。Internet 上存在对元数据多种化的需求，需要有一个基础结构来支持彼此独立而又互补的元数据的共存。在 W3C（World Wide Web Consortium）主持下，吸收 DC 研究成果而开发出来的 RDF（资源描述框架）允许在一定的语法、句法和结构中进行元数据之间的交互操作，为结构化的元数据进行编码、交换和再运用提供了一个模块化的基础结构。

（2）DC 的设计原则

• 内在本质原则（Intrinsicality）：只描述跟作品内容和实体相关的特征，例如主题（subject）属于作品的内在本质，但是收费和存取规定则属于作品的外在特征，原则上不属于核心资料项，将透过其他机制来加以处理。因为著录信息来自信息本身，并不需要再额外地去找其他的参考来源，很显然的可以大幅度减轻著录者的负担，对非专业人士来说，也是可被接受的一种方式。

• 易扩展原则（Extensibility）：应允许地区性信息以特定规范的方式出现，也应保持元数据以后易扩充的特性，以及保持向后兼容的能力。此原则是为了适应 Internet 环境，满足多数网站都有自己独特的信息种类和需求的特点。

• 语法独立原则（Syntax-Independence）：在此元数据成熟前，将尽量避免制定特定语法，这只是因应都柏林核心集目前的发展阶段而设的。

• 无必须项原则（Optionality）：所有数据项都是可有可无，以保持弹性和鼓励非专业人士参与制作。该原则可能使某些人觉得非常惊异和不适应，传统的图书馆著录格式，如 MARC 等，都有必须著录项，如题名项和作者项等，主要是维持一定的著录质量。但为了鼓励著录，和强调有数据总比没数据好的原则，都柏林核心集决定不硬性规定任何必须著录项。为了能适应各种非图书馆专业人员的背景和能力，必须著录项如果不能全部免除，也应尽量减少，以减轻著录者的负担。

• 可重复原则（Repeatability）：所有数据项均可重复。此原则进一步简化了许多著录规则，如基于该原则，将不区分作者的排名。传统的做法为了决定第一作者或是题名，著录规则中往往有很多的篇幅来规范。事实上，从检索的角度来看，读者也不关心书内的排名次序，众多的题名，完全可以借助计算机的辅助，轻易来加以检索或处理，没有在著录格式上加以严格区分的必要。这些从卡片目录时代为了排片需要而遗留下的产物，没有必要延续。

• 可修饰原则（Modifiability）：数据项可用附加限定语（qualifier）来进一步修饰其意义。该原则使都柏林核心集非常有弹性，对于非专业人员来说，他们基本上不需要去查专业书籍进行著录的工作，这将大大减轻著录成本和时间。另一方面，对欲维持一定质量的专业人员而言，通过在括号内加修饰语，可明确指出所使用的信息来自何处，如：Subject（＝LCSH）＝UNIX（Computer System）。这种可同时兼顾专业和非专业人员的设计理念得到了一致的好评。

（3）DC 简介

DC 由 15 个元素组成（表 5.1），每一个元素还可以通过使用 Scheme、Lang、Type 等限定词实现进一步的扩展。这 15 项元数据比较全面地概括了电子资源的主要特征，涵盖了资源的重要检索点（1,2,3 项）、辅助检索点或关联检索点（5,6,10,11,13 项），以及有价值的说明性信息（4,7,8,9,12,14,15）。DC 不仅适用于电子文献目录，也适用于各类电子化的公务文档目录，产品、商品、藏品目录，具有很好的实用性。

DC 解决了电子资源的标准问题，但技术实现手段可能有多种，目前，采用较多的是 XML 和 RDF，下面分别介绍这两者。

表 5.1　都柏林核心集

名称	标识	定义	解释
名称	Title	分配给资源的名称	使资源为众所周知的有代表性的正规名称
创作者	Creator	制作资源内容的主要责任实体	创作、制作者包括个人、组织或机构，应该是用于标识创作、制作者实体的具有代表性的名称
主题及关键词	Subject and Keywords	资源内容的主题	用以描述资源主要内容的关键词语或分类号码表示的有代表性的主题词
说明	Description	有关资源内容的说明	该说明可以包括但并不限于：摘要，内容目次，内容图示或内容的文字说明

名称	标识	定义	解释
出版者	Publisher	制作资源有重要作用的责任实体	如包括个人、组织或机构的出版者应是用于标识出版者实体的有代表性的名称
发行者	Contributor	对资源内容负有发行责任的实体	发行者包括个人、组织或机构应是用于标识发行者实体的有代表性的名称
时间	Date	与资源使用期限相关的日期、时间	资源产生或有效使用的日期、时间;推荐使用 ISO 8601[W3CDFT]定义的编码形式,跟随的是 YYYY-MM-DD 形式
类型	Type	资源内容方面的特征或体裁	类型包括种类、功能、体裁或作品集成级别等描述性术语;推荐从可控词表(如 Dublin Core Types[DCT1])中选用有关术语;对于资源物理或数字化方面表示,采用"格式"项描述
格式	Format	资源物理或数字化的特有表示	格式可包括媒体类型或资源容量。也可用于限定资源显示或操作所需的软件、硬件或其他设备,如容量包括数据所占空间和存在期间
标识	Identifier	依据有关规定分配给资源的标识性信息	推荐使用依据格式化标识系统规定的字符或号码标识资源;如正规标识系统包括统一资源标识(URI),统一资源地址(URL)、数字对象标识(DOI)以及国际标准书号(ISBN)、国际标准刊号(ISSN)等
来源	Source	可获取现存资源的有关信息	可从原资源整体或部分获得现有资源。建议使用正规标识系统确定的字符或号码标引资源来源信息
语言	Language	资源知识内容使用的语种	推荐使用由 RFC1766 定义的语种代码,它由两位字符(源自 ISO639)组成;随后可选用两字符的国家代码(源自 ISO 3166)。如"en"表示英语,"fr"表示法语
相关资源	Relation	对相关资源的参照	推荐用依据正规标识系统确定的字符或号码标引资源参照信息
范围	Coverage	资源内容的领域或范围	范围包括空间定位(地名或地理坐标),时代(年代、日期或日期范围)或权限范围
版权	Rights	持有或拥有该资源权力的信息	版权项包括资源版权管理的说明。版权信息通常包含智力知识内容所有权(IPR)、著作权和各种拥有权。如果缺少版权项,就意味着不考虑有关资源的上述版权和其他权力

5）XML

（1）XML概述

HTML 不一定能揭示 HTML 标签中所揭示的含义。举一个最简单的例子：⟨h1⟩orange⟨/h1⟩，这句话在网络浏览器中有特定的表现，但是 HTML 却没有告知 orange 到底是什么。HTML 中存在的另一个大问题就是它的标签集是固定的，在处理许多需要专门格式的文件（比如数学公式、化学分子式等等）时显得无能为力。

HTML 在应用中表现出来的缺憾促使 SGML 的设计以及应用者对 SGML 进行了新的开发和挖掘，创建了基于 SGML 的另一种更为简单灵活的语言——XML（Extension Markup Language），并已得到 W3C 的认可。XML 是用于网络环境下网页设计和数据交换、管理的新技术，并已成为推荐标准，具有很好的应用和发展前景。XML 是国际标准 SGML 的一个子集、一种压缩形式。XML 用结构化的办法处理过去认为难以处理的非结构化的信息。XML 是创建文档结构的工具，而不仅仅是将结构用于界面显示。它所创建的文档结构可以使管理系统精确地识别信息所在位置。它能提供数据库格式，通过交换格式以及其他应用走进所有数据处理程序。XML 可以将数据的存贮与数据的显示分开，即内容与形式分离。设计人员可以创建和管理自己定义的标记，它的语法是固定的，但它的符号集是开放的。

XML 的重点在于管理信息内容，包括超文本链接，XML 的功能大大超过 HTML。XML 全面支持 ISO/IEC 10646（即 UNICODE）大字符集，包括 CJK 汉字和世界上其他各种文字。

（2）XML 的特点

① 可扩展性。顾名思义，XML 是可扩展的，这一特点主要表现在以下两个方面。首先是 XML 允许用户创建自己的 DTD（document type definition，文档类型定义），从而可以产生适合多种应用的"可扩展的"标志集。其次，使用几个附加的标准，用户还可以对其自身进行扩展，向核心的 XML 功能集增加样式、链接及参照能力。基于该特点，XML 作为一个核心标准，可能为别的标准的产生提供坚实的基础。

② 可分析性。HTML 主要描述页面的显示形式，不能从 HTML 文档中理解所显示内容的实际含义。而 XML 则提供了功能强大、灵活高效的表达数据内容的方法，且其数据内容与具体应用无关，使得用它表达的数据具有良好的使用效率和可重用性；通过结合 DTD 的分析，可以理解 XML 文档中各个元素的含义，即 XML 文档具有自解释性。这些特点方便了用户对网络数据的统计分析，也改变了用户搜索和组织信息的方式。

③ 简单性。XML 文档语法包括一个非常小的规则集，使得开发者可以根据它立刻开始工作。同时根据这种文档的结构，可以创建自己的 DTD 以满足自

己的需要:该工作可以通过一个标准过程完成,也可以由专家完成,在核心集之上,一层又一层的细节被增加,开发者为这种复杂化只需要付出很少的努力。XML 的严格定义和规则集使人和机器都很容易阅读文档,根据它创建 XML 的语法分析器也比较容易。

④ 开放性。XML 标准自身在 Web 上是完全开放的,可以免费获得:XML 文档也是开放的;可以对任何一个文档进行语法分析,如果得到了相应的 DTD,还可以校验它。当然开发者可以以自己的方式进行加密,XML 并不禁止创建自己私有的格式,但是它的开放性是它最大的优点,所以加密者也将失去使用 XML 的不少好处。

6) 资源描述框架

RDF 的含义是资源描述框架(Framework for Describing Resources),三个词的意义分别为:资源(Resource),所有在 Web 上被命名、具有 URI 的内容,如网页、XML 文档中的元素等;描述(Decription),对资源属性(Property)的一个陈述(Statement),以表明资源的特性或者资源之间的联系;框架(Framework),与被描述资源无关的通用模型,以包容和管理资源的多样性、不一致性和重复性。综合起来,RDF 定义了一种通用的框架,即资源—属性—值的三元组,以描述 Web 上的各种资源。

(1) RDF 的关键技术

RDF 的两大关键技术是 URI 和 XML。URI 是 Web 资源的唯一标识,它是更常用的统一资源定位符 URL 的超集,除了网页以外,它还可以标识页面上的元素、书籍、电视等资源,甚至可以标识某一个人。在 RDF 中,资源无所不在,资源的属性是资源,属性的值可以是资源,甚至一个陈述也可以是资源,也就是说,所有这些都可以用 URI 标识,可以再用 RDF 来描述。XML 作为一种通用的文件格式承担了 RDF 的描述功能,它定义了 RDF 的表示语法,这样就可以方便地用 XML 来交换 RDF 的数据。

(2) RDF 的词汇集

RDF 只定义了用于描述资源的框架,它并没有定义用哪些元数据来描述资源,这正是其成功之处,因为描述不同资源的元数据是不同的,而如果要定义一种元数据集,包括所有种类的资源,在目前是不现实的,不但工作量巨大,而且即使定义出这样的元数据集,能不能被大家采纳还是个问题。RDF 采用的是另外一种方法,是它允许任何人定义元数据来描述特定的资源,由于资源的属性不止一种,因此实际上一般是定义一个元数据集,在 RDF 中被称作词汇集(Vocabulary),词汇集也是一种资源,可以用 URI 来唯一标识,这样,在用 RDF 描述资源的时候,可以使用各种词汇集,只要用 URI 指明它们即可。既然词汇集是资源,当然可以用 RDF 来描述它的属性以及和其他词汇集间的关系,W3C 提出 RDF Schema 来定义怎样用 RDF 来描述词汇集,也就是说 RDF Schema 是定义 RDF

词汇集的词汇集,但这个 RDF Schema 可不是随便什么人都可以定义的,它只有一个,就是 W3C 定义的版本。

（3）RDF 的特点

① 易控制。RDF 使用简单的资源—属性—值三元组,所以很容易控制,即使是数据量很大的时候,这个特点也很重要,因为现在 Web 资源越来越多,如果用来描述资源的元数据格式太复杂,势必会大大降低元数据的使用效率,其实从功能的角度来看,完全可以直接使用 XML 来描述资源,但 XML 结构比较复杂,允许复杂嵌套,不容易进行控制。采用 RDF 可以提高资源检索和管理的效率,从而真正发挥元数据的功用。

② 易扩展。在使用 RDF 描述资源的时候,词汇集和资源描述是分开的,所以可以很容易扩展。例如如果要增加描述资源的属性,只需要在词汇集中增加相应元数据即可,而如果使用的是关系数据库,增加新字段可不是件容易的事情。

③ 包容性。RDF 允许任何人定义自己的词汇集,并可以无缝地使用多种词汇集来描述资源,以根据需要来使用,使其各尽所能。

④ 可交换性。RDF 使用 XML 语法,可以很容易地在网络上实现数据交换;另外,RDF Schema 定义了描述词汇集的方法,可以在不同词汇集间通过指定元数据关系来实现含义理解层次上的数据交换。

⑤ 易综合。在 RDF 中资源的属性是资源,属性值可以是资源,关于资源的陈述也可以是资源,都可以用 RDF 来描述,这样就可以很容易地将多个描述综合,以达到发现知识的目的。

7）MARC

MARC(Machine-Readable Catalogue),即机器可读目录,是用于在计算机条件下描述、存储、交换、控制和检索著录数据的标准。它是由美国国会图书馆提出的著名的机读目录发展计划,于 1964—1968 年期间研制,1969 年正式发行 MARC 磁带。各国也在此基础上发展了各自的 MARC 国家标准,经过不断的进化和扩充,MARC 已经成为发展历史最悠久、最成熟、应用最广泛的元数据格式。

MARC 数据结构严密,是文献描述著录的主要手段。在标准的 MARC 格式支持下,各个文献著录系统可以实现有效的数据共享、联合编目和联合目录应用。作为一种元数据,MARC 也将成为网络信息资源著录与检索的可行标准。

MARC 记录的基本结构包括四个区:头标区、目录区、数据区和记录分隔符。记录的头标区就是记录的说明区,处在记录的开始,提供有关的控制信息,并留有适当的字符共用户选用;目录区是文献记录各属性的登录项表,给出每一个数据字段在记录中的字段标号、长度以及起始位置;数据区给出具体的属性登录项数据;记录分隔符是一个记录的结束标志。

8）Z39.50

Z39.50 协议是一种开放网络信息检索协议,位于 TCP/IP 协议族的应用层。该标准的提出是为了解决书目数据的检索,随着信息技术的发展,除了仍然应用于书目数据的检索之外,已经被广泛地应用于多种类型信息资源的检索,包括图书馆文献数据、政府信息资源、各类科技数据、博物馆资源、环境信息资源、地理参考（地图）数据资源等。

Z39.50 可以看做是数据库的抽象描述,不涉及数据的结构与名称、数据库的实现、用户界面以及数据库的管理等。Z39.50 具备逻辑结构独立的特征,非常适合于网络环境下异种数据源提供的异构数据的检索。基于 Z39.50 的检索系统,可以检索多种类型的信息,如电子全文数据、文摘、索引、图形、图像、音频、视频等多种媒体资源,而且提供了标准化的检索方式、规范的查询格式,并且简化了检索过程。

Z39.50 协议最早于 1988 年提出,此后相继推出了 1992 年版和 1995 年版,分别称为第二版和第三版。从这些版本的应用情况来看,第二版完全取代了 Z39.50－1988,第三版在第二版的基础上进行了改进和扩展,是第二版的超集。协议实现者可以从第三版中获得第二版的全部细节,构建一个与 Z39.50－1992 完全兼容的系统,现在正在进行第四版的制定。目前,国际标准化组织（ISO）已经接受 Z39.50－1995 为国际标准,其标准代号为 ISO 23950。

（1）Z39.50 的运行机制

Z39.50 协议是有状态的、面向连接的应用层协议,基于客户机/服务器（C/S）模式。客户端和服务器端在通信过程中分别被称为"源端"（Origin）和"目标端"（Target）,源端和目标端的交互是在一个会话（session）里进行的,称之为 Z—联接。源端发起 Z—联接并在 Z—联接过程中发起操作（operation）,目标端则接受 Z—联接并结束相应的操作,在一个 Z—联接中,可能有多个连续的、并行的操作。在一个 Z—联接中,源端和目标端的角色不能互换,一个 Z—联接不能重新开始,就是说,一旦一个 Z—联接终结,除了明确特意保留的信息以外,状态信息不会保留。

一个 Z—联接主要包括初始化请求（Init Request）、初始化响应（Init Response）;查询请求（Search Request）、查询响应（Search Response）;提交请求（Present Request）、提交响应（Present Response）。在 Z39.50 协议中,消息的发送和接收以应用协议数据单元（APDU）进行,协议的所有功能和服务由一系列 APDUS 加以描述,不同的 APDU 完成不同的功能。在 Z39.50 协议中说明了所有 APDU 的抽象语法,APDU 内容的定义通过 ASN.1（ISO8824,Abstract Syntax Notation 1）来实现,APDU 通过 BER（ISO8825,Basic Encoding Rules）编码规则完成转换,形成与机器无关的字节流。

基于 Z－39.50 协议的信息检索基本过程如图 5.1 所示:

① 源端向目标端发出初始化请求 APDU,目标端发出初始化响应 APDU,源端据此判断联接接受与否。

② 源端发送查询请求 APDU,目标端在数据库上执行查询(Search Database),创建符合查询请求的结果集(Result Set)并缓存在服务器端。

③ 目标端发送查询响应 APDU,包括命中的记录数和结果集名称。

④ 源端发送提交请求 APDU,指定记录格式和元素定义。

⑤ 目标端发送提交响应 APDU,返回一个或多个结果集中的记录。

⑥ 服务结束后,由源端或者目标端关闭联接。

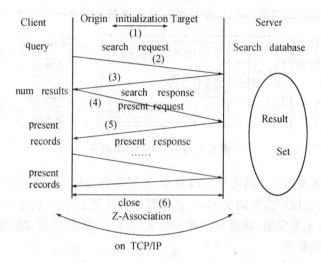

图 5.1　Z39.50 的基本实现过程

(2) Z39.50 的实现模型

早先的 Z39.50 协议采用了典型的两层 C/S 结构,在客户端通过 Z39.50 客户程序可以方便地实现与分布于全球各地的 Z39.50 服务系统建立连接、访问和检索其中的数据库系统。两层的 Z39.50 协议的实现模型如图 5.2 所示:

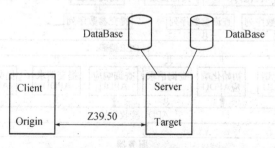

图 5.2　Z39.50 协议的基本实现模型

随着互联网的日益普及,Web 应用渐入人心,Web 浏览器已经成为网络信息获取的第一窗口,已经对 Z39.50 标准的应用范围和应用方式产生了很大的影响,出现了三层结构的浏览器/网关/服务器的模型。网关对浏览器而言是一个Web 服务器,对 Z39.50 服务器而言则是一个客户端软件,网关将两个功能结合起来成为转换的中介。三层结构的 Z39.50 协议实现模型的工作流程为:用户的查询请求由浏览器通过 HTTP 协议发送给 WEB 服务器;WEB 服务器通过HTTP—Z39.50 协议转换网关把 HTTP 请求转换为 Z39.50 请求,发送给本地或远程的 Z39.50 服务器,进而访问数据库得到查询结果。HTTP—Z39.50 协议转换网关还负责收集由 Z39.50 服务器返回的查询结果,整合后统一以 HT-ML 页面的形式返回给用户浏览器。

一个典型的浏览器/网关/服务器的模型如图 5.3 所示:

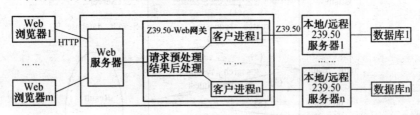

图 5.3 Z39.50—WEB 网关

从图 5.3 与图 5.2 的对比可以看出,三层结构与两层结构的 Z39.50 实现模型差异明显:与用户交互的 Z39.50 客户服务转移到了网关,代之以 Web 浏览器为交互界面,无需安装、熟悉专门的 Z39.50 客户程序,用户通过熟悉的浏览器就可以获得相关服务。

(3) Z39.50 系统框架

源端/目标端系统框架可用图 5.4 概括之:

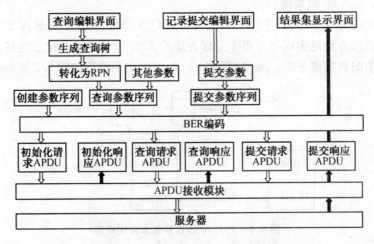

图 5.4 客户端/服务器系统主要结构

138

5.2.2 网络信息资源的组织方式

1）网上一次信息资源的组织方式

（1）文件方式

以文件系统来管理和组织网络信息资源简单方便,是存贮图形、图像、图表、音频、视频等非结构化信息的理想方式。正是由于以上优点,以文件方式来管理信息资源仍然使用得较广泛。Internet 也提供了诸如 FTP 之类的协议来帮助用户利用那些以文件形式保存和组织的信息资源。但以文件方式来组织网络信息资源也有其难以克服的弱点:① 随着网络信息资源利用的不断普及和信息量的不断增多,以文件为单位共享和传输信息就会使网络负载越来越大。② 对结构化信息的组织与管理显得软弱无力。文件系统只涉及信息的简单逻辑结构,当信息结构较为复杂时,就难以实现有效的控制和管理。③ 随着以文件形式保存和管理的信息资源的迅速增多,文件本身也需要作为对象来进行管理。因此,文件只能是网络信息资源管理的辅助形式,或者作为信息单位成为其他信息组织方式的管理对象。

（2）自由文本方式

这种方式主要是对非结构化的文本信息进行组织和管理,它不是对文献特征的格式化描述,而是用自然语言深入揭示文献中的知识单元,主要用于全文数据库建造。

（3）超文本方式

是一种非线性的组织形式。这种方式将网络上相关文本的信息有机地编织在一起,以节点为基本单位,节点间以链路相连,将文本信息组织为网状结构,用户可以从任意节点开始,根据网络中信息间的联系,多角度浏览和查询信息。

（4）主页、页面方式

这种方式通过页面对某机构、个人或专题作全面介绍,用主页将这些信息集中组织到一起,相当于网上的档案全宗。

2）网上二次信息资源的组织方式

大量的一次信息入网后,为快速、高效地找到用户所需的信息,必须构建网上一次信息检索工具,将一次信息经过替代、重组、综合、浓缩后形成二次信息,那么这些二次信息又是如何组织的呢,从信息的查询方式来看主要有以下形式:

（1）搜索引擎方式

搜索引擎是指 Internet 上专门提供查询服务的一类检索工具,实质是存贮、报导网上一次信息。由用户输入自己的检索式,搜索引擎自动将其与存储在网上的一次信息特征进行比较匹配,将符合用户要求的一次信息的描述记录以超文本方式显示出来。搜索引擎方式是目前 Internet 上对二次信息进行组织的主要方式之一。

（2）目录指南方式

这种方式将信息资源按照事先确定的概念体系分门别类地逐层加以组织，用户先通过浏览的方式层层遍历，直到找到所需信息的线索，再通过信息线索联接到相应的网络信息资源，它的优点是专指性较强，能较好地满足族性检索的要求。

（3）指示数据库方式

在对网上的信息资源进行分类编目除了提供详细的书目信息外，还要对其存储位置——URL 或 IP 地址这样的信息资源线索或链接点进行描述，指示数据库便是存贮有关网上一次信息的网址以及相关信息的描述信息。通过这种方式进行检索首先在数据库中获得地址，再在浏览器的地址栏中输入地址进行查找，而不像搜索引擎那样一次检索的结果就是超文本方式，只需直接点击链接便可获得所需的一次信息。它的优点是入库记录要经过严格选择，具有较强的针对性和可靠性，检索结果适用性强，常用来组织专题性的或专用的网上二次信息。

当然对二次信息的组织方式也可以采用其他的划分标准，比如从信息的存贮形式又可以分为文件方式、数据库方式、主题树方式、超媒体方式等。通过这些方式实现了对网上一次信息的加工、控制，在逻辑上有序化和优化了网络信息资源。如有必要，也可以对网上二次信息进行组织控制，形成网上三次信息。帮助用户更快捷地找到合适的搜索引擎、目录指南或指示数据库，以进一步提高检索效率。

3）网络信息资源组织的发展趋势[1]

（1）分类组织趋于规范化和标准化

网络信息资源的分类组织作为探寻网络信息资源宝库的一把钥匙，有着十分重要的意义。因而许多门户网站，如"搜狐"、"雅虎"、"网易"、"新浪网"等，为了满足网络信息分类组织的需求，纷纷推出了各自的分类体系。

由于网络信息分类，普遍存在着一系列的问题，给用户的使用带来诸多不便。首先，用户按常规的分类体系和方法，无法查找到所需要的网络信息；其次，用户在使用各类不同网站时，必须熟悉各种不同的分类体系才能较快检索到所需信息。由此可见，统一我国网络信息组织与检索分类体系，已是迫切需要解决的新课题，它将实现我国网络信息资源分类组织与检索的规范化和标准化。

网络信息资源的分类组织应该是：能够满足网络资源组织的需要，结构清晰、层次简明并能涵盖各学科知识领域；类目划分与类目次序的排列体现较严密的逻辑性，从整体上考虑类目学科体系的平衡问题，以最大限度地反映当代社会

---

〔1〕 贺定安. 网络信息资源的分类组织与检索的发展趋向. www. zslib. com. cn/90th/nnhy/hda. doc

科学与自然科学发展状况,扩大信息的涵盖面;其一级类目应相对保持稳定,它代表知识框架,也称知识分类大纲,同时在保证知识领域的完整性外,还应考虑用户兴趣及某些信息的重要性;类目划分一般以三至四级为好,不宜太细。

网络信息资源分类组织应具有以下特征:

① 多维性。网络信息资源的分类由于不涉及排架问题,其主要用于网络信息资源的分类检索,因而它可以按照学科之间的交叉与渗透的多元关系,采用多视角、多途径揭示,充分反映学科发展的多维构架,用多元划分的方式,构建多维的分类体系,一个子类可以隶属于多个母类,一个类目可以重复列举在多个所属学科体系中,并通过超文本链接,实现有效的跳转,使整个类目体系形成一个多角度,有多重入口的网状结构。

② 词语标记。网络信息资源的分类标记主要作用是用户检索,因而直观性、表达性是网络信息分类法的重点,而最具有表达性和直观性的标记就是词语,词语即是类名又是标记符号,用户在检索网络信息时,直接用词语来检索,标记符号(类号)基本上已没有实际意义。

③ 多重列类。网络信息资源的分类对类目的划分,可以选择多个划分标准,建立多个分类体系,这多个分类体系可以是"主—从分类体系",也可以是"双表列类"或"多表列类","主—从分类体系"主要区别是繁简不同,取舍不同;"双表列类"或"多表列类"是由于划分标准不同,而形成不同的分类体系。网站在使用网络信息分类法多重分类体系时,可以只用一个分类体系,也可以同时使用多个分类体系,这将给用户的检索带来极大的方便。

④ 动态性。由于网络信息资源处于一种动态的环境中,各种信息都在不断更新、淘汰,因而网络信息资源的分类也应是一种动态的。网络信息资源分类的动态性,表现在类目及多重分类体系的选择上,即网络信息分类法的每一个类目,门户网站在使用时,都可以根据网络信息的需求进行选择,有信息即可以选用,无信息就可不列类。同样,对多重分类体系,门户网站在使用时,也可以选用最适合的分类体系,采用一个或采用多个。这样在网络上所看到的网络信息分类法,将是一个动态的网络信息分类法。

⑤ 兼容性。网络信息资源的分类,采用的是学科与主题相结合的兼容模式,以学科为中心,学科、主题、事物有机结合的立类方式,增强了主题立类,打破了传统分类法以学科立类的束缚,使用户检索更加直观。同时,集综合类表与专业类表于一体,由于网络信息资源的分类具有多分类体系,专业网站可以选择网络信息分类法的某一类目体系作为其专业分类体系,即把某一类目体系作为专业分类法来使用。

(2) 网络信息资源的组织广泛采用自动分类系统

网络信息资源自动分类与检索系统是以分类法为工具的网络资源组织、利用与检索系统,它不仅包含有网络信息分类体系,而是融自动分类标引、分类检索于一体的网络信息资源加工、处理、存储、利用的软件系统。目前,网络信息的分类组织主要针对于网站,而对于拥有大量信息的网页,却没能进行有效的分类组织。

网络信息资源自动分类与检索系统的职能是有效地对网络信息资源进行分类组织,并提供便捷、高效的检索利用。一般网站可用它来组织本网站的网络信息资源,为用户提供分类检索;门户网站可以用它组织分类搜索引擎,为用户提供全文信息分类搜索。网络信息资源自动分类与检索系统由三个部分构成:一是网络信息资源自动分类系统;二是网络信息资源分类检索系统;三是分类知识库。

网络信息资源自动分类系统是计算机自动分类系统在网络信息方面的应用,它是计算机对网页信息资源进行自动分析,采用分词技术和词频分析技术,自动提取关键词,并通过权重评价和相似度分析,依据分类知识库,将其归入所采用的分类体系中。对网络信息资源的自动分类可采用以下步骤:① 自动搜索网站上的网页信息资源,并进行分析、加工,根据 HTML 标识分析网页信息资源的各个组成部分,判断信息资源属于那一类信息,如标题、文摘、栏目等,并删除无意义的标识;② 利用自动切分词软件,对分析、加工后的信息进行分词,提取表达网页信息资源的语词;③ 对所提取的语词,进行词频统计,根据语词的来源成分,赋予相应的权值,在词频及权值的基础上,确定网页信息资源的特征关键词;④ 将特征关键词与分类知识库进行相似性匹配,依据相似度分析,将能涵盖各特征的关键词的类目,确定为主要类目,将涵盖其他特征的关键词的类目,确定为次要类目;⑤ 按主要类目和次要类目,对网页信息资源建立分类索引数据库,供用户检索使用。

分类知识库是一个分类、主题、自然语言一体化的术语系统,是一个分类、主题与自然语言互相控制的语料库。分类知识库是在对用户提问、检索词、文献、主题词表、分类体系及专家经验等进行分析的基础上产生的,它是大量学科领域的真实语言材料的集合。它采用离散的、分层的知识存储结构,反映了一种分类、主题、自然语言的相互关系,是网络信息资源分类的依据。它作为唯一的分类信息源,能支持网络信息的自动分类标引,并能从中获取所有的知识信息资源。

网络信息资源自动分类与检索系统具有以下特征:安装在 Web 服务器上的,采用浏览器在网络环境下使用的分类体系;学科体系化的全文网络信息搜索引擎;采用组配化的检索方式;具有词语表达的类目树体系;融自动分类标引与联机检索一体化。

(3)分类主题一体化

分类法的族性检索与主题法的特性检索反映了人类思维的两个不同的侧面。二者在网络信息资源的组织与揭示中能很好地结合在一起,如 Yahoo 等搜索引擎均较好地将分类与主题检索系统综合在一起。分类主题一体化是对分类法和叙词表的概念、术语、标识、参照、索引等实施统一的控制，使二者有机地融为一体。叙词表采用完整的参照系统、编制范畴表和词族表，两者有机的结合，可以取长补短、相互补充。走分类主题一体化道路，创建"学科事物概念组配型"检索语言，克服分类检索语言单纯以学科聚类、主题语言单纯以事物聚类的局限性。例如在搜索引擎上进行关键词检索时，可选择在所有站点或仅在此目录下的站点中进行检索，而且，还可以在输出关键词检索结果的同时，列出相应的分类检索途径。这种方法既保留了分类法的等级分类体系，又兼有关键词表反映错综复杂的概念逻辑关系的参照系统，较好地克服了分类检索与主题检索各自的缺点。

(4) 自然语言与人工语言的结合

网络检索工具都采用自然语言标引和检索，其必然结果是同义词和近义词得不到控制，词间相互关系得不到揭示，解决这些问题的有效途径是采用后控词表，它既接近自然语言的特点又保留规范语言的许多特点，是自然语言和规范语言结合的理想方式。网络的特点和用户的多层次性，决定了自然语言是网络检索的必然的优先选择，为此改进的措施是自然语言和受控语言一体化。事实上，随着机读词表发展的进一步完善成熟及语言处理技术方面的突破，实现这种适用于网络检索的检索语言是有条件的，是完全有可能的，自然语言以其成本低、处理时差短、检索效率高等优势将成为检索的主流，然而人工语言也同样具有自然语言无法代替的长处，促进自然语言与人工语言互相取长补短、共同发展应该成为检索语言的研究发展方向。

5.3 网络信息资源的检索

网络信息的快速增长，引起了其生产和利用之间的矛盾，一方面网络上存在大量的信息资源，而另一方面则是人们对网络信息的利用却愈来愈困难。那么如何在网上快速、有效地获取所需的信息呢？答案是明确的，就是要充分利用网络提供的检索途径与方法。在这个多元化的、交互式的、动态的网络信息环境中有效地利用信息，除了信息资源需要具备良好的信息组织方式外，还需要用户拥有符合网络信息资源本身特点和网络信息资源组织特征的恰当的检索方法，只有掌握了网络信息检索的基本方法和技巧，才能提高网络信息资源检索的效率。

5.3.1 网络信息检索的一般模型

网络信息检索包括信息的存储与检索两个方面。信息存储是指研制检索工具和建立检索系统，信息检索则是利用这些检索工具和检索系统检索所需的信息。比如在网络信息检索中常用的机器人（robot）搜索引擎，它的主要功能包括两方面：一是收集信息建立索引数据库，并自动跟踪信息源的变动，不断更新索引记录，定期维护索引库；二是向用户提供检索服务，将用户需求与索引数据库匹配，显示结果及网页索引信息，进而由 URL（unified resource location）链接引出原始信息。信息存储与信息检索之间存在着密切的联系，如图 5.5 所示。

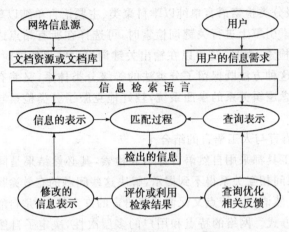

图 5.5　网络信息检索的一般模型

从图 5.5 中，不难看出：网络信息检索主要由网络信息搜集、标引和检索三部分构成。在信息的存储与检索过程中，检索工具的研制人员以及用户都需要借助于信息检索语言对信息进行相应的表示，使之能够被存储与检索。在信息检索过程中，文献标引人员或者自动标引程序首先对各种文献进行主题分析，即将其所包含的信息内容分析出来，使之形成若干能代表文献主题的概念，并用信息检索语言的语词把这些概念表示出来，然后纳入检索工具或检索系统。而在信息检索过程中，信息检索人员也首先对用户的信息需求进行主题分析，使之形成能代表用户信息需求的概念，并把这些概念转换成信息检索语言的语词，然后在检索工具或检索系统中进行匹配运算，从而找到所需的信息。

5.3.2　网络信息的搜集

网络信息的搜集模式主要包括三种形式：人工搜集形式；自动化搜集形式；半自动化搜集形式。

1）人工搜集形式

信息的搜集工作主要由网站管理员完成，通常通过两种途径完成网络信息的搜集：访问网络数据库和直接访问各种网站。

（1）网络数据库

数据库技术产生于 20 世纪 60 年代末 70 年代初，80 年代开始广泛应用于科学研究、信息存储加工等领域。随着面向对象数据库、客户机/服务器、分布式技术以及网络技术的发展,数据库越来越趋向于与网络相结合。世界上几大联机检索系统(如 Dialog、Questel、Orbit、STN 等)都先后在 Internet 上提供数据库检索服务。很多数据库供应商、出版商也把产品推上互联网,直接为用户服务。随着网络在国内的普及应用,我国网络数据库也得到了迅速的发展,并已初具规模。

网络数据库是出版商和数据库生产商、服务商在互联网上发行、提供的出版物和数据库,用户可以通过互联网直接访问。网络数据库具有检索界面直观、操作方便简单、便于资源共享、信息更新快、检索价格相对便宜、服务形式多样、信息容量大、种类多等特点。按数据库中涉及的主要内容范围,可将网络数据库分为商业数据库、学术数据库和特种文献数据库等。其中,商业数据库提供与国内外商业活动有密切联系的各类信息,如公司、产品、市场行情、商业动态等;学术数据库主要提供学术、科研信息;特种文献数据库主要收录专利文献、法律法规、技术报告、会议文献、标准文献等信息。

(2) 直接访问各种网站

随着网络的日益普及,各国各地区的各种机构都在因特网上建立了自己的网站,利用网络向外界发布消息,提供服务,并充分利用丰富的网络信息资源为自身发展提供有利条件。因此,在进行分析研究的信息搜集工作时,我们不仅要访问专业提供信息服务的网络数据库系统,而且直接访问各种网络也是获取信息的一个重要的渠道。

直接访问各种网站,可以得到很多具体到某一特定领域的相关信息,如科技信息、政府信息、专利信息、法律法规、文化娱乐、市场信息等等。以下将以专利信息和政府信息的搜集为例,介绍相关领域内的网站。

① 专利信息网站。集技术信息、经济信息和法律信息于一体的专利信息,如专利说明书、专利文摘、与专利有关的法律文件等,是重要的信息源。随着网络的广泛使用,很多专利服务公司都在网上提供有关的专利信息,包括专利检索、专利知识、专利法律法规、项目推广、高技术传播、广告服务等,因其及时专业的服务,成为专利检索用户和知识产权研发人员经常访问的热门站点。

② 政府信息网站。上个世纪 90 年代以来,世界范围内的电子政务浪潮席卷而来,令人惊诧不已,全球各地的政府争先在国际互联网上建立网站,发布政府信息,通过互联网向公民提供服务,进而提高政府工作、服务的效率和质量。根据《政府纸张消除法案》,美国政府将在 2003 年 10 月以前实现无纸办公,让公民与政府的互动关系电子化。英国从 1994 年开始着手于 E-Government(电子政府)的建设,"e-日本"拟在 2003 年建成日本的"电子政务",并力争 5 年内在全球信息化潮流中"超越美国"。

这种搜集方式的优点在于:链接站点经人工筛选,准确率较高。其不利之处在于:人工搜集效率较低.网站管理人员需耗费大量的精力去搜集相关的网络文献,因而其功能在很大程度上依赖于网站管理员所投入的精力。另一方面,由于人的精力有限,因而很难彻底地搜集到相关信息,从而影响到搜集资料的全面性。另外,网站管理员还需周期性的检测原有链接是否依然有效。如果网站地址更改的话,则要进行相应的修改。

2）自动化搜集方式

由于人工信息搜索耗时较大,而且很难保证相关领域网络信息的完整性.因而可以考虑用自动化搜集方式以替代烦琐的人工劳动。网络信息资源的搜集工作由网络自动索引软件完成,网络自动索引的工作原理通常是:从现有的 URL 集合中起步,顺着构成完备网点的 HTML 文件之间的链接关系,通过页与页之间的顺序查找新的网址,找到一个新的 HTML 文件后就分析它的 HTML 标题,全文和链接站点,如果它符合查找要求,就将其 URL 加入现有 URL 集合中,并利用链接站点作为新的起点,进行下一轮新的搜索。

这种搜集方式的优点在于:经过筛选,所得的站点链接相关度较高;与人工搜索方式相比节省了大量时间;面向整个 Internet 进行搜索,因而具有较强的全面性;其不足之处是对软件的编写提出了较高的要求,大量相关性较低的信息也被搜集进来。

3）半自动化搜集方式

这种方式综合了上面两种方式的合理部分,充分利用了自动化搜集方式效率高的特点,同时也融入了人工搜集方式的智力思考。

需要说明的是,以上三种方式并非相互排斥。事实上,最优的信息搜集方式应当是三者的结合,即以自动化为主.以人工和半自动化为辅的全方位多样化搜集方式。

5.3.3　网络信息的标引

信息索引就是创建文档信息的特征记录,以使用户能够快速地检索到所需信息。建立索引主要涉及到以下几个问题:

（1）信息语词切分和语词词法分析。语词是信息表达的最小单位,由于语词切分中存在切分歧义,切分需要利用各种上下文知识。语词词法分析是指识别出各个语词的词干,以便根据词干建立信息索引。

（2）进行词性标注及相关的自然语言处理。词性标注是指利用基于规则和统计(马尔科夫链)的数学方法对语词进行标注,基于马尔科夫链随机过程的 n 元语法统计分析在词性标注中能达到较高的精度,可利用多种语法规则识别出重要的短语结构。自然语言处理是指自然语言识别在信息检索中应用,可以提高信息检索的精度和相关性。

（3）建立检索项索引。使用倒排文件的方式建立检索项索引,一般包括"检索项"、"检索项所在文件位置信息"以及"检索项权重"。

（4）检索结果预处理技术。搜索引擎的检索结果通常包含大量文件,用户不可能一一浏览。

搜索引擎一般应按与查询的相关程度对检索结果进行排列,最相关的文件通常排在最前面。搜索引擎确定相关性的方法有概率方法、位置方法、摘要方法、分类或聚类方法等。

概率方法根据关键词在文中出现的频率来判定文件的相关性。这种方法对关键词出现的次数进行统计,关键词出现的次数越多,该文件与查询的相关程度越高。

位置方法根据关键词在文中出现的位置来判定文件的相关性。关键词在文件中出现得越早,文件的相关程度就越高。

摘要方法是指搜索引擎自动地为每个文件生成一份摘要,让用户自己判断结果的相关性,以便用户进行选择。

分类或聚类方法是指搜索引擎采用分类或聚类技术,自动把查询结果归入到不同的类别中。

5.3.4 网络信息的主要检索工具——搜索引擎

在 1993 年以前,多数 WWW 用户查找信息采用的方式是从一个 WWW 服务器中的某一个 URL 开始,沿其中的链接连结到其他 URL。但由于世界上的 WWW 服务器站点数量非常巨大,这样的手工查找即费时又慢,还很难找到令人满意的内容。因此人们迫切要求有一个 Web 发现服务系统,能够在较短的时间内、在指定的范围内自动地发现新的信息,并对其所覆盖的资料进行自动更新。为了保证信息发现服务系统所提供的检索功能的性能,必须根据检索服务规则和从服务器上得到的数据类型对数据进行加工处理,并在本地建立索引,从而优化检索工作。除了在 Internet 上的应用以外,在 Intranet 建设中也需要索引和检索服务对内部网络上的信息加以组织。为了适应这种需求,人们开发出了很多索引和检索用具,用户可以通过在他们的各种计算机程序(如 robot,spider,harvest 或 pursuit 等)中输入需查询的信息的关键词,经过其检索服务器在内部数据库找到相关的资料并按一定的规则整理后再输送出来,通过网络传到客户端主机。这样的检索工具我们称之为搜索引擎(Search Engine)。

搜索引擎实际上是一个专用的 WWW 服务器,它存有庞大的索引数据库,收集了全世界上百万甚至上千万个 WWW 主页的文字信息。为了收集这些信息,有个自动搜索程序(可以是 robot、spider、harvest 或 pursuit 等)沿着 WWW 的链接,定期搜索整个或某个范围的 WWW 上的主页,然后为这些主页上的每个文字建立索引并将之送回集中管理的索引数据库,索引信息包括文档的 WWW 地址,每个文档中单字出现的频率、位置等。

因此,搜索引擎是用来对网络信息资源管理和检索的一系列软件,是一种在

Internet 网上查找信息的工具。它将各站点按主题内容组织成等级结构。用户可以依照这个目录逐层深入，直至找到所需信息；也可以在他们的各种程序中键入要查找的关键词，引擎就会在自己的数据库中找出与该词相匹配的 URL，并将结果显示给用户，用户可根据显示的结果选择并访问相关站点。

1）网络搜索引擎的工作原理

用户检索信息时，搜索引擎是根据用户的查询要求，按照一定的算法从索引数据库中查找对应的信息返回给用户。为了保证用户查找信息的精度，对于独立的搜索引擎而言，还需要建立并维护一个庞大的数据库。独立搜索引擎中的索引数据库中的信息是通过一种叫做网络蜘蛛（spider）的程序软件定期在网上爬行，通过访问公共网络中公开区域的每一个站点采集网页，对网络信息资源进行收集，然后利用索引软件对收集的信息进行自动标引，创建一个可供用户按照关键字等进行查询的 web 页索引数据库，搜索软件通过索引数据库为用户提供查询服务。所以，一般的搜索引擎主要由网络蜘蛛、索引和搜索软件三部分组成，如图 5.6：

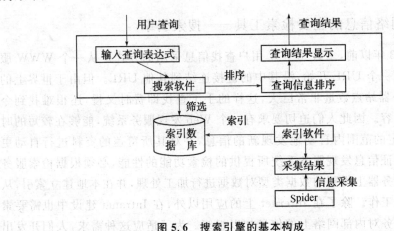

图 5.6 搜索引擎的基本构成

• 网络蜘蛛。是一个功能很强的程序，它会定期根据预先设定的地址去查看对应的网页，如网页发生变化则重新获取该网页，否则根据该网页中的链接继续访问。网络蜘蛛访问页面的过程是对互联网上信息遍历的过程。为了保证网络蜘蛛遍历信息的广度，一般事先设定一些重要的链接，然后进行遍历，在遍历的过程中不断记录网页中的链接，不断地遍历下去，直到访问完所有的链接。

• 索引软件。网络蜘蛛将遍历搜索得到的网页存放在数据库中。为了提高检索的效率，需要建立索引。索引一般为倒排档索引。索引软件用于筛选索引数据库中无数的网页信息，选择出符合用户检索要求的网页并对它们进行分级排序，然后将分级排序后的结果显示给用户。

2）搜索引擎的功能

① 数据库汇总和检索

搜索引擎是建立在大型数据库基础上,数据库用搜索机器人(Search Robots)建立和维护。其任务是数据库汇总和检索,即在 Internet 上寻找某一 Web 页面,并建立有关这些页面的信息数据库,对页面的地址入口(URL)进行交叉引用的操作。建立数据库的时候,有的搜索引擎只查看页面标题;有的引擎还要查看页面内容的第一段;还有的引擎甚至检索每一个词。因此搜索引擎的第一个功能是收集信息并建立索引数据库,并自动跟踪信息源的变动,不断更新索引记录,定期维护数据库。

② 匹配

将用户提供的关键字(词或短语)与搜索机器人检索到的信息相匹配,包括单词精确匹配逻辑、统计算法和模糊逻辑等复杂的过程。一般用"相关性"描述匹配的程度。搜索引擎提供的检索途径将用户需求与索引数据库匹配,显示结果以及网页索引信息,进而由 URL 链接出原始信息,从而使用户能够从网上纷繁复杂的信息中迅速筛选出符合用户需求的信息。据统计,网络上 90% 的用户是通过搜索引擎来获得自己所需要的信息。

3）搜索引擎的分类

（1）根据信息覆盖范围及适用用户群分类

① 综合性搜索引擎

综合性搜索引擎主要以 Web 网页和新闻组为搜索对象,信息覆盖范围广,适用用户广泛。如:Yahoo、AltaVista、Infoseek 等均属于综合性搜索引擎。其中,Infoseek 收集的资源范围较广,除 Web、Usenet 新闻资源外,还收集 FTP、Gopher 资源。

② 专用性搜索引擎

WWW 上的搜索引擎作为 Internet 信息搜索工具,在运行综合性搜索引擎的同时,还针对特定用户群推出专用性搜索引擎,可供查找某一特定领域的信息。如:Deja News、Liszt、Softseek 等均属于专用性搜索引擎。

（2）根据组织信息方式分类

① 目录式分类搜索引擎(网站级)

目录式分类搜索引擎(Directory)将信息系统地加以归类,利用传统的信息分类方式来组织信息,用户按类查找信息。这种搜索引擎特别适合那些希望了解某一方面或范围内信息但又没有明确搜索目的的用户使用。最具代表性的目录式分类搜索引擎是 Yahoo。目录式分类搜索引擎由于网络目录中的网页是专家人工精选得来,故网页内容丰富,有较高的查准率,但其查全率低,搜索范围较窄。

② 全文搜索引擎(网页级)

全文搜索(Full-Text Search)引擎是指能够对网站的每个网页中的每个单

字进行搜索的引擎。最典型的全文搜索引擎是 AltaVista。全文搜索引擎的特点是查全率高,查准率低,搜索范围较广,提供的信息多而全,缺乏清晰的层次结构,查询结果中重复链接较多。

③ 分类全文搜索引擎

分类全文搜索引擎是针对全文搜索引擎和目录式分类搜索引擎的缺点而设计的,通常是在分类的基础上再进一步进行全文检索。用户通过在其搜索程序(如:robot、spider、harvest 或 pursuit 等)中输入所需信息的关键词,得到检索结果。现在大多数的搜索引擎都属于分类全文搜索引擎。

④ 智能搜索引擎

这种搜索引擎具备符合用户实际需要的知识库,搜索时,引擎根据已有的知识库来理解检索词的意义并以此产生联想,从而找出相关的网站或网页。同时,智能搜索引擎还具有一定的推理能力,它能根据知识库的知识,运用人工智能方法进行推理。这样就大大提高了查全率和查准率。

目前比较成功的智能搜索引擎有 FSA、Eloise 和 FAQFinder。FSA 和 Eloise 专门用于搜索美国证券交易委员会的商业数据库。这两个系统中均内嵌了特定领域中的商业知识,并使用推新——证明式的自然语言识别技术。芝加哥大学人工智能实验室开发的 FAQFinder,则是一个具有回答式界面的智能搜索引擎。它在获知用户问题后,查询 FAQ 文件,然后给出适当的结果。

(3) 根据搜索范围分类

① 独立搜索引擎

独立搜索引擎建有自己的数据库,搜索时通常只检索自己的数据库,并根据数据库的内容反馈出相应的查询信息或链接站点。目前常见的搜索引擎如 Yahoo、Lycos、Infoseek、AltaVista 等均属于独立搜索引擎。独立搜索引擎又称为常规搜索引擎。

② 元搜索引擎

元搜索引擎是一种调用其他独立搜索引擎的引擎。搜索时,它用户的查询词同时去查询若干其他搜索引擎,作出相关度排序后,将查询结果显示给用户。它的注意力放在改进用户界面及用不同的方法过滤它从其他搜索引擎接收到的相关文档,包括消除重复信息。典型的元搜索引擎有 Metasearch、Metacrawler、Digisearch 等。用户利用这种引擎能够获得更多、更全面的网址,但缺点是查询时间长。

元搜索引擎又可分为两类:串行处理引擎和并行处理引擎。所谓并行处理就是同时将查询词传送给几个独立搜索引擎并进行搜索,而串行处理则是依次将查询词传送给几个独立引擎并进行搜索。

4) 搜索引擎检索信息的局限

目前的搜索引擎仍然存在不少的局限性,概括起来大致有以下几个方面。

• 搜索引擎对信息的标引深度不够。目前,搜索引擎检索的结果往往只提供一些线形的网址和包括关键词的网页信息,与人们对它的预期存在较大的距离,或者返回过多的无用信息,或者信息丢失,特别是对待定的文献数据库的检索显得无能为力。

• 搜索引擎的信息量占有不足。作为搜索引擎必须占有相当大的信息量才能具有一定的查全率和实用性。目前还没有一种覆盖整个 Internet 信息资源的搜索引擎。

• 搜索引擎的查准率不高。主要原因包括:一方面由于网上信息数量巨大、内容庞大、良莠不齐,信息的质量得不到保障;另一方面是由于大多数搜索引擎的索引工作由程序自动完成,根据网页中词频及词的位置等信息确定关键词,有的网站为了提高点击率,将一些与网页主题并不相关的热门词汇以隐含方式放在页面上,并重复多次,从而造成查准率低。

• 检索功能单一,缺乏灵活性。目前许多搜索引擎的查询方法比较单一,一般只提供分类查询方式和关键词查询方式,不能从文献的多个方面对检索提问进行限制,只能就某一关键词或者概念进行检索。

• 搜索引擎自身的技术局限。目前多数搜索引擎还不能支持对多媒体信息的检索。

造成上述信息检索困难的原因实质在于搜索引擎对要检索的信息仅仅采用机械的词语匹配来实现,缺乏知识处理能力和理解能力。也就是说搜索引擎无法处理用户看来是非常普通的常识性知识,更不能处理随用户不同而变化的个性化知识、随地域不同而变化的区域性知识以及随领域不同而变化的专业性知识等等。

5)搜索引擎的主要性能评价指标

(1)搜索引擎建立索引的方法

数据库中的索引一般是按照倒排文档的文件格式存放,在建立倒排索引的时候,不同的搜索引擎有不同的选项。有些搜索引擎对于信息页面建立全文索引;而有些只建立摘要部分,或者是段落前面部分的索引。

还有些搜索引擎,比如 GoogLe 建立索引的时候,同时还考虑超文本的不同标记所表示的不同含义。如租体、大字体显示的东西往往比较重要;放在锚链中的信息往往是它所指向页面的信息的概括,所以用它来作为所指向的页面的重要信息。Google、infoseek 还在建立索引的过程中收集页面中的超链接。这些超链接反映了收集到的信息之间的空间结构,利用这些结果信息可以提高页面相关度判别时的准确度。由于索引不同,在检索信息时产生的结果会不同。

(2)搜索引擎的检索功能

搜索引擎所支持的检索功能的多少及其实现的优劣,直接决定了检索效果的好坏,所以网络检索工具除了要支持诸如布尔检索、邻近检索、截词检索、字段检索等基本的检索功能之外，更应该根据网上信息资源的变化，及时地应用新技术、新方法，提高高级检索功能。另外，由于中文信息持有的编码不统一问题，所以如果搜索引擎能够实现不同内码之间的自动转换，用户就会全面检索大陆、港台乃至全世界的中文信息。这样不但提高了搜索引擎的质量，而且会得到用户的支持

（3）搜索引擎的检索效果

检索效果可以从响应时间、查全率、查准率和相关度方面来衡量。响应时间是用户输入检索式开始查询到检出结果的时间。查全率是指一次搜索结果中符合用户要求的数目与和用户查询相关的总数之比；查准率是指一次搜索结果集中符合用户要求的数目与该次搜索结果总数之比；相似度是指用户查询与搜索结果之间相似度的一种度量。查准率是一个复杂的概念，一方面表示搜索引擎对搜索结果的排序，另一方面却体现了搜索引擎对垃圾网页的抗干扰能力。总之，一个好的搜索引擎应该具有较快的响应速度和高的查全率和查准率，或者有极大的相似度。

（4）搜索引擎的受欢迎程度

搜索引擎的受欢迎程度体现了用户对于搜索引擎的偏爱程度，知名度高、性能稳定和搜索质量好的搜索引擎很受用户的青睐。搜索引擎的受欢迎程度也会随着它的知名度和服务水平的变化而动态的变化。搜索引擎的服务水平和它所收集的信息量、信息的新颖度和查询的精度相关。随着各种新的搜索技术的出现，智能化的、支持多媒体检索的搜索引擎将越来越受用户的欢迎。

另外，搜索引擎的信息占有量也可以作为评价搜索引擎性能的指标。

综上所述，评价搜索引擎的性能指标可以概括为：a. 建立索引的方法（全文索引，部分索引，按重要程度索引等）；b. 检索功能（支持的检索技术，多媒体检索，内码处理等）；c. 查询效果（响应时间，查全率，查准率，相关度）；d. 受欢迎程度；e. 信息占有量。

6）搜索引擎的发展趋势——分类、主题、自然语言一体化搜索引擎[1]

前面介绍的搜索引擎局限主要原因存在于检索语言的应用及控制上。首先，目前的搜索引擎忽略了对自然语言的控制，自然语言是搜索引擎的主要检索语言，自然语言的无控制的特点，无法避免地会降低检索质量；其次，搜索引擎没有充分考虑分类语言、主题语言和自然语言的各自特点，采取综合应用取长补短。因此，十分有必要研制、开发分类、主题及自然语言为一体的搜索引擎，彻底改变采用各种检索工具，只能得到的是成千上万条似是而非的网站名称的局面，使网络信息资源能够得到广泛的检索利用。

---

〔1〕 贺定安. 网络信息资源的分类组织与检索的发展趋向. www.zslib.com.cn/90th/nnhy/hda.doc

分类、主题、自然语言一体化搜索引擎是融分类检索、主题检索、自然语言检索于一体的搜索引擎。它的构成与其他搜索引擎基本相同,其主要区别就在于:建立索引时采用自动分类标引系统,建立一个分类索引库;检索时采用了一体化词表加以控制。一般搜索引擎的工作机理是由信息采集器、索引数据库和检索软件三部分组成。信息采集器的功能是信息采集,主要负责访问各类网站,取回Web主页的信息,信息采集器运行时,除了会将网页上的信息读回以外,还将沿着网页上的超文本链接,自动访问网页链接的其他网页,直至搜集整个网站。索引数据库是利用索引器建立,索引器功能是对信息进行组织和标引,它将信息采集器收回的信息,进行语词切分及分析,对网页的地址、篇名、特定段落或全文进行自动标引,建立一个包含关键词的索引数据库,以备用户查询。检索软件的功能是网络信息资源的检索,主要负责提供用户使用搜索引擎的接口。通常是一个Web应用程序,它包括:接收、解释用户的搜索请求;查询索引库;计算网页与搜索请求的关联度;提供排序后的搜索结果反馈给用户。

分类、主题、自然语言一体化搜索引擎只需对一般搜索引擎的工作机理做两个方面的改进:一是,在索引器建立索引数据库时,既建立关键词索引数据库,又建立分类索引数据库。其方法是在索引器对网页的地址、篇名、特定段落或全文进行采集,建立关键词索引数据库的同时,采用网络信息资源自动分类系统,建立分类索引数据库。二是在检索软件增加分类、主题、自然语言一体化词表控制过程。当接收到用户的搜索请求后,首先判断检索的类型,如果是主题检索或关键词检索,将用户提供的关键词通过分类主题一体化词表进行控制,转换为正式主题词,并用这一正式主题词和所有入口词,检索关键词索引库,把检索得到的计算网页与搜索请求的关联度匹配,最后将排序后的搜索结果反馈给用户;如果是分类检索,则将用户提供的关键词通过分类主题一体化词表转换为分类号,用这些分类号检索分类索引库,把检索得到的计算网页与搜索请求的关联度匹配,最后将排序后的搜索结果反馈给用户;如果是分类主题一体化检索,则将上述两个结果经过删除重复后,排序反馈给用户。

分类、主题、自然语言一体化搜索引擎具有以下功能特征,它将为网络信息资源的主要搜索工具:

(1)全文的搜索引擎。一般目录式分类搜索引擎是将网站的有关信息,记录成一个个摘要信息,划分到自己数据库中的某个类目下,属网站级的,因而不可能是全文型的。分类、主题、自然语言一体化搜索引擎是将网站上的所有网页全部获取下来,记录到数据库中,并自动建立关键词和分类索引,因而它是一种提供最全面、最广泛的全文搜索结果。

(2)全自动的搜索引擎。目录式分类搜索引擎的数据库是依靠编辑人员人工撰写摘要,并归入某一个类目中,因而是一种手工式的组织过程。一体化引擎采用的是自动切分词软件,对网页进行分词和词性处理,并自动提取关键词,再通过分类主题一体化词表转换为分类号,建立起关键词和分类索引库,是一种全自动的搜索引擎。

(3) 词语控制的引擎。一体化引擎在建立数据库及检索方面都采用了一体化词表进行词语控制,特别是在检索时,采用的后控制的方法,既方便了用户的使用,又可提高检索效率,达到较高的检全率和检准率。

(4) 可二次检索的引擎。一体化引擎可根据用户的需要进行二次检索,如先采用分类检索,检索到的结果再采用关键词检索,也可以先采用关键词检索,再采用分类检索,这样既保证查全率,又有较高的查准率。

(5) 智能化的引擎。由于一体化引擎自动对网页进行分词,并提取关键词,采用一体化词表转换为叙词索引和分类索引库,因而检索时大大降低了系统的负担,提高了检索的效率。同时由于采用了词表规范,并转换分类索引,相当于组成了一个知识库,检索时可以根据体系进行扩检和缩检,还可以根据叙词间词间关系进行跳转检索,具有较高的智能化。

5.3.5 网络信息检索技巧

网络信息检索是一项实践性很强的工作,学习一些网络检索的原理和表达方式对提高网络检索效率大有益处。但同时还要通过实践不断摸索,在实践中掌握不同数据库的特点,以便提高检索效率。

(1) 充分运用各种逻辑检索规则,准确表达检索要求。网络的普及使得每个人都能在网上查询一些简单的信息,但用户的检索往往处于较低的检索层次,很多用户只是通过输入一个检索词来进行检索,这势必造成检索效率的低下,大量的不相关的内容充斥其中。要想高效、准确的检索到所需的资料,应首先对检索课题进行分析,然后运用前面介绍的逻辑组配规则来正确表达检索提问,这样,才能使检索结果符合用户的检索需要。

(2) 树立信心,进行多种尝试。由于网络数据库的多样性,各个检索系统所包含的范围、检索提问式不尽相同,因此,当你第一次检索失败后,不要轻易放弃,可以对检索词进行新的排列组合,添加或删除检索词,添加或改变检索逻辑符,或用同义词代替,再次进行查找,一般会得到较好的检索结果。另外,还可以更换不同的数据库,运用不同的搜索引擎,得到满意的检索结果。

(3) 利用检索系统提供的检索条件,充分表达检索目标。大多数自动化信息检索系统都会提供一种检索的表达条件,用户使用时只需从给定的条件中选择需要的项目即可,如查找的年代、资料的类型、是否需要全文等,正确选择各项内容,对于计算机较好地理解你的检索需要十分必要,通过这些选项,计算机会更加精确的把检索结果呈现给你。

(4) 缩小检索的范围。如果检索的结果包含大量的不相关的内容,可以通过布尔逻辑符或引号或限制检索,来缩小检索范围,提高命中率。

（5）扩大检索结果。为了得到较多的检索结果，可以通过改变服务器类型的方法来扩大检索的结果，如改变 WWW 服务器到 gopher 服务器，或 ftp 服务器，可以发现不同的资料。

（6）高效率检索的技巧。一是通过关闭主页图像来提高下载速度。二是打开多个检索窗口，减少等待时间，提高搜索效率。三是避免用泛义词和太专指的词检索，提高查准率。四是采用词组提高查准率。

（7）前文强调的都是单一数据库所能采取的一些检索技巧。然而对于不同领域的用户来说，更为重要的是要在检索前正确的选择数据库。只有恰当地选库，才能保证最终检索结果的查全率、查准率。正确地了解、认识、熟悉、各类检索系统才是恰当选用数据库的前提。

总之，在浩如烟海的网络信息资源中，只有熟练、充分的了解掌握各种检索技巧，才能在网络上自由驰骋，任意遨游，而不至于淹没在日新月异的网络资源中。网络信息检索是一种新兴的需要不断探索的课题，相信随着信息检索技术的不断改进，网络信息检索将更方便、更快捷。

5.4 网络信息安全管理

随着 Internet/Intranet 的迅猛发展，特别是自 1991 年美国国家基金会（NSF）取消了互联网不允许商务活动的限制以来，越来越多的政府部门、商业机构、银行、学校、个人进入了互联网。随着 Internet 在商业领域的迅猛发展，计算机网络信息安全问题也日益突出，一方面黑客千方百计地进入 Internet 和 Intranet，盗用信息，更改数据，破坏资源，传播病毒，制造事端；另一方面，普通用户也可能无意中从网络上获取了其他厂商或用户的信息。目前，网络信息安全问题已成为日益严重的全球性问题。

5.4.1 网络信息安全的概念

网络信息安全是指组成网络信息系统的硬件、软件和数据受到妥善保护，系统中的信息资源不因自然和人为因素遭到破坏、更改或泄露，网络信息系统能连续正常运行。对网络信息安全的认识，通常应包括以下几方面。

（1）来源的真实性。即信息来源是否真实可靠，信息接受方只有在明确了信息来源的情况下才有可能做出下一步的正确选择。比如当银行在受到顾客指令要求银行从其账户上向第三方付款的指令之后，首先要确认的便是该指令是否是在该银行开设账户的顾客做出的，如果在未得到确认的情况下就贸然付款，则很有可能被欺骗。

（2）内容的完整性、准确性。信息在存储、传递和提取的过程中没有残缺、丢失等现象的出现，这就要求信息的存储介质、存储方式、传播媒体、传播方法、读取方式等要完全可靠,因为信息总是以一定的方式来记录、传递与提取的,它以多种多样的形式存储于多样的物理介质中,并随时可能通过某种方式来传递。简单地说如果一段记录由于某种原因而残缺不全,那么其记录的信息也就不完整,就可以认为这种存储方式或传递方式是不安全的。

(3) 形式的特殊性。各国法律对信息表达形式往往都有特殊的要求。比如美国一些州的法律规定在一年内无法完成的合同必须有书面形式。这些形式上规定的目的都是使双方的权利义务更加确定化,一旦将来发生了纠纷也有案可查。

(4) 不可否认性。即信息发出者不能否认自己曾发出过该信息,不能否认接受方接收到的信息与发出的信息不一致。不可否认性是从信息来源的真实性、信息内容的完整性、信息形式的特殊性所得到的必然结果。在一份文件上签名往往意味着签名者确认该文件出自自己之手,确认该文件内容是自己的真实意思表示。因此签名往往成为判断一份文件是否具有法律意义的关键。

(5) 秘密性。某些信息安全还要求应具有保密性,如商业秘密。这类信息往往是不为相关公众所熟知并经权利人采取了适当的保密措施的。这类信息一旦被披露则权利人利益就有可能受到严重影响。

(6) 有效性。信息的有效性包括两方面,其一是对信息的存取有效性的保证,即以规定的方法能够准确无误地存取特定的信息资源;另一则是信息的时效性,指信息在特定的时间段内能被有权存取该信息的主体所存取。

信息安全概念是随着时代的发展而发展的,信息安全概念以及内涵都在不断地发展变化,并且人们以自身不同的出发点和侧重点不同提出了许许多多不同的理论。

5.4.2 网络信息安全的内容

对网络信息安全定义的简单分析可以发现,网络信息安全包括三部分,一是存载网络信息的硬件设备和环境的安全,二是对网络信息提供支撑的软件系统的安全,三是安全服务。

1) 硬件设备和环境

硬件方面的不安全因素主要包括:

(1) 自然灾害、物理损坏、设备故障。此类不安全因素的特点是:突发性、自然性、非针对性。该类型不安全因素对网络信息的完整性和可用性的威胁最大,而对网络信息的保密性影响却较小,因为在一般情况下,物理上的破坏将销毁网络信息本身。解决此类安全隐患的有效方法是采取各种防护措施、制定安全规章、随时备份数据等。

(2) 电磁辐射、痕迹泄露等。此类不安全因素的特点是:隐蔽性、人为实施的故意性、信息的无意泄露性。这种不安全因素主要破坏网络信息的保密性,而对网络信息的完整性和可用性影响不大。解决此类安全隐患的有效方法是采取辐射防护、屏幕口令、隐藏销毁等手段。

（3）操作失误、意外疏漏。其特点是：人为实施的无意性和非针对性。主要破坏了网络信息的完整性和可用性，而对保密性影响不大。主要采用状态检测、报警确认、应急恢复等来防范。

2）软件系统

软件方面的不安全因素主要包括：

（1）操作系统的安全控制。包括对用户合法身份的核实，对文件读写权限的控制等。此类控制主要是保护被存储数据的安全。

（2）网络接口模块的安全控制。在网络环境下对来自其他机器的网络通信进程进行安全控制。此类控制主要包括身份认证、客户权限设置与判别、日志审计等手段。

（3）网络互连设备的安全控制。对整个子网内的所有主机的传输信息和运行状态进行安全检测和控制。此类控制主要通过网管软件或路由器配置实现。

3）安全服务

安全服务是指通过应用程序对网络信息的保密性、完整性和真实性进行保护和鉴别，防止各种安全威胁和攻击，使其可以在一定程度上弥补和完善现有操作系统和网络信息系统的安全漏洞。安全服务主要内容包括：安全机制、安全连接、安全协议、安全策略等。

（1）安全机制是利用密码算法对重要而敏感的数据进行处理。以保护网络信息的保密性为目标的数据加密和解密；以保证网络信息来源的真实性和合法性为目标的数字签名和签名验证；以保护网络信息的完整性，防止和检测数据被修改、插入、删除和改变的信息认证等。

（2）安全连接是在安全处理前与网络通信方之间的连接过程。安全连接为安全处理进行了必要的准备工作。安全连接主要包括会话密钥的分配和生成以及身份验证。

（3）安全协议使网络环境下互不信任的通信方能够相互配合，并通过安全连接和安全机制的实现来保证通信过程的安全性、可靠性、公平性。

（4）安全策略是安全机制、安全连接和安全协议的有机组合方式，是网络信息安全性完整的解决方案。不同的网络信息系统和不同的应用环境需要不同的安全策略。

5.4.3 影响网络安全的主要来源——黑客

目前，在网络信息安全中，主要的、突出的危害来自黑客。

1）黑客的攻击过程

对黑客来说，只要有一台计算机、一条电话线、一个调制解调器就可以远距

离作案,发起对网络系统的攻击。一般而言,黑客攻击过程大致如下:

(1)信息收集。信息收集并不对目标本身造成危害,只是为进一步入侵提供有用的信息。黑客可能会利用下列的公开协议或工具,收集驻留在网络系统中的各个主机系统的相关信息。

• SNMP协议:用来查阅网络系统路由器的路由表,从而了解目标主机所在网络的拓扑结构及其内部细节。

• TraceRoute程序:能够用该程序获得到达目标主机所要经过的网络数和路由器数。

• Whois协议:该协议的服务信息能提供所有有关的DNS域和相关的管理参数。

• DNS服务器:该服务器提供了系统中可以访问的主机IP地址表和它们所对应的主机名。

• Ping实用程序:可以用来确定一个指定的主机的位置。

(2)系统安全弱点的探测。在收集到攻击目标的一批网络信息之后,黑客会探测目标网络上的每台主机,以寻求该系统的安全漏洞或安全弱点,其主要使用下列方式进行探测。

• 自编程序:对某些产品或者系统,已经发现了一些安全漏洞,但是用户并不一定及时使用对这些漏洞的"补丁"程序。因此入侵者可以自己编写程序,通过这些漏洞进入目标系统。

• 利用公开的工具:像Internet的电子安全扫描程序IIS、审计网络用的安全分析工具SATAN等这样的工具,可以对整个网络或子网进行扫描,寻找安全漏洞。

• 慢速扫描:由于一般扫描侦测器的实现是通过监视某个时间段里一台特定主机发起的连接的数目来决定是否在被扫描,这样黑客可以通过使用扫描速度慢一些的扫描软件进行扫描。

• 体系结构探测:黑客利用一些特定的数据包传送给目标主机,使其做出相应的响应。由于每种操作系统都有其独特的响应方式,与数据库中的已知响应进行匹配,经常能够确定出目标主机所运行的操作系统及其版本等信息。

(3)建立模拟环境,进行模拟攻击。根据前两步所获得的信息,建立一个类似攻击对象的模拟环境,然后对模拟目标机进行一系列的攻击。在此期间,通过检查被攻击方的日志,观察检测工具对攻击的反应等,可以了解攻击过程中留下的"痕迹"及被攻击方的状态,以此来制定一个系统的、周密的攻击策略。

(4)具体实施网络攻击。入侵者根据前几步所获得的信息,同时结合自身的水平及经验总结出相应的攻击方法,在进行模拟攻击的实践后,将等待时机,以备实施真正的网络攻击。主要的破坏动作包括偷窃软件源代码、财经重要数据、访问机密文件、破坏数据或硬件等。

（5）掩盖痕迹。是在破坏动作完成后，侵入者掩盖自己的踪迹以防被发现，典型的做法是删除或替换系统的日志文件。

2）黑客攻击的主要类型

（1）利用网络系统漏洞。许多的网络系统都存在着这样那样的漏洞，这些漏洞有可能是系统本身所有的，如 Windows NT、UNIX 等都有数量不等的漏洞，也有可能是由于网管的疏忽而造成的。黑客利用这些漏洞就能完成密码探测、系统入侵等攻击。

（2）通过电子邮件。电子邮件是互联网上运用得十分广泛的一种通信方式。黑客可以使用一些邮件炸弹软件或 CGI 程序向目的邮箱发送大量内容重复、无用的垃圾邮件，从而使目的邮箱被撑爆而无法使用。当垃圾邮件的发送流量特别大时，就有可能造成邮件系统对于正常的工作反映缓慢，甚至瘫痪。

（3）解密攻击。在互联网上，使用密码是最常见并且最重要的安全保护方法，用户时时刻刻都需要输入密码进行身份校验。而现在的密码保护手段大都是只认密码不认人，只要有密码，系统就会认为你是经过授权的正常用户，因此，取得密码也是黑客进行攻击的重要手法。取得密码也还有好几种方法，一种是对网络上的数据进行监听，另一种解密方法就是使用穷举法对已知用户名的密码进行解密。

（4）后门软件攻击。后门软件攻击是互联网上比较多的一种攻击手法。Back Orifice2000、冰河等都是比较著名的特洛伊木马，它们可以非法地取得用户电脑的超级用户级权利，可以对其进行完全的控制，除了可以进行文件操作外，同时也可以进行对方桌面抓图、取得密码等操作。这些后门软件分为服务器端和用户端，当黑客进行攻击时，会使用用户端程序登陆上已安装好服务器端程序的电脑，这些服务器端程序都比较小，一般会随附带于某些软件上。

（5）拒绝服务攻击。实施拒绝服务攻击（DoS）的难度比较小，但它的破坏性却很大。它的具体手法就是向目的服务器发送大量的数据包，几乎占取该服务器所有的网络宽带，从而使其无法对正常的服务请求进行处理，而导致网站无法进入、网站响应速度大大降低或服务器瘫痪。现在常见的蠕虫病毒或与其同类的病毒都可以对服务器进行拒绝服务攻击的进攻。它们的繁殖能力极强，一般通过 Microsoft 的 Outlook 软件向众多邮箱发出带有病毒的邮件，而使邮件服务器无法承担如此庞大的数据处理量而瘫痪。对于个人上网用户而言，也有可能遭到大量数据包的攻击使其无法进行正常的网络操作。

3）黑客的危害

（1）非法使用资源。包括对计算机资源、电话服务、网络连接服务等资源的滥用和盗用，这种攻击很少造成结构性的破坏，但会将高昂的费用转嫁到用户或服务商头上。

（2）恶意攻击。典型的恶意破坏包括毁坏数据、修改页面内容或链接等，这种破坏有时无需侵入网络,传送进入网络中的文件就可附带有破坏性的病毒,对网络设备的信息轰炸也可造成服务中断。

（3）盗窃数据。电子商务的广泛开展为盗窃行为提供了可能性,从数据、服务、到整个数据库系统,从金融数据到私密信息,此外还有国防机密、商业秘密、科学探索等等,任何有价值的东西都有可能被盗窃。

（4）勒索和敲诈。典型的勒索方法是在目标网络中安置特洛伊木马程序,如被勒索者不付款,破坏程序就会被启动。

4）网络信息安全防范技术

网络信息安全是一个涉及计算机技术、网络技术、通信技术、密码技术、信息安全技术、应用数学、数论、信息论等多种技术的边缘性综合学科。只有通过对上述诸多学科长期的知识积累,才能提出系统、完整、协同的解决方案,从而确保网络信息的合理共享。对于网络信息安全的防范主要从两方面考虑,其一是从技术层面,另一则是通过法律以及政策等手段,二者的关系应当是前者为主,后者为辅。

（1）技术层面

保障网络安全的有效方案是强化网络的建设与维护,针对网络的易受攻击点制定保护措施。可采取的安全防范技术有静态安全技术和动态安全技术两大类。静态安全技术的缺点是需要人工来实施和维护,不能主动跟踪侵入者。而动态安全技术能够主动检测网络的易受攻击点和安全漏洞,并且通常能够先于人工检测到危险行为,其主要检测工具包括能够测试网络、系统及应用程序易受攻击点的检测和扫描工具、对可疑行为的监视程序、病毒检测工具,自动检测工具通常还配有自动通报和警告系统。

① 身份认证技术

作为保护网络入口的方法,首先是身份认证。口令经常是黑客们攻击网络的入口,一旦被侵入者攻破,便无法检测来自系统内部的破坏和攻击行为。在安全性要求较高的系统中,对用户访问系统的口令字的识别可采用物理技术和生理特征,物理技术主要是采用智能卡,生理特征技术采用指纹或掌纹等。此外,还有采用基于软件(RSA 等)的技术。

在互联网上,为了加强身份认证,引进了证书(Certificate)的概念。证书是个人身份(或站点)的数字证明,是数字化的身份证或护照,内含公开密钥(Public key,简称公钥),可以广为散发,另有一个唯一的私密密钥(Private key,简称私钥)与该证书对应,它由证书持有人保管,不能泄漏。用公钥加密的信息只有用与该公钥对应的私钥才能解开。证书是由一个机构发放的,并由这个机构担保其有效性,这个机构就是身份认证机构(Certificate Authority,CA)。

认证技术是通过数字证书来确认通信者的身份,它是保证信息真实性的一种重要手段。其目的有两个,一是验证信息的发送者是否是冒充的,二是验证信息的完整性,即验证信息在传送或存储过程中未被窜改、重放或延迟等。目前流行的身份认证机制是使用一次有效的口令和密钥(如 Smart Card 和认证令牌)。

② 防火墙安全网关

防火墙是阻隔外来冲击最普遍采用的方法,被称为网络安全的第一哨。防火墙的主要作用是在网络入口点检查网络通信,根据客户设定的安全规则,在保护内部网络安全的前提下,提供内外网络通信。这样就在被保护的内部网络和外部网络之间设置了一道屏障,以防止发生不可预测的和潜在的破坏性侵入。

防火墙是一个系统或多个系统的组合,完成网络层次中某一层或多个层次的安全功能。主要的技术有线路级网关、数据包过滤、应用级网关和代理服务器等。防火墙具有的特性是:所有从内部通向外部或从外部通向内部的通信业务都必经过它;只有经过授权的通信业务才允许通过它;系统自身对入侵是免疫的。防火墙是用于保护可信网络的装置,可以防止来自某些不可信网络的攻击。

防火墙的物理实现可以用一台设备将内外网络的连接相互隔离,也可以完成不同功能的多台设备组成一个子网来完成隔离的功能,如屏蔽子网结构的防火墙。防火墙运行中的关键是根据审计记录或与其他安全系统模块关联的结果,及时地修改安全策略。防火墙无法抵御来自内部的攻击,特别是因底层系统中的弱点而造成的患害,此外,传统的防火墙无法做到安全与速度的同步提高,即在考虑安全因素而需对网络数据流量进行深入检测和分析时,网络传输速度将会受到影响。

防火墙产品有硬件防火墙(如 Watch Guard)和软件防火墙(如 Check Point)两种。值得指出的是单纯的地址过滤型防火墙已难当重负,防火墙有可能被攻击者绕过或滥用合法地址通过,如美国就已有 1/3 的防火墙被攻破。

③ 营造网络系统安全运行的环境

如以 Unix 作为系统平台,以 TCP/IP 为网络通信协议,采用多级客户机/服务器模式,用户端使用统一的浏览器界面,内外交换处则利用防火墙将内部 Intranet 与 Internet 相隔离,使服务器运行环境相对封闭。

之所以这样做是因为 Unix 平台本身所具有良好的安全性是系统安全的一个有力保障,TCP/IP 协议不仅是目前应用最广泛的网络传输协议,而且与 Unix 的兼容性和自身 的稳定性都很好,是客户机/服务器模式传输的最佳选择。统一的浏览器界面减少了客户端的技术问题,防火墙技术结合内部相对封闭的运行环境,是保护内部系统减少暴露在外的攻击点行之有效的方案。

④ 加密技术与密码传输

加密是保护重要信息不让他人能读懂的一种手段,所谓加密就是使用数学方法来重新组织数据,使得除了合法的接收者外,任何其他人要想恢复原先的"报文"或读懂变化后的"报文"都是非常困难的。加密产品有 4 类,即:连接加密、网络加密、节点加密、电子邮件加密,每类加密产品都能够保护不同形式的数据传输,如果与钥匙管理工具相结合,则也能限制用户的数据交换行为。系统的保密性不依赖于加密体系的保密,而依赖于对密锁的保护,即密码算法的安全性完全寓于密锁之中。密锁管理包括密锁的产生、存储、装人、分配、保护、丢失、销毁以及保密等内容,其中分配和存储是最棘手的问题。密锁管理不仅影响系统的安全性,而且也涉及网络系统与防火墙到系统的可靠性和有效性。

采用密码传输也是确保信息私密性和完整性的核心技术。即可以在传输之前加密整个文档然后传输;也可以对传输的数据由底层协议(SSL)来加密,即不必改变应用层协议,也不必改变传输层协议,而是在应用层和传输层之间加一层安全加密协议来达到安全传输的目的。目前 SSL 协议在 Web 领域得到了最为广泛的应用。如安全网关运行于 Web 服务器的前端,它与 Web 服务器之间用普通的 HTTP 协议通信,因此最终用户不能直接访问 Web 服务器,必须通过安全网关访问 Web 服务器,从而起到安全的作用。

⑤ 访问控制

它规定主体(指访问资源的用户或应用)对客体(指系统的资源)访问的限制。访问控制与用户身份论证密切相关,即确定该合法用户在系统中对哪类信息有什么样的访问权限。在安全性要求较高的系统中,除规定自主访问控制的权限外,还规定了强制访问控制权限,即分配给用户一个安全属性,强制性地规定了该属性下可以做的事情。

⑥ 对信息内容的监控

即对网络设置"海关",使用安全监视技术,把按 TCP/IP 协议打包的信息还原检查,检查常用的 Http、E-mail、FTP 传送中的有害信息,识别出有害信息的来源和去处,结合安全网关技术予以过滤或封堵。

在 Web 网上实现网络安全一般有 SHTTP/HTTP 和 SSL(Secure Socket Layer)两种方式。SHTTP/ HTTP 可以采用多种方式对信息进行封装,封的内容包括加密、签名和激于 MAC 的认证,并且一个报文可以被反复封装加密。SSL 是在传输通信协议(TCP/IP)上实现的一种安全协议,它采用公开密钥技术。SSL 协议的目的是提供两个应用间通信的保密性和可靠性,可在服务器和客户端同时实现支持。SSL 可提供信息保密、信息完整性、相互认证三种基本的安全服务。

⑦ 对网络作入侵检测

入侵检测是对传统静态网络安全技术(防火墙、加密和论证)的重要增强,它从网络的若干关键点收集信息,并分析这些信息,决定那些是违反安全策略的行为和可能遭到攻击的对象,被称为第二道防火墙。入侵检测还能发现系统运行中存在的问题,如密码泄漏、网络配置存在有错误、网络应用中存在有漏洞等等,然后及时地修补系统,可把问题消灭在萌芽状态。

⑧ 攻击识别和取证

完备的网络安全系统应该能够监视网络,实时地识别攻击行为,能够做到及时反应和保护,在受到攻击的任何阶段能够帮助网络安全管理人员从容应付,并且不对网络造成过大的负担和产生过高的费用,这是安全系统设计希望达到的新高度。关键是通过将实时的捕捉与分析系统和网络监视系统相结合,能提取出攻击行为的特征,建立攻击样本数据库,此外还有识别的实时性和系统的隐蔽性问题。

⑨ 做审计分析

由于上述安全系统是在各个系统平台中分散进行的,故需要有一个集中型的安全管理系统,集中掌握各个安全系统的运作情况,收集安全审计信息,进行分析处理,更改安全策略等。同时要按时检查各种系统日志文件,包括一般信息日志、网络连接日志、文件传输日志、用户登录日志等,从中发现有无不合常理的时间记载、用户从陌生的网址进入系统、非法或不正当使用超级用户权限的指令等异常情况。

⑩ 网络信息安全平台技术

要发展网络信息安全产业,则首先要抓住网络信息安全平台技术,即建立一套完整的安全框架,建立一个标准,建立一组可以被调用的安全函数,为 Internet 和 Intranet 中的各种应用提供统一的安全接口,为用户提供简洁安全的应用支持,满足各种各样应用的安全需要。

（2）法律层面

虽然我国已颁布相当数量的信息安全方面的法律规范如《关于维护互联网安全的决定》、《中华人民共和国计算机信息系统安全保护条例》、《计算机信息网络国际联网安全保护管理办法》、《商用密码管理条例》、《金融机构计算机信息系统安全保护工作暂行规定》、《计算机信息系统国际联网保密管理规定》、《计算机信息系统安全专用产品检测和销售许可证管理办法》、《计算机信息系统安全专用产品分类原则》等,但立法层次不高,现行的有关信息安全的法律规范大多只是国务院制定的行政法规或国务院部委制定的行政规章,法律规定之间不统一,立法理念和立法技术相对滞后等。因此,要进一步完善我国信息安全的法律保障体系,应当做到:

① 确立科学的信息安全法律保护理念

为了使国家的政策法律能够适应社会存在的现实和需求,需要确立起法制建设来保障和促进国家的信息化发展、法制建设为社会信息化发展提供全面服务的指导思想,修正传统的立法理念,把信息安全法制保障的重点从单纯的"规范"、"控制"转移到首先为信息化的建设与发展"扫清障碍"上来,以规范发展达到保障发展,由保障发展实现促进发展,构筑促进国家信息化发展的社会环境,形成适合于信息网络安全实际需要的法治文化。

② 构建完备的信息安全法律体系

信息化的社会秩序主要由三个基础层面的内容所构成,即信息社会活动的公共需求,信息社会生活的基本支柱和信息社会所特有的社会关系。信息社会活动的公共需求主要包括国家信息化建设的基本目标、发展纲领、建设规划、行动策略、工作计划等等,是指导国家信息化发展的基本内容,也是国家信息化建设的公共需求;信息社会生活的基本支柱包括计算机技术、网络技术、通信技术、安全技术、电子商务技术等等,它是信息社会生活必不可少的基本支柱;信息社会所特有的社会关系主要包括信息民事法律关系、信息刑事法律关系、信息经济法律关系、信息行政法律关系、信息科技法律关系以及信息社会所特有的各种法律关系。与之相适应,国家信息化建设所应有的政策法律环境也就必然是由对应的指导政策、技术标准和法律规范等三项内容所共同构建的三位一体的且能够发挥促进、激励和规范作用的有机的体系。

③ 强化超前的信息安全法律效率

信息技术突飞猛进,信息安全政策、法律的促进作用不应仅仅是被动适应和滞后,在国家信息化建设中,更多地还应表现为对技术的主动规范性和前瞻性。信息安全政策法律必须促进信息技术的进步,因此要强化超前的信息安全政策法律的效率。在制订政策和法律时应当注意政策和法律符合技术的特殊要求,同时为技术的发展和完善预留空间,排除可能窒息技术发展的可能性,提高法律自身对信息社会的适应性。

④ 主动融入国际信息安全的法律体系

世界经济一体化,使得"法律全球化不仅有条件,有可能,而且有必要,更是一种发展趋势"。由于信息化是建立在国际互联基础之上,人类信息社会是全球范围内的各国一体的信息化。因此,信息的政策和法律就必然具有国际化的属性。我们在制订政策和法律的时候,要特别注意和现有的国际规则的兼容,包括在立法思想、方式方法上和具体法律规定等各方面的相互兼容,要积极主动地参与国际规则的创设,以维护我国的实际利益。在主动参与和合作、促进、创设的过程中,真正地主动融入国际大环境中。

6 信息化与信息资源管理

6.1 信息资源与信息化

6.1.1 人类社会与产业发展进程

人类社会发展的历史,既是人的社会实践活动不断扩大和深化、经济逐步发展的历史,又是科学技术产生和发展,从而有力地推动经济发展和社会进步的历史,信息的传播和使用对其起了推进的作用。人类的任何社会活动都离不开信息,信息自人类产生起,就与人类的生活方式、生产行为紧密地联系在一起。

在漫长的原始社会中,人类既没有语言,也没有正式的生产工具,采集、狩猎是人们的主要生产活动,利用天然的石块和树枝进行简单的劳动,利用经验和亲自观察来获取猎物和水果,利用手势、结绳传递信息。这个时期的主要特点是以自然资源为经济基础。人和动物都是在同自然界的斗争中求生存和发展的,自然中的物质资源是人类生活所必需物质的唯一源泉。随着人类的逐渐发展,知识在不断地积累,人们开始制造简单的工具:石锄、石斧、弓箭、栅栏等,并开始了简单的农业、畜牧业、手工业的生产。

大约在公元前 8000 年,人类社会进入了农业社会时期,经过长时间的经验积累,人类从土地种植中可以获得足够的食物。这个时期的主要特点是:① 以土地和劳动力为社会经济生活的基础。种植业成为农业经济社会的主要生产形式,土地成为主要的生产资料,人们赖以生存、繁衍的基础。各个国家和民族的统治制度都是为维护土地所有权服务的。同时,劳动力也是不同国家、团体主要争夺的对象。在农业社会时期,土地、劳动力是一切经济、文化、政治制度的基础。② 进行生产和生活的能源主要是靠人力、畜力、还有来自太阳、风、水的动力,与这种能源相应的生产技术是简单的手工操作,生产方式是以分散的家庭为经济单位的手工生产。③ 工商业不发达,商品信息含量低。在生产力水平低下、自给自足的自然经济基础上,不可能产生强大的工商业,有的只是小手工业作坊;也没有较高的生产技术,商品的信息含量极低,大部分都是手工加工而成。

近代自然科学的进步,使人类由农业社会迈入工业社会,18 世纪中叶爆发于英国的工业革命彻底改变了人类社会发展的面貌,三次技术革命的产生,完全改变了人类的生产方式。从蒸汽机的出现,到电的发明和应用,特别是以内燃机应用于工业为标志的"石油文明"的开始,人类利用资源生产财富,将资源转变成产品的效率已几十倍、几百倍地提高。所以机械的出现使得生产力系统的动力不再像农业社会那样成为束缚人类发展的第一障碍,而资源的多寡、资源取得的难易及其成本的高低,成为制约经济发展的最主要因素。

20世纪中叶以来,以计算机技术为代表的微电子技术,以及光导纤维、生物工程、海洋工程等新技术产业群的兴起和发展,使工业经济逐步开始走向信息化的道路,信息、技术在经济发展中的作用更加突出,信息社会开始在工业社会的胎腹中萌芽。

微电子和信息产业的革命,以及计算机与数字通信网络技术所带来了全球经济信息化的发展,证明了科学和技术的发展所带来的知识和信息已成为当代经济和社会发展的决定因素。人类已经开始积极地利用信息、知识发展经济,信息社会已经出现了。

在信息社会中,信息成为重要的生产力要素,信息产业也成为社会经济发展的主导产业,面对社会发展的这种趋势,传统产业发展思路为:

(1) 传统产业只有采用新兴产业的技术和管理方法,才能在新的社会阶段中得到新生和发展。

(2) 只有用电子信息技术改造传统产业,并且采用服务业的市场经济运作模式,各产业才能真正得到新生和发展。

(3) 在信息社会中,不仅信息产业应当采用适合自身发展的新模式,而且应当对其他传统产业的发展起到促进作用。

6.1.2 信息化

"信息化"这一概念是日本学者在20世纪60年代提出来的。如同工业化一样,它是关于经济发展到某一特定阶段的概念描述,是针对工业化高度发展之后,社会生产力出现的新情况而提出的。

信息一直是社会经济活动中的重要组成部分,但是在农业经济时代、工业经济时代,由于信息传播手段的限制,信息的重要性得不到充分发挥,人们也无法认识到信息的重要性。随着现代电子信息技术的不断发展,人们利用信息的能力在不断提高,并且社会经济的规模也在不断地扩大、层次在不断地提高,人类的知识和信息量以几何级数增长,对信息的需求也在迅速增长。信息已经成为社会生活、社会经济中非常重要的因素。信息化成为社会发展的一个趋势。

由于信息化涉及各个领域,是一个外延很广的概念,因而不同领域的研究人员在研究"信息化"问题时,往往从不同的角度出发,没有形成一个严谨的、形式化的有关"信息化"的定义。有代表性的观点有:

法国J.薛尔凡-施赖贝尔指出,工业社会的信息化犹如农业社会的工业化那样,不仅根本改变了生产方式和消费方式,而且根本改变了经济社会中的各种生活方式和组织方式。

日本政府的一个科学、技术、经济研究小组提出:信息化是向信息产业高度发达且在产业结构中占优势地位的社会——信息社会前进的动态过程,它反映了由可触摸的物质产品起主导作用向难以捉摸的信息产品起主导作用的根本性改变。

信息化是指人们依靠现代电子信息技术等手段，通过提高自身开发和利用信息资源的能力，利用信息资源推动经济发展、社会进步乃至人的自身生活方式变革的过程。理解信息化的概念需要把握三个方面：

（1）信息化是一个社会产业结构发展的过程，是人类社会从工业经济向信息经济、从工业社会向信息社会逐渐演进的动态过程。这一过程不是自然发生的，它离不开各种社会力量的参与，其中最重要的是信息产业界、政府和社会公众的参与。信息化是一种人们可以加以选择，从而起到巨大作用的社会过程。

信息化是一种全新的社会发展现象，它是人类社会发展历程中特有的一个阶段。在这一阶段中，信息成为人们社会生活中的重要因素，成为社会经济发展的首要的生产力要素，信息业逐渐产业化。信息产业的出现和发展壮大不仅改变了既有的经济结构，还为传统产业的改造提供了先进的信息技术装备，促进了其他产业的信息化。

（2）信息化的内涵至少应该包括信息资源、信息技术、信息设施、信息化人才、信息法规建设、信息意识和教育水平。

（3）从信息化涉及的社会层面来说，信息化包括企业信息化、产业信息化和社会信息化。

信息时代的到来引发了企业生存和竞争环境的巨大变化。科技进步和产品的更新速度不断加快；地理和时空的障碍不断被超越；企业由产品经营转化为资本经营，又由资本经营转化为信息经营。这一切都说明企业信息化已成为时代不可逆转的潮流，是企业在信息时代谋求生存和发展的基础和必备素质，信息化的质量将是决定企业战略实力的主要标准之一。

企业信息化就是通过利用最先进的电子信息技术，使生产的组织、管理和控制实现自动化。

产业信息化是指以信息技术改造原有产业，使其成为生产自动化、机器智能化和办公自动化的信息产业，以及构造以信息带动其他要素流动的产业关系。在信息时代，产业信息化是传统产业获得新生和发展的最根本的要求，包括各产业部门的信息化和产业部门间关联的信息化。

社会信息化就是通过在国民经济和社会体系内，系统、全面地运用现代信息技术，开发信息资源，推动经济运行机制、社会组织形式和人民生活方式产生革命性转变的过程。社会信息化是从更大的范围来考虑信息化问题，更多地关注信息化在经济和社会发展、人民生活及上层建筑领域里的进展。

6.1.3 信息化社会的主要特征

以计算机为代表的具有一定程度智能化的高效率信息处理的信息技术的兴

起,给人类社会带来了真正的信息化革命,包括计算机、光盘、数据库、联机网络、电子印刷、电子邮件、传真机以及卫星通信等在内的电子手段与设备,提高了人类社会的信息生产、信息存贮与信息传递能力,从而实现了从生产、办公室到家庭的全社会领域的信息化过程,使人类社会进入了全面的信息化阶段,即信息化社会。信息化社会中无形的信息成为创造新价值的主要源泉。

(1) 高知识含量

在信息化社会中,知识和信息的生产成为第一位的和最重要的事情,一切都以知识和信息为基础,所有财富的核心都是"知识、信息",所有经济行为都依赖于知识的存在。在所有创造财富的要素中,知识是最基本的生产要素,其他的生产要素都必须靠知识来更新。例如生产一件物质产品,如果是在现代自动化的生产流程中,那么它本质上是人类知识和智力的产品。也就是说,人们主要通过知识生产来推动物质生产,物质生产完全成为知识和智力的物质化过程。而物质产品的价值将主要取决于它们所包含的知识量和信息量的多少。

在信息化社会里,生产力和经济发展的关键因素是知识、信息;竞争和较量的成败也取决于知识和信息的拥有量及其利用效率。相应于社会对知识和信息的需求,知识、信息的生产、服务的规模也在不断地扩大,逐渐形成产业化。首先是科学研究、信息加工职业化,每个国家都设置有专门的科学研究机构,而且制定了一系列的相关政策法规,鼓励科学家进行科学研究。另外各国也设置了信息服务部门,社会上也成立了各种形式的信息服务机构,面向社会提供信息管理系统、信息检索系统、信息加工服务。其次,信息产品、信息技术产品生产规模化。当某一信息或信息技术被开发出来之后,社会的需求量会很大,在相关法律法规允许的情况下,信息服务部门或企业会大量复制信息、生产相应的信息技术设备,而这一阶段信息产品生产的成本就是边际成本,相对信息、信息技术的研究开发成本是非常微薄的,所以其生产容易扩大规模。

信息产业是知识、技术和智力密集型产业,它具有高投入、高产出和迅速更新的特点。同时,它又是高渗透性产业,不但能渗透到各个高新技术领域,而且还会渗透到传统的农业、工业和服务业中。

(2) 技术多样性

信息化之所以成为当今社会经济发展的大趋势,不是凭空发生的,必须有一定的技术基础。信息技术的发展是信息化的推动力,也是信息化的重要标志。

信息技术是一门综合性很强的技术。它以微电子学、激光、光电子学、超导电子学等为基础,集计算机技术、通信技术、自动控制技术、激光技术、光电子技术、光导技术和人工智能技术于一身。

(3) 市场竞争性

在社会经济发展的过程中,除了最原始的自然经济以外,农业经济、工业经济时期都存在着激励的市场竞争行为。社会经济发展到信息化时代,市场竞争已不仅仅是产品质量、市场价格的竞争,企业要在信息化社会中生存、发展,还必须在信息、信息技术方面与竞争对手展开竞争。

① 信息竞争

传统经济学理论在讨论市场竞争时首先假定是在完全信息环境下的经济行为,但在实际经济生活中,完全信息是不存在的,而且不同的经济参与人所拥有的信息也不相同,所以在不对称信息环境下,信息竞争是不可避免的,对企业发展也是至关重要的。

市场信息是企业信息竞争的主要组成部分,其内容包括:市场需求、供应信息的收集,企业产品信息的推广,其他企业产品信息、劳务信息的收集,本企业与竞争对手的信息加工能力、所采用的信息加工技术、信息存储传递的技术、信息预测、利用的能力等等相关的信息。

企业经营信息是企业信息竞争中最重要的部分,其内容包括:企业的经营战略、发展思路,高层领导集团的组成及成员的个人信息、组织结构、管理方式等等。

② 技术竞争

在信息化的社会中,由于科学研究、信息服务工作的职业化,信息的不断开发利用和各种技术的普遍应用,使得无论是信息技术还是制造技术都在迅速发展。对企业而言,采用高水平的信息技术、制造技术都将是赢得竞争优势的关键点。信息技术包括信息的收集、加工、处理、存储、传输等相关的技术;制造技术包括企业产品设计技术、生产流程等,如新产品开发可采用的技术有 CAD(计算机辅助设计)、CAPP(计算机辅助工艺规划)、CAM(计算机辅助制造)、FMS(柔性制造系统)以及 CE(并行工程)、VM(虚拟制造)等。

6.1.4 世界信息化发展概述

从世界信息经济发展规模来看,上世纪 80 年代以前,世界信息经济规模的基本情况是:美国作为世界信息化的发源地,其信息产业占国内生产总值 GDP 的比例,在 50 年代末超过了 40%,60 年代末达到 50%。日本在 60 年代中期至 70 年代末,基本保持在 35% 的比例,1980 年其信息活动创造的价值占到经济总额的 47.3%。英国 70 年代初超过了 30%,而澳大利亚 70 年代末接近 40%,经合组织成员国在 70 年代中期达到 40%,中等发达和新兴工业国家与地区 70 年代末为 20%~40%,发展中国家一般在 10%~15% 之间。

上世纪 80 年代以后,世界信息化的快速发展极大地促进了世界信息经济规模的增长。到 80 年代中后期,世界信息经济规模基本状况变为:西方发达国家信息产业产值占 GDP 的 45%~65% 以上,中等发达和新兴工业国家与地区达到 30%~45%,发展中国家上升到 15%~30% 左右。可见,发达国家中信息经济已基本成为主导经济,其信息产业产值占到世界信息产业总产值的 80%~

90%，成为世界信息经济的主宰。中等发达和新兴工业国家和地区正加紧向信息经济过渡，发展中国家信息经济占世界信息经济总量的份额很低，急需加快发展信息经济。

进入 90 年代后，信息经济的主导作用进一步加强，世界经济将发生根本改变，实现从产量数量型增长向效能质量型增长的转变，而这一切都将源于世界信息化的飞速发展及其所产生的巨大推动。

（1）美国

美国作为世界信息技术革命和信息社会理论的发源地，从 1956—1957 年间开始进入信息社会，在世界范围内，掀起了以信息和知识为动力的"第三次浪潮"，从工业经济转向了新型的信息经济。特别是 1993 年美国在世界上率先提出了"国家信息基础设施"（NII）建设，随后进一步提出将信息高速公路扩展到全世界范围，构筑"全球信息基础设施"（GII）的设想，对全球信息化的发展产生了极大的促进作用。

在美国实现信息化的过程中，美国政府起了相当大的主导作用。美国政府通过创造信息产业的有效需求，在市场机制下自动协调信息产业和其他产业的比例与相互影响，同时国家从整体上加以规范、优化产业结构，通过经济的总体平衡，使信息产业达到所要求的水平与结构。同时，美国政府采取自由放任的经济政策，不对信息产业加以直接干涉。国家通过宏观管理政策，以货币、财政税收、国际贸易等手段来补充信息的有效需求不足，以保证信息产业的正常运行与发展，目的是创造信息产业发展的良好社会经济外在环境。美国的公共信息法规定"信息是公众的信息，公民有权获得公共信息，联邦政府应保证信息需求的良好的环境，确保其传播生产与分配"。美国在信息化发展中，还制定了相应的信息政策，来促进信息化的顺利发展，其政策紧紧定位于提高国际竞争力和领先优势的基础上。

（2）日本

1984 年日本开始实施"综合业务数字网"（ISDN）建设计划。1994 年年底，日本内阁通过了行政信息化五年规划。1995 年 2 月，"高度信息通信社会推进对策本部"发表了"高度信息通信社会推进基本方针"，废除了妨碍日本信息化发展的一些规定，力图让日本的信息化事业同国际接轨。1996 年，实现电子和通信业产值超过建筑业，一跃成为工业产业中第一大支柱产业、新的经济增长点和工业产业的领头羊。网络建设是日本信息化建设的主要内容。日本通信网络的现状是，移动电话普及率达到世界先进水平；在固定电话方面，日本已建成安全、可靠和发达的电话网；在广播方面，除了地面广播网外，已建成广播卫星广播、通信卫星广播、有线电视等多种选择环境。从整体上看，日本已有可靠性极高的、已达到世界水平的信息通信网络。信息通信技术和产业是日本信息化建设和发展的主要驱动力。

从总体上看,虽然日本国民经济和社会信息化发展速度较快,但与美国和欧洲发达国家相比,还存在一定差距。为此,日本政府采取了大量举措,推进日本信息化的发展:日本国会于 2000 年通过了《日本高度信息网络社会形成基本法》,明确了信息化的基本方针、领导机构和信息化推进重点,并据此在内阁成立了建设高度信息网络社会的战略总部,由首相、国务大臣和优秀的专业人员任部长、副部长和委员,负责审议并实施信息化的重点计划。日本经济产业省在 2000 年制定的《e-Japan 战略》明确指出,日本信息化的总体战略目标是"在五年内使日本成为世界最先进的信息化国家";要通过建立世界最先进的高速信息通信网络、加强信息知识教育、促进电子商务发展、促进政府等公共领域信息化、确保信息安全等一系列战略举措,确保战略目标的实现。为促进信息化基础设施建设和相关服务的发展,日本政府采取了一系列鼓励自由竞争的政策。

(3) 欧盟各国

1993 年,法国、英国 ISDN 的普及率仅次于美国,领先于日本。到 2000 年底,欧盟国家上网家庭已占总家庭数的 15.4%,上网人数已达 4 600 万人。在洲际网络方面,欧洲陆上固定网和移动网都已有相当规模,数字移动电话的 GSM 标准已经确立,现已覆盖到整个欧洲和许多亚非国家。但是,欧盟诸国由于在政策导向、利益协调、经济技术差异、文化传统等方面存在着许多问题与困难,目前,其信息化发展水平和信息技术同美、日相比已有一定差距。为此,居危思变的欧盟立志大力发展最具竞争力的信息产业,并以电信业为突破口,抢占移动上网的制高点,力争在移动通信领域超越美国,重振欧洲产业优势。

在 2000 年 3 月的里斯本新世纪第一次欧盟首脑会议上,提出了未来 10 年发展新战略:

(1) 发展信息产业。要求通过普及互联网知识、发展电子商务、加快高技术特别是信息技术的开发与应用,创建"电子欧洲";制定电子商务法规,放宽电子商务政策;2001 年以前实现电子通信市场自由化;2005 年前在全社会普及互联网应用。

(2) 改善投资环境。增强金融市场对知识和人才投资的敏感度,实施"风险资本行动计划",以风险资金扶植高新技术中小企业的发展,创造更多的就业机会。

(3) 加强科研与教育。建立跨欧洲电子科研通信网,以税收优惠和风险投资鼓励研发工作,取消人才流动的地域限制,加强对人力资源的投入。2000 年 6 月,欧盟发布了面向 2002 年的"数字欧洲计划",把"消除数字鸿沟,构建信息社会"作为优先目标。

在此背景下,欧盟各国也纷纷制定了本国的信息化发展规划和措施。

英国计划要在 10 年内投资 380 亿英镑建设自己的"信息高速公路",其中,英国电信(BT)宣布要投资 100 亿英镑建设通向居民和办公室的光纤网。

2000 年 7 月,法国总理若斯潘宣布,政府将采取措施,缩小法国在信息领域与其他发达国家的差距。其中包括:第一,为 2001—2003 年网络新行动计划拨款 40 亿法郎。第二,到 2002 年所有中小学要全部上网。2003 年前,在全国开辟 7000 个可供公众上网的公共场所。第三,在 5 年内将电信工程师学院的毕业生人数增加 50%,在普通大学新增加 45 个信息技术专业。第四,未来 5 年,政府将动用 10 亿法郎加强研究,研究人员数量将增加 25%。第五,打破垄断,允许网络公司租用法国电信公司的地方电话线,促进良性竞争,降低上网费用。

瑞典政府则制定了到 2010 年建成全球最先进的 NII 的计划。该计划认为,瑞典先进的信息基础结构业已建成,NII 建设的关键是新业务的应用和扩散,目标是无论何时何地,让每个公民都能以电子方式快速、方便、安全、廉价地享用信息服务和相互通信。为此,政府建立了首相直接领导的由政府部门和产业界组成的一个委员会,并为相关的 R&D 拨出 10 亿瑞典克朗,作为专项政府基金。

德国政府早在 1999 年就制定了"德国 21 世纪的信息社会"的行动计划,简称"D21"。计划的实施重点是在教育和工业部门,推进信息技术在教育领域和工业部门中的应用,并面向社会提供了相关的咨询服务。D21 计划有三个基本目标:一是发展传输速度更高的互联网基础设施,二是实施"全民享有互联网"(Internet for All)项目,三是帮助平时接触不到网络的弱势群体也能够上网。在保证互联网信息安全和增加信息内容方面,德国也做了不少努力。更新和补充有关互联网及电子商务方面的法律,在著作权保护、电子签名等方面通过了与欧盟一致的法律。经济技术部还提供了中小企业应用安全性方面的帮助,在全国不同地方成立"计算机应用应急响应组",帮助中小企业进行信息技术应用安全管理,应付病毒和黑客的袭击。另外联邦政府还在全国建立了 24 个电子商务能力中心,提供电子商务咨询服务,促进电子商务发展,中小企业可以到这些中心了解电子商务发展情况。

(4) 韩国

韩国从上世纪 80 年代以来,为实现其产业结构的调整并使国民经济保持较高的增长率这一战略目标,把信息产业作为战略重点加以扶持。1993 年,韩国政府制定了建设信息高速公路的基本计划,1994 年,制定了建设信息高速公路的综合计划,决定到 2015 年投资 44.8 万亿韩元,约 498 亿美元,建设未来社会基础的国家信息基础结构。1995 年 8 月,促进社会信息化委员会会议决定,到 2000 年由政府投资 10 万亿韩元(约合 125 亿美元)建立信息化政府。1999 年 3 月,韩国政府提出了"网络韩国 21 世纪"国家信息化综合计划,其实施期限是 1999 至 2002 年,内容是进行韩国信息通信基础设施建设。同年,韩国制订了信息通信技术开发五年计划,即从 2000 年至 2004 年总计投入 4.14 万亿韩元,集中开发下一代互联网、光通信、数字广播、无线通信、软件和计算机等领域的技术,把国家的信息化水平提高 50％以上,到 2004 年开发出比当前快 1 000 倍的下一代互联网。

(5) 印度

印度作为发展中国家,也非常重视信息化建设。印度政府早在"七五"计划(1985—1990)时期,就已经充分认识到通信系统在国家社会经济活动中的重要作用,并积极发展通信和信息技术。由于政府的高度重视和支持,印度的电信业获得了较快的发展,电话拥有量迅速上升,数据通信网络已初具规模,无线寻呼蜂窝移动电话等现代通信手段已经引入,使印度的电信业发展成为全球 20 个最大的电信网络之一。印度实施跨越计划,大力支持软件产业,构筑人才"金字塔",提出了工业化和信息化共同发展的政策,以加快信息产业和国民经济的发展。上世纪 80 年代以来,印度软件业一直持续高速、稳定发展,产业化和国际化程度已在本国高新技术产业中处于领先地位,印度已经成为世界九大软件出口国之一,并且出口质量和规模居世界第一位,软件的技术力量仅次于美国居世界第二位。

6.2　信息化水平测度

信息化水平测度的研究始于上个世纪 60 年代,是指从定量角度来考察一个国家或地区的信息环境、研究信息化现有水平和信息化发展潜力、反映一个国家或地区向信息化社会转变的进度。目前,在信息化水平测度方法体系的研究中,影响较大、应用较广的有两个分支:一是从经济学范畴出发的以信息经济为对象的宏观计量,大多由经济学家进行研究。美国经济学家马克卢普、波特拉、鲁宾等人做出了主要的贡献,其中以波特拉创立的方法最为著名。二是从衡量社会的信息流量和信息能力等来反映社会的信息化程度,主要依据某些综合的社会统计数字构造测度模型,这种方法以日本学者小松崎清介提出的社会信息化指数模型为代表。

6.2.1　波拉特测算方法

波拉特测算方法的目的是为了确定信息活动的规模以及对国民经济所作贡献的大小。为了确定和测算信息活动在国民生产总值中所占的份额,波拉特将信息产业分为两个部门:第一信息部门和第二信息部门。其中,第一信息部门包括向市场提供信息产品和信息服务的企业;第二信息部门包括在政府和非信息企业中为了内部消费而创造出的一切信息服务。在此基础上,第一信息部门又可以分为 8 个主要类别,包括以某种方式生产、处理、存贮、传输知识和信息的产业;第二信息部门则包括在非信息企业中从事规划、管理和通信等工作的部门。此外,根据典型调查将 28 种混合性质职业的一定百分比作为信息工作者。如,对从事工头、售货员、护士等职业的人作为 50％ 的信息工作者。

根据以上的划分标准,可以确定两个度量信息经济发展的数量指标,一个是信息产业的产值在国民生产总值中的份额;另一个就是信息工作者在总劳动力中的份额。波拉特以美国为例,利用各种有关统计资料和 1967 年的上述各项指标,运用了数量经济学的方法,测算美国劳动力在农业、工业、服务业和信息业四种产业中分布的变化情况。

波拉特测算方法在理论上实现了三个突破。一是将社会的基本产业结构从克拉克的三分法发展为四分法;二是创造了第一信息部门和第二信息部门的概念;三是提出了一些具体的创造性的方法来划分信息行业和职业,如典型调查、确定百分比等。但是,波拉特测算方法也有其自身的局限性,如在信息产业的计量方法上,缺乏准确性和完整性。

6.2.2 社会信息化指数模型

日本学者小松崎清介在上世纪 70 年代尝试性地提出了依据某些综合的社会统计数字,汇总成一个总体指标,从衡量社会的信息流量和信息能力等来反映社会信息化水平。该模型包括信息量、信息装备率、通信主体水平、个人消费中杂费比率等 4 个因子及其下的 11 个指标(图 6.1)。测算时,先将测算年度的同类指标值除上基本指标值,求得测度年度的各项指标值的指数,然后或将 11 个指标进行算术平均,或各因子内指标算术平均,再将 4 个因子算术平均,最终求出测算年度的信息化指数。该模型统计资料易获得,计算简单,实用性强、且可进行时序列测算,但算术平均法的采用,违背了任何事物都有轻重缓急之分的科学原理,掩盖了实质上的差别。此外,随着时代发展,有些指标已过时,有些重要指标又未能予以充分考虑,如信息利用率、信息潜在发展率等。

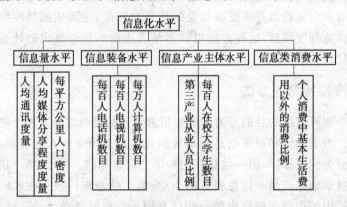

图 6.1　社会信息化指数模型

6.2.3 综合信息力度法

国内的研究中影响较大的首推吉林工业大学靖继鹏教授设计的综合信息力度法。综合信息力度法是采用层次分析法,采用多个指标,从信息产业发展的潜在力、信息产品开发力、信息产业生产力、信息资源流通力、信息资源利用力及反映信息产业在整个国民经济中所占比例的信息产业平衡力多个方面去测度信息产业发展情况的。该方法既考虑了信息产业在国民经济中所占比重,又考虑了各产业间的比例关系,具有科学性,同时,综合信息力度法不是六种力度的简单相加,而是各种力的合力,是一个有机的综合体。如图6.2所示:

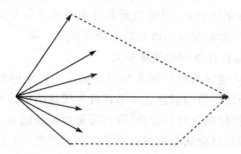

图6.2 综合信息产业力矢量图

6.2.4 国家信息化指标构成方案[1]

前面介绍的信息化水平评价指标体系通常是基于某一领域或某一层面制订出来的,通用性不足。同时,目前众多的国内学者根据自己的研究制订的指标体系往往是一家之言,缺乏权威性。这种状况对于信息化水平的评价是不利的。

为了科学评价国家及地区信息化水平,正确指导各地信息化发展,建立全国统一的信息化指标体系,我国的信息化主管部门信息产业部与相关部委协同研究提出了《国家信息化指标构成方案》,作为当前进行国家和地区信息化水平量化分析和管理的依据和手段。

(1) 背景

我国向来重视信息化水平的评估工作。从信息化起步阶段,就将指标体系工作放在重要位置。从1993年起,国家经济信息化联席会议、国务院信息化工作领导小组办公室开展了多项信息化指标体系软课题研究。与此同时,中国信息经济学会、中国社会科学院、国家信息中心、国务院发展研究中心和原邮电部等有关部门的专家也曾对我国信息化指标进行过研究和测算。这些研究都取得了很好的成果,为国家信息化指标的研究提供了基础理论和实践方面的支持。

---

〔1〕 国家信息化指标构成方案出台的前前后后. http://www.sina.com.cn,2001年7月31日

国家信息化办公室把信息化指标体系工作列为重点。1999年2月,国家信息化推进工作办公室会同国家统计局、国家信息中心、中国信息经济学会、中国社科院数量经济所等有关单位,经过反复研究,初步确定了国家信息化指标体系构成方案。后来几经修改,于1999年11月16日,国家信息化推进工作办公室发布了《关于征求国家信息化指标体系构成方案修改意见的通知》,文件包括三个附件,即《国家信息化指标体系构成方案(征求意见稿)》、《对国家信息化指标体系构成方案的说明》、《国家信息化指标体系中各省市测算数据》。

此后,国家信息化指标方案开始纳入方案修改和工作协调阶段。从2001年1月8日到6月25日,先后四易其稿,在原有24项指标中选择保留了15项,同时在信息产业部、国家统计局、国家经贸委有关专项课题基础上,提出5项新增指标,构成了由20项指标组成的改定后的指标构成方案。

(2)提出国家信息化指标的重要意义

随着我国信息化建设的日益深入和信息化水平的不断提高,建立既适合中国国情、又能够与国际接轨的信息化水平评价与统计指标体系,已经变得十分重要。通过对信息化指标的统计与分析,可以定量地衡量国家、地区或者城市的信息化程度,提高推进信息化建设决策的科学性和准确性,对于有效地指导和促进信息化建设,特别是为研究制定信息化经济和社会发展计划提供科学的、量化的依据,进而推动国家和地区的经济和社会发展,具有十分重要的战略意义和现实意义。

(3)信息化指标的定义和特点

国家信息化指标,是在国家信息化的六个要素(六要素包括信息资源,信息网络,信息技术应用,信息技术和产业,信息人才,信息化政策、法规和标准)中,选择反映信息化体系各个要素水平的指标,通过国家、部门和地区已有和新增的统计报表,以及有关单位抽样统计获取的数据进行统计分析。它包括:国家信息化指标构成方案、指标数据和有关统计分析测算的方法制度。国家信息化指标的建立,采取政府主导的方式,突出权威性、连续性和实用性。信息化统计指标体系需要根据国家信息化发展和国民经济核算体系变化而不断调整。

(4)制定信息化指标的原则

总的原则:制定国家信息化指标,要符合国情,要符合国家信息化建设的方针政策,要符合国家统计法的规定,要与国际信息化指标测算方法相适应。

① 符合国家信息化建设的方针政策。国家信息化指标要综合反映国家信息化的水平及发展趋势,根据国家信息化建设的方针政策确定指标权重及统计方法。指标体系根据国家信息化六要素来制定,要以包括六个要素的有机整体,构造反映中国信息化发展程度和水平的完整的信息化指标体系。

② 符合国情并适合国际间比较。世界各国信息化飞速发展,信息化程度成为国家竞争力高低的重要标志。一些国家和国际组织开展了信息化程度和信息

化水平的比较研究工作。因此,信息化指标体系的确定既要考虑反映符合中国国情的发展,也要考虑能与国际间信息化比较接轨的因素。

③ 要具有综合性和可操作性。指标体系的设置一方面要具有综合性,以尽量少的指标既能按单项指标、部门、地区进行统计,又能完成综合评价的任务;另一方面要具有可操作性,充分利用现有统计渠道和统计数据,同时辅以抽样方法,取得较为准确的数据。

④ 要具有导向性。任何一种指标的设置,在实施中都将起到引导和导向作用。为了推动信息化的发展,指标将从促进信息技术应用、信息人才培养、信息产业发展、信息资源开发利用、提高信息化在国民经济发展中主导作用的效果等方面加以引导,使中国信息化的评价建立在科学化和促进中国提高信息化水平、尽快缩小与国际间信息化发展差距的基础之上。

(5) 国家信息化指标构成方案

国家信息化指标构成方案的具体内容包括 20 项指标,具体内容见表 6.1。

表 6.1　国家信息化指标构成方案

序号	指标名称	指标解释	指标单位	资料来源
1	每千人广播电视播出时间	目前,传统声、视信息资源仍占较大比重,用此指标测度传统声频、视频信息资源	小时/千人(总人口)	根据广电总局资料统计
2	人均带宽拥有量	带宽是光缆长度基础上通信基础设施实际通信能力的体现,用此指标测度实际通信能力	千比特/人(总人口)	根据信息产业部资料统计
3	人均电话通话次数	话音业务是信息服务的一部分,通过这个指标测度电话主线使用率,反映信息应用程度	通话总次数/人(总人口)	根据信息产业部、统计局资料统计
4	长途光缆长度	用来测度带宽,是通信基础设施规模最通常使用的指标	芯长(公里)	根据信息产业部、统计局资料统计
5	微波占有信道数	目前微波通信已经呈明显下降趋势,用这个指标反映传统带宽资源	波道(公里)	根据信息产业部、统计局资料统计
6	卫星站点数	由于我国幅员广阔,卫星通信占有一定地位	卫星站点	根据广电总局、信息产业部、统计局资料统计
7	每百人拥有电话主线数	目前,固定通信网络规模决定了话音业务规模,用这个指标反映主线普及率(含移动电话数)	主线总数/百人(总人口)	根据信息产业部资料统计

序号	指标名称	指标解释	指标单位	资料来源
8	每千人有线电视台数	有线电视网络可以用作综合信息传输,用这个指标测度有线电视的普及率	有线电视台数/千人(总人口)	根据广电总局、统计局资料统计
9	每百万人互联网用户数	用来测度互联网的使用人数,反映出互联网的发展状况	互联网用户人数/百万人(总人口)	根据 CNNIC、统计局资料统计
10	每千人拥有计算机数	反映计算机普及程度,计算机指全社会拥有的全部计算机,包括单位和个人拥有的大型机、中型机、小型机、PC 机	计算机拥有数/千人(总人口)	根据统计局住户抽样数据资料统计
11	每百户拥有电视机数	包括彩色电视机和黑白电视机,反映传统信息设施	电视机数/百户(总家庭数)	根据统计局住户抽样资料统计
12	网络资源数据库总容量	各地区网络数据库总量及总纪录数、各类内容(学科)网络数据库及总纪录数构成,反映信息资源状况	吉(G)	在线填报
13	电子商务交易额	指通过计算机网络所进行的所有交易活动(包括企业对企业、企业对个人、企业对政府等)的交易的总成交额,反映信息技术应用水平	亿元	抽样调查
14	企业信息技术类固定投资占同期固定资产投资的比重	企业信息技术类投资指企业软件,硬件,网络建设、维护与升级及其他相关投资,反映信息技术应用水平	百分比	抽样调查
15	信息产业增加值占 GDP 比重	信息产业增加值主要指电子、邮电、广电、信息服务业等产业的增加值,反映信息产业的地位和作用	百分比	根据统计局资料统计
16	信息产业对 GDP 增长的直接贡献率	该指标的计算为:信息产业增加值中当年新增部分与 GDP 中当年新增部分之比,反映信息产业对国家整体经济的贡献	百分比	根据统计局资料统计
17	信息产业研究与开发经费支出占全国研究与开发经费支出总额的比重	该指标主要反映国家对信息产业的发展政策。从国家对信息产业研发经费的支持程度反映国家发展信息产业的政策力度	百分比	根据科技部、统计局资料统计

序号	指标名称	指标解释	指标单位	资料来源
18	信息产业基础设施建设投资占全部基础设施建设投资比重	全国基础设施投资指能源、交通、邮电、水利等国家基础设施的全部投资,从国家对信息产业基础设施建设投资的支持程度反映国家发展信息产业的政策力度	百分比	根据信息产业部、广电总局、统计局资料统计
19	每千人中大学毕业生比重	反映信息主体水平	拥有大专毕业文凭数/千人(总人口)	根据统计局资料统计
20	信息指数	指个人消费中除去衣食住外杂费的比率,反映信息消费能力	百分比	根据统计局资料统计

6.3　企业信息化

6.3.1　企业信息化的概念

1) 企业信息化的概念

企业信息化是指企业以企业流程(优化)重组为基础,通过对信息资源的深化开发和广泛利用,在一定的深度和广度上利用计算机、通信、网络、数据库等现代信息技术,控制和集成化管理企业生产经营活动中的所有信息,全面实现企业的资金流、物流、作业流、信息流的数字化、网络化管理,实现企业内外部信息的共享和有效利用,以提高企业的经济效益和市场竞争力。

2) 企业信息化的内涵

(1) 第一层是办公自动化、信息化

这主要是指 CAD、CAM 和 CAT 等为代表的信息化,实际上这是自动化的内容。包括实现信息传递、信息类资源的共享、电子邮件、公文流转、工作日程安排、小组协同办公、工作流程自动化。

(2) 第二层是生产过程信息化

企业在生产当中广泛运用电子信息技术实现生产自动化。如生产设计自动化(CAD)、自动化控制、智能仪表、单板机的运用等等,凡是用到电子信息技术的都是企业信息化的一部分。

(3) 第三层是数据处理的信息化

用电子信息技术对企业的大量生产、销售、财务、管理等数据进行处理,进一步将数据集中、规划管理,使各部门能够共享,并以此进行分析、预测等工作。这是最基础的、大量的数据信息化过程。

（4）第四层是管理和办公的信息化

在上述三个层次的基础上进行企业信息化的全面规划,并逐步开发使用信息资源,最终完成全企业的管理信息系统(MIS)。

（5）第五层是企业生产、经营、管理一体化的信息化

将设计、制造的物流过程和整个过程的资金流、信息流以及设备、能源、人力资源等所有控制和管理综合起来,即实施 CIMS、ERP 和 Intranet,使企业内部信息化达到一个新的高度。

（6）第六层是企业信息化从内部扩延到外部的过程

利用企业内部网(Intranet)、外部网(Extranet)以及因特网平台、数据管理平台将内部的生产经营和外部供应、销售整合起来,实现与上游供应商以及下游分销商、客户、政府部门等外部实体进行信息交换和商务活动,如供应链管理 SCM、客户关系管理 CRM 等。

3）企业信息化的外延

（1）企业信息化的基础是企业的管理和运行模式,而不是计算机网络技术本身,其中的计算机网络技术仅仅是企业信息化的实现手段。

（2）企业信息化建设的概念是发展的,它随着管理理念、实现手段等因素的发展而发展。

（3）企业信息化是一项集成技术:企业建设信息化的关键点在于信息的集成和共享,即实现将准确的数据及时地传输到相应的决策人手中,为企业的运作决策提供数据。

（4）企业信息化是一个系统工程:企业的信息化建设是一个人机合一的有层次的系统工程,包括企业领导和员工理念的信息化;企业决策、组织管理信息化;企业经营手段信息化;设计、加工应用信息化。

（5）企业信息化的实现是一个过程:包含了人才培养、咨询服务、方案设计、设备采购、网络建设、软件选型、应用培训、二次开发等过程。

6.3.2 企业信息化的内容

1）产品设计制造的信息化

它主要针对制造业在新产品设计开发方面能力弱、手段落后、周期长的问题,包含 CAD(计算机辅助设计)、CAPP(计算机辅助工艺规划)、CAM(计算机辅助制造)、FMS(柔性制造系统)以及 CE(并行工程)、VM(虚拟制造)等技术。

CAD 和交互式图形系统在机械工具和零部件设计中的应用越来越广泛,技术也越来越先进。为了缩短产品的开发周期,已经开发出了一种"设计/原型"技术,可以将由 CAD 设计出的零部件直接送到一个计算机控制的机床加工出来。网络技术与不断发展的 CAD 技术的结合在电气、电子、机械、纺织等多个领域的应用前景是不可估量的。它无疑使产品的开发更适合客户的需求,使新产品开

发周期变短,使企业在激烈的市场竞争中更具优势。

CAM 中大量地使用机器人,将送料机、车床、喷漆机等整个工序与计算机联成一个整体。此外,测试传感技术也是构成现代信息技术和自动化技术的主要支柱之一。智能型、复合型传感器技术、自动测试技术与信息处理技术、机械设备工程监测与故障预报技术也在生产过程的信息化中扮演了重要角色。

VM 技术是以计算机支持的仿真技术为前提,对设计、加工、装配等过程统一建模,在产品设计阶段实时地、并行地模拟出产品未来制造的全过程,预测产品的性能、产品生产技术、产品的可制造性,从而更有效的组织生产,使工厂和车间的设计与布局更合理有效,以达到产品的开发周期和成本最小化,产品质量的最优化,生产效率最高化。对虚拟制造系统的要求主要有:功能上与现实制造系统的一致性,结构上与现实制造系统的相似性,软硬件组织的柔性,系统的集成化和智能化等。采用 VM 虚拟现实和模拟技术的设计者可以在一个很容易操作的模型世界中选择多种多样的设计方案。目前,虚拟技术还可以使用户在网络上参与产品的设计过程而且生产出的产品可以在网上展示给用户,以便及时得到用户反馈,再进行修改,从而使产品更好地满足个性化市场的要求。

并行工程 CE 是一种集成、并行地设计产品及其相关过程的系统化方法,通过组织多学科产品开发队伍、改进产品开发流程、利用各种计算机辅助工具手段,使产品开发在初级阶段就能及早考虑到开发后期的各种因素,减少后期对前期设计的更改返工次数,缩短开发周期,降低成本,提高效率。

柔性生产是为了适应科技飞速发展和激烈市场竞争下产品更新换代加速的现实。所谓柔性是指一个制造系统适应各种生产条件变化的能力,在现有生产条件和设备下,既能大批量生产同种产品,而一旦市场需求产生变化,又能适应用户需求定做批量小质量高的产品。柔性自动化制造的形式很多。如美国里海大学(Lehigh University)亚科卡研究所于 1991 年提出的灵敏制造(AM),其主线就是高柔性生产。其他如 FMC(柔性制造单元)、FML(柔性生产线)、FMS(柔性制造系统)等均是高柔性生产模式。

2)生产组织信息化

在供需链方面,传统制造企业往往拥有巨大的原料仓库和产品仓库。这不但表明原料浪费和产品积压,更说明了资金周转不畅,产品从生产到面市滞后。生产组织信息化正是针对供、产、销链条的效率问题。典型的有"推式"(PUSH)生产的模型 MRPⅡ(制造资源计划)和"拉式"(PULL)生产模型 JIT(准时生产)等。

MRPII,指制造资源计划,目的是将企业的制造资源方面包括财、物、产、供、销等因素合理配置,以使之充分发挥效能,使企业在激烈的市场竞争中赢得优势,从而取得最佳经济效益。MRPII 是从物料需求计划(MRP)发展而来的。MRP 是 20 世纪 60 年代中期美国企业提出的制定企业内部原材料零部件采购加工计划的方法,目的是保证企业能够在规定的时间、规定的地点,按照规定的数量得到真正需要的物料。最初应用 MRP 的主要是电子、机械等生产装配型产业的企业,后来在医药、化工、卷烟、食品及化妆品等流程型企业也开始应用,现已成为世界普遍采用的计算机辅助管理和辅助计划模式。20 世纪 70 年代中期以后,MRP 的功能不断发展完善,企业的成本发生、经营规划、销售与生产规划也纳入到系统中来,这便产生了被称为现代西方企业管理思想精华的制造资源计划。MRPⅡ同 MRP 的主要区别就是它运用管理会计的概念,用货币形式说明了执行企业"物料计划"带来的效益,实现物料信息同资金信息集成。MRPⅡ把传统的账务处理同发生账务的事务结合起来,不仅说明账务的资金现状,而且追溯资金的来龙去脉——例如将体现债务债权关系的应付账、应收账同采购业务和销售业务集成起来、同供应商或客户的业绩或信誉集成起来、同销售和生产计划集成起来等,按照物料位置、数量或价值变化,定义"事务处理(Transaction)",使与生产相关的财务信息直接由生产活动生成。在定义事务处理相关的会计科目之间,按设定的借贷关系,自动转账登录,保证了"资金流(财务账)"同"物流(实物账)"的同步和一致,改变了资金信息滞后于物料信息的状况,便于实时做出决策。MRPⅡ系统主要包括制造、供销和财务三大部分,它所体现的信息集成内容也是 ERP 的主要部分。

准时生产系统 JIT(Just In Time)是由日本制造商提出的,其基本思想是在恰当的时间生产出由恰当的零部件、产成品,把生产中出现的存储和等待时间以及残次品等均视为一种浪费。JIT 生产以最终产品的取出拉动生产运行,故称为拉式。JIT 达到了降低生产成本、减少生产浪费、提高产品质量、缩短产品从生产到面市的时间等效果,适应了 T、Q、C、S 要求,即最快的上市速度(Time to market)、最好的质量(Quality)、最低的成本(Cost)和最优的服务(Service)。

3)管理与决策信息化

针对企业信息不畅、条块分割引起的"家底不清"、市场不明、经营粗放等问题而提出,可以从硬、软两个层面加以理解。所谓硬方面是指企业组建自己内部的企业计算机网络 Intranet 并于外部 Internet 相连。有关产品设计、经营管理的数据均转化成可在网上直接传输的格式。企业管理层运用功能强大的 MIS 管理信息系统、专家系统、决策支持系统进行日常生产监控或重大企业战略决策。例如,福特汽车公司近几年通过内部网络改进管理,为企业节省了数十亿美元的开支。它将全球 12 万个电脑工作站联为一体,把遍布各地的 15 000 个经销商纳入内部网,最终实现了从订货到支付的全过程。

4)CIMS

CIMS(Computer Integrated Manufacturing System)计算机集成制造系统是计算机应用技术在工业生产领域的主要分支技术之一,CIMS 通俗的解释是"用计算机通过信息集成实现现代化的生产制造,以求得企业的总体效益",它是以上几个层次信息系统的有机合成,综合运用现代管理、信息、自动化、系统工程等技术,实现企业中人、技术、管理的集成和企业中信息流、物质流、价值流的集成。CIMS强调企业生产经营的各个环节,如市场分析预测、产品设计、加工制造、经营管理、产品销售等一切的生产经营活动,是一个不可分割的整体;同时,企业整个生产经营过程从本质上看,是一个数据的采集、传递、加工处理的过程,而形成的最终产品也可看成是数据的物质表现形式。CIMS一般可以划分为四个功能子系统和两个支撑子系统,系统的组成如图6.3所示:

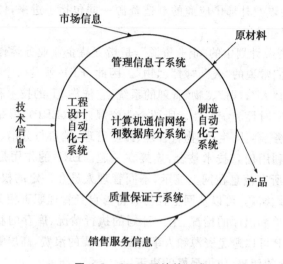

图 6.3 CIMS 系统的组成

四个功能子系统:

(1) 管理信息子系统,主要应用制造资源计划(MRPII)、企业资源计划(ERP)、准时生产等技术,根据市场需求信息做出生产决策,确定生产计划、估算产品成本和生产效益,并作出物流、能源、设备、人员的计划安排,保证生产的正常进行。

(2) 工程设计自动化子系统,它主要包括 CAD 系统(计算机辅助产品设计工作)、CAE 系统(零部件的各种结构分析和优化设计)、CAPP 系统(产品制造工艺设计)、CAM 系统(自动编制数控加工程序)等。

(3) 制造自动化子系统,使产品制造活动优化、周期短、成本低、柔性高,主要指 CNC、FMC、FMS 等设备或系统制造过程的控制与管理。涉及加工制造的各个环节及系统或设备间的信息管理和物流管理。

(4) 质量保证子系统,是一个保证产品质量的系统,包括质量决策、质量检测与数据采集、质量评价、控制与跟踪等。

它还有两个辅助子系统:

(1) 计算机网络子系统,是连接 CIMS 各功能分系统的计算机通信网络系统,在采用的通信协议下完成各分系统间信息和数据的通信和交换。

(2) 数据库子系统,是包含各分系统的地区数据库和公用的中央数据库的分布式数据库及其管理系统。数据库系统中的各类数据库可在分布数据库管理系统的控制和管理下供各分系统调用和存取。

5) ERP

ERP(Enterprise Resource Planning)企业资源计划系统把企业的内部和外部资源有机的结合在一起,充分贯彻了供应链的管理思想,将用户的需求和企业内部的制造活动以及外部供应商的制造资源一同包括了进来,体现了完全按客户需求制造的思想。

ERP 企业资源计划中的"企业资源",是指支持企业业务运作和战略运作的事物,也就是我们常说的"人"、"财"、"物"。因此,ERP 就是一个有效地组织、计划和实施企业的"人"、"财"、"物"管理的系统,它依靠 IT 的技术和手段以保证其信息的集成性、实时性和统一性。所谓企业资源计划(ERP),就是将企业内部各个部门,包括财务、会计、生产、物料管理、品质管理、销售与分销、人力资源管理、供应链管理等,利用信息技术整合,连接在一起。ERP 的作用是将各部门连贯起来,让企业的所有信息在网上显示,不同管理人员在一定的权限范围内,通过自己专门的账号、密码,可以从网上轻易获得与自身管理职责相关的其他部门的数据,如企业订单和出库的情况、生产计划的执行情况、库存的状况等。企业管理人员通过 ERP 可以避免资源和人事上的不必要的浪费,高层管理者也可以根据这些及时准确的信息,作出最好的决策。

ERP 可以说是 MRP II 的一个扩展,它在 MRP II 的基础上扩展了管理范围,提出了新的管理体系结构,它将系统的管理核心从"在正确的时间制造和销售正确的产品"转移到了"在最佳的时间和地点,获得企业的最大增值";同时,由于其基于管理核心的转移,管理范围和领域也从制造业扩展到了其他行业和企业;在功能和业务集成性方面,ERP 通过商务智能的引入,使得以往简单的事物处理系统变成了真正智能化的管理控制系统。

ERP 系统的功能目标:

(1) 支持企业整体发展战略的经营系统;

(2) 实现全球大市场营销战略与集成化市场营销;

(3) 完善企业成本管理机制,建立全面成本管理(Total Cost Management)系统;

(4) 应用新的技术开发和工程设计管理模式;

(5) 建立敏捷的后勤管理系统。

MRP II /ERP 系统与 CIMS 其他分支的关系如图 6.4:

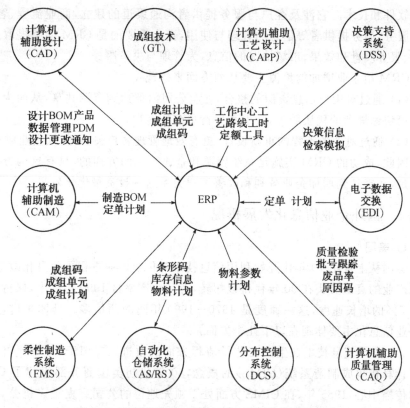

图 6.4 MRP Ⅱ/ERP 系统与 CIMS 其他分支的关系

6）CRM

CRM(Customer Relation Management)客户关系管理是一种旨在改善企业与客户之间关系的新型管理机制,它实施于企业的市场营销、销售、服务与技术支持等与客户相关的领域。CRM 的目标是一方面通过提供更快速和周到的优质服务吸引和保持更多的客户,另一方面通过对业务流程的全面管理来降低企业的成本。

CRM 产生和发展源于三方面的动力:需求的拉动、信息技术的推动和管理理念的更新。在需求方面,20 世纪 80 年代中期开始的业务流程重组和 ERP 建设实现了对制造、库存、财务、物流等环节的流程优化和自动化,但销售、营销和服务领域的问题却没有得到相应的重视,其结果是企业难以对客户有全面的认识,也难以在统一信息的基础上面对客户。而另一方面,在客户时代,挽留老客户和获得新客户对企业来说已经变得越来越重要,这就产生了现实和需求之间的矛盾。

CRM 的实质是实现与销售、市场营销、客户服务和支持等领域的客户关系有关的商业流程自动化并对商业流程加以改善。CRM 既是一种概念,也是一套管理软件和技术。它涉及客户与服务提供者沟通渠道的建立,商业流程、客户、客户服务、服务提供者等信息的管理与使用,更为重要的是 CRM 能够提取用户需求、服务质量和效果、市场情况的信息,为管理与决策服务。

CRM 给企业增加的价值主要从两方面来体现:

(1) 通过对用户信息资源的整合,在全公司内部达到资源共享,从而为客户提供更快速周到的优质服务,吸引和保持更多的客户;

(2) 通过对业务流程的重新设计,更有效地管理客户关系,降低企业成本。

因此,成功的 CRM 实施是系统资源和企业文化两方面的,只有这两方面同时满足,才能达到增加企业盈利和改善客户关系这一投资最优化效果。

6.3.3 国外企业信息化发展概况

1) 美国

美国从上世纪 70 年代开始利用信息技术对传统产业进行了信息化改造,使传统产业的衰退势头在 90 年代得以扭转,劳动生产率自 1990 年以来,保持了年均 2.5% 的增长速度,这一速度是 1970—1990 年间的两倍多。具体来讲,美国的企业信息化主要体现在以下几个方面:

(1) 电子信息技术在生产工艺及流程方面的改进。美国于 70 年代首次提出了计算机集成制造系统(CIMS)的概念,80 年代初美国商务部组建了 CIMS 技术传播中心,1985 年,在 CIMS 方面处于领先地位的公司有麦道飞机公司、通用汽车公司、西屋公司和英格索尔公司等。机床工业通过更新设备,采用计算机控制机床,极大地提高了生产效率。在 90 年代初,美国政府将 CIMS 列为影响国家经济命运和地位的 22 项关键技术和提高制造业国际竞争力的 6 项关键技术之一。并在 90 年代提出的并行工程、精益生产、敏捷制造、产品数据库管理的概念后,计算机集成制造系统日趋完善与扩展,到 1997 年,美国实施计算机集成制造系统的企业达 10 万家。

(2) 电子信息技术在管理方面的应用。信息技术的发展为企业生产中的信息获取、存储、处理、传输等创造了条件,企业管理的信息化成为可能,并在以后的发展进程中不断完善和改进。60 年代出现了物料管理信息系统(MRP),70 年代融进财务管理形成闭环物料管理信息系统(close-MRP),80 年代融进生产计划管理形成制造资源计划系统(MRP-Ⅱ)。到 80 年代美国企业管理信息化系统应用较为普遍,例如通用汽车公司建立的管理信息系统,利用网络将分布在 49 个州的 65 个销售部门、11 个州的 18 个产品仓库和 21 个州的 40 个制造部门全部连接起来,利用计算机网络使工厂分布在全国,降低了管理、库存、运输、分销等费用。90 年代发展了企业资源计划(ERP)系统,使之走向金融、商业及教育等行业。到 90 年代后期美国大部分的大公司如思科、GE 等,全面实施了 ERP 系统,提高了企业的竞争力。

（3）互联网上企业电子商务的发展。互联网的出现及电子商务的发展使企业的信息化进入了一个新的发展阶段。企业间物流、信息流与资金流得到了统一，它使得企业的内部资源可以及时对市场做出反应，企业内部的信息化和整个社会的信息化实现了融合，大大提高了企业的竞争力。从 2000 年开始，互联网的发展开始步入全球化扩张阶段。随着互联网的发展，ERP 系统又扩展了供应链管理（SCM）和客户关系管理（CRM），实现了生产和商品流通模式的变革。目前供应链管理与客户关系管理系统在美国已得到较广泛的应用，美国企业网络应用已达到较高水平，其生产、管理、经营被有机地连在一起，将原材料购买到产品销售的所有信息在网络上进行了有机的整合，进一步确立了美国企业信息化在全球的领先地位。在电子商务方面，到 1998 年，有 60％的小企业、80％的中型企业、90％以上的大企业已借助互联网广泛开展电子商务活动，到 2000 年美国所有大企业都已实现信息化。

2）日本

日本的企业信息化主要表现在：

（1）电子信息技术在生产工艺及流程方面的改进。日本汽车制造业率先引入计算机系统。1953 年日本丰田汽车提出了及时制造（JIT）概念，1961 年在全公司推广，70 年代初日本大力推广丰田公司的经验。80 年代末，日本汽车协会等制定了 CIM 研究、发展计划和 CIMS 计划。日本企业采取引进、消化、吸收的策略，走自己的信息化道路，使日本成为世界上运用 CIMS 最成功的国家之一。

（2）电子信息技术在管理方面的应用。20 世纪 80 年代以后，电子信息技术开始在企业管理方面进行应用，到 90 年代初日本办公自动化就进入成熟阶段，实现了办公自动化系统一体化。企业管理信息系统在 90 年代以前主要是管理信息系统（MIS）、决策支持系统（DSS）和办公自动化系统（OA），使企业内部业务更加快速、合理，90 年代则趋向战略信息系统（SIS），其目的在于支持企业取得战略上的竞争优势。日本企业十分重视信息资源的开发与利用，800 人以上的制造企业基本上都拥有信息处理中心和信息库。

（3）网络的企业信息化进程。随着信息技术的不断推广应用、互联网的发展，企业资源管理系统（ERP）又扩展了供应链管理（SCM）和客户关系管理（CRM），成为各国企业推进信息化的方向。1997 年已有 33.6％的企业使用了互联网，到 1998 年就有 58.7％的企业使用了互联网。日本企业在利用 ERP 系统改造生产经营模式上也做了大量工作，但是日本部分企业在推进信息化时，不是采取自上至下的整体设计方法（top-down），而是根据传统习惯，大幅度修改管理软件（如改变软件的标准画面、结构和流程），使先进的手段去适应过去的工作习惯，从而使科学先进的管理软件丧失统一性和先进性，无法充分发挥其作用，同时 ERP 等欧美管理方法与日本企业管理模式及主导思想上的差异，如日本的终身雇佣制等，使得日本企业在推进信息化时，完全成功的例子较少，与欧美一些企业有一定的差距。

6.3.4 我国企业信息化

1）我国企业信息化发展概况

20世纪70年代，企业开始购买计算机开始，企业对数字化生存开始认可，企业的信息化进程从此开始。80年代初，国家在企业信息化领域实施一系列重大政策的调整，标志着我国企业信息化建设正式起步，并一度掀起高潮。到了90年代，随着计算机技术的发展，计算机辅助设计（CAD）、计算机辅助制造（CAM）等软件也在一些企业的生产过程中得到应用并取得较好效果。企业内部各部门的基本数据和文件已经数字化，并将信息化的范围扩展到采购、销售、库存和人事、工资管理等方面，运用计算机逐步实现财务管理与其他业务管理在数据上的一体化处理，企业有了全局的电子化业务流程。近两年网络技术发展迅速，全国有6400多家企业上了Internet，并设立网页和域名，开展电子商务等。这里，我们从企业信息化的关键技术的发展应用来看我国企业信息化的进展情况。

（1）CAD/CAM推广应用情况

我国CAD/CAM（计算机辅助设计/计算机辅助制造）技术的应用开始于20世纪70年代末期，80年代逐步应用于机械制造、建筑、管道、电子、建材、纺织等众多领域。进入90年代以后，随着技术的成熟、工程成本的大幅度下降以及国产软件技术的迅速跟进，CAD/CAM的大规模推广应用条件基本具备。"八五"计划初期，全国CAD应用工程协调指导小组成立后，本着"抓应用、促发展、见效益"的原则，对推动我国CAD/CAM的应用起到了积极作用。目前全国大中型建筑规划设计院已基本普及了CAD技术，在建材、冶金、化工、机械等行业的工业窑炉大都实现了计算机控制。

（2）MIS推广应用情况

基于计算机技术的管理信息系统（MIS）几乎伴随着企业应用计算机技术的全过程，我国企业MIS的应用可以追溯到20世纪70年代中期，主要是以单机操作为主进行单项业务的数据处理辅助管理为主。70年代末到80年代中期许多企业都建立了诸如人事、工资、库存、生产调度、计划等管理子系统。80年代中后期尤其是进入90年代以后，随着系统集成和网络技术的发展，国内一些大中型企业纷纷把过去独立存在的子系统集成起来，形成统一的管理信息系统，较好地解决了信息"孤岛"问题。

（3）MRPⅡ/ERP推广应用情况

我国企业引入MRPⅡ开始于20世纪80年代中期，目前约有上千家企业建立了自己的MRPⅡ系统。近年来，国内一些行业领头企业也开始了建设ERP

的尝试,并取得了初步的成效。

（4）Intranet/Extranet

近几年来,Internet 技术的飞速发展和迅速普及,使企业 Intranet 和 Extranet 的建设得到迅猛发展我国企业的 Intranet/Extranet 应用近年来也表现出了良好的发展势头,不仅一些大型企业正在对原有信息系统进行基于 Internet 技术的改造或组织建设自己的 Intranet/Extranet,许多中小企业在这方面的表现也很让人欣慰。

（5）E-commerce

电子商务(E-commerce)始于上世纪 90 年代,是指利用电子网络进行的商务活动。由于电子商务以计算机和互联网为其技术基础,使企业的各项经营活动没有时间和空间的制约,快速实现网上交易、网上支付、网上纳税等等,从而降低经营成本,缩短资金的运转周期。目前关于 E-commerce 市场前景的预测每过 3 个月就要更新一次,前景光明。我国电子商务的发展在金融、外贸、民航等系统已经取得了很大成效,近年来各类企业利用 Internet 开展电子商务活动的积极性也日益高涨。

近年来面对信息化浪潮,很多企业开始构建开发自己的信息系统,不少企业因此提高了生产效率,降低了成本,提高了自己的核心竞争力,但也有不少企业并没有获得预期的效果,尤其是系统规模大、与管理关系密切、集成度高的系统,风险也比较大,失败概率往往很高,最明显的就是 ERP。这两年来 ERP(企业资源计划)概念被炒得很火,ERP 作为规模最大,与管理捆绑最紧密的信息系统,实施风险最大,其失败之多已让不少企业视之为"鸡肋",甚至拒之门外。但是随着 WTO 的临近和市场的日益全球化,中国企业面临的是全球化的市场竞争,以及与国际接轨的现实。因此企业要生存就必须面对新形势下的企业信息化,尽快适应,而不是置之不理。

2）我国企业信息化发展的制约因素

（1）企业信息化总体应用水平低

从企业信息化进程来看,信息系统建设水平目前尚处于一般事务处理和简单信息管理的阶段,呈现出"信息孤岛"严重、资源不能共享、信息化建设综合优势发挥不出来的局面。从系统应用和网络增值服务来看,除 CAD 系统、财务管理系统应用比较好外,整体效果不明显、不理想,与国外水平有相当大的差距。虽然国内企业上网数量逐渐增多,但是应用网络进行交易的少。2000 年"企业上网年",很多企业都建立了自己的网站,但是绝大多数企业起到的作用仅仅是停留在媒体的简单扩充上,利用网络开展经营活动的企业还不多。调查显示,虽然有 70 % 的国家重点企业已经接通因特网,但多数仅在网上开设了主页和 E-mail 地址,既没有充分利用网络资源进行深层的挖掘,更没有借助网络开展商务活动,尤其是电子商务的运用上还非常落后。

（2）企业体制改革跟不上，管理基础薄弱，管理水平不高

企业的信息化建设能否取得成功，除了相关的技术因素之外，更大的因素将取决于能不能将先进的管理理念同企业的具体实际良好结合，高水平的管理才能保障信息系统的运行并使之发挥应有的作用。信息管理从采购、生产、销售、财务等局部信息管理到信息全面集成需要一个过程，如果一个企业没有高水平管理，对信息转化的各个环节（即业务处理环节）进行有效监控，一旦错误数据堆积并得不到即时处理，就会爆发"多米诺骨牌"效应，致使整个系统信息出错。大多数企业信息化建设是在旧的体制和管理模式下进行的，体制改革和管理创新没有同步进行，或进行得很不彻底，导致信息系统建成后不能正常运行，或根本无法运行，形同虚设，不能真正发挥信息化对增强企业核心竞争力的作用。而事实上，重大信息化工程 MRP Ⅱ 和 CIMS 等实质上都是现代企业管理思想与现代信息技术相结合的产物，所代表的不仅是管理手段的升级，更重要的则是管理思想的创新。如果企业原来的管理一团糟，也没有改变的愿望，硬是用行政命令强制推行 MRP Ⅱ 和 CIMS，再好的软件和硬件也发挥不了作用，用工业化办法来搞信息化注定要失败。

（3）企业信息化缺乏专业信息技术人才，特别是复合型人才缺乏

企业信息化建设固然首先要有领导层亲自推动，但没有系统理解与把握信息化知识、技能的管理层、技术层、执行层人才队伍的密切配合，信息化仍然难以成功。企业普遍缺乏信息化人才特别是既懂业务、管理，又懂信息技术的复合型人才。企业实施信息化，往往需要比较先进的技术，同时要求用户共同参与开发，但由于这种复合型人才的缺乏，对企业信息化建设带来不利影响。

（4）企业信息化建设成本高

现阶段，我国 IT 厂商主要提供 PC 机、硬盘、显示器和终端等一些附加值较低的产品，而高性能的服务器、路由器、交换机等高技术含量的产品供给能力明显不足，只能靠进口来满足国内需求，因而这些产品价格较高，这是企业信息化成本高、建设周期长、后期维护与协调难的重要原因。

（5）企业信息化缺乏统一规范和标准，电子商务法规不完善

企业内部产品编码、管理编码等技术标准、规范不统一，造成企业内部"信息孤岛"无处不在、系统不能集成、资源不能共享的局面，严重制约企业信息化建设。同时，大多数行业缺乏统一的信息化技术标准、服务规范，也是造成我国企业信息化应用水平不高、综合效益发挥不出来的重要原因。

3）我国企业信息化发展对策分析

（1）应坚持从实际出发，长远规划、逐步推进的发展原则

企业信息化工程是一项长期的、综合的系统工程，有着丰富的内涵，它不可能在短时间内产生显著的效益，做好总体规划可以保证各分系统的集成与协调发展。对企业来说，要做好打持久战的准备，企业要想一步到位，一劳永逸是不

可能的。应从企业自身的实际条件出发,集中必要的人力、物力,逐步推进企业信息化的进程。要以企业的效益为根本,分析、规划、有层次地逐步实现企业的信息化战略,既不能消极等待,也不能盲目乱上。在信息化的实施过程中,同时还应注意整体性、前瞻性、实用性和可扩充性的统一,不要盲目求新求大。在坚持这些策略的同时,企业也应按照一定的步骤去发展。

(2)充分发挥政府职能部门在企业信息化过程中的主导作用

信息化建设是一项复杂的社会系统工程,需要社会各方面的参与,在企业信息化发展初期,需要国家政策的引导和资金投入,在实施过程中及时总结经验教训,根据实际情况,调整战略步骤。离开政府的协调、引导和支持,企业信息化的效率、效益都将难以保障。政府各主管部门,应该联合各方面力量,加快网络基础设施、产品与服务编码、技术标准与规范、工程监理、安全认证、网上支付、物流配送等企业信息化的公共支撑配套环境的建设。

首先,政府要制订法规、各种配套政策,创造一个良好的推进企业信息化的宽松环境。同时,政府还应该颁布相应政策,使企业管理者明确我国信息化的方针、近期和远期目标,增强企业信息化建设的紧迫感和责任感。

其次,政府要抓好总体规划,组织和引导企业信息化进程。应该采取一系列有效措施,有计划有步骤地从宏观上积极引导和推进我国企业信息化进程。

第三,政府要从战略的高度推动信息化的基础设施建设,不断加强我国信息网络的基础设施建设,不断改善企业信息化的宏观环境。企业信息基础设施是指根据企业当前业务和可预见的发展,以信息采集、处理、存储和流通的要求,选购和构筑由信息设备、通信网络、数据库和支持软件等组成的环境。这是现代企业有效运作和参与市场竞争的最重要的企业基础环境。

另外,政府应该普及信息化知识。目前,导致我国企业信息化水平低的主要原因之一,是企业经营管理人员缺乏必要的信息化知识,对用信息技术改造企业生产经营管理的作用认识不足。政府要采取多种形式、通过多种渠道开展多层次的信息化知识宣传、培训和推广。特别是要加大对中小企业、落后地区的企业和传统劳动密集型企业的信息化知识培训力度,增加这类企业的信息化意识和知识,提高对信息化的认识水平。

(3)企业信息化需要企业自身强化信息化意识,从管理层开始做起,切实推进企业体制、技术、管理创新

企业在信息化建设过程中始终要树立主体的地位,是企业实施信息化建设的核心。受多种因素制约,许多企业信息化建设工作是在旧的体制、机制和管理模式基础上进行的。企业实现信息化并真正从中受益,增强竞争力,一个重要基础和前提就是首先实现企业内部的信息化。而企业内部的信息化同时就是企业管理体制改革、管理流程再造、管理手段革新和管理团队重组的过程,要求企业必须加快推进改革、改组、改造步伐,加强内部管理,否则,体制、机制、组织结构、

管理模式等一成不变,陈旧僵化,即使采用最先进的技术装备和信息系统,也只会失败,不会成功。与此同时,企业必须确立先进的管理思想和管理体制,企业信息化建设不仅是技术变革,更是思想创新、管理创新、制度创新。在重大信息化工程建设之前或在建设中对现有组织机构、管理制度、运行模式进行适时、适当调整,将使信息化建设事半功倍。企业的信息化涉及到企业生产、经营、管理各个方面的信息化,企业的信息化实际是电子信息技术在企业的应用,企业的信息化、电子信息技术的应用必然要求企业实现管理上创新,企业的信息化要实施MRPII(制造资源计划)、ERP(企业资源计划)、CRM(客户关系管理)、CIMS(计算机集成制造)、EC(电子商务)以及 OA(办公自动化系统),首先要进行业务重组(BRP),改变传统的企业组织及管理模式。

企业信息化是技术问题,更是管理问题,所以要推进企业的信息化,就必须把企业的技术创新、管理创新和制度创新结合起来。ERP 的应用在日本不成功的事例,说明在推进企业信息化的过程中,企业信息化系统与企业管理机制的配套建设的重要性。我国企业的管理机制、管理思想、管理方法与西方先进的市场经济管理有很大的差距,所以企业的信息化首先是一次管理模式的创新,这对任何一个企业而言都是一次严峻的挑战。

(4) 加强企业信息技术和管理人才的培养及队伍的建设

人才是企业信息化建设成功与否的最终决定力量。企业信息化从根本上讲,是人的思维、意识的信息化,因为管理上完全是人在操作,所以企业信息化首先是人的信息化,企业信息化建设的水平和效益在很大程度上取决于其专业人才的数量和质量。有学者就曾经说过,一个信息系统的成功,很大程度上取决于从业人员的培训工作,而不是技术本身。

在企业信息化的过程中,培养一支既懂信息技术又具有坚实的管理科学知识的队伍尤为重要。这支队伍中既要有系统分析与设计人员、软件开发人员、数据库管理人员、硬件维护人员等信息技术人才,又要有营销人员、财务人员、人力资源管理人员等各种管理人才,做到优势互补、取长补短。企业信息化的实现需要一大批不仅精通专业知识,能够充分利用信息技术进行研究和应用,推动企业内部信息化建设,而且还具有强烈的创新精神和实践能力的高层次专门人才作为支撑。这就要求企业通过加强人才培训、技术交流与合作等方式来造就一支既懂技术,又懂管理、知识结构合理、技术过硬的"复合型"信息技术人才队伍。为鼓励优秀人才脱颖而出,企业应打破常规,采用引进和培养相结合的方式,加大对人才的储备,以保证企业信息化建设的人才需要。

6.4 电子政务

6.4.1 电子政务的概念

电子政务(e-government)一词是相对于传统政务(government)和电子商务(e-commerce)而言的,是快速发展的现代电子信息技术与政府改革相结合的产物。国内外存在着多种多样的说法,如电子政府、数字政府、计算机化政府、网络政府、政府信息化、政府—公民电子商务、政府—企业电子商务等。通常情况下,我们也可以把政府信息化、电子政府的概念和电子政务等同起来。这几个概念是近年来提的比较多的,政府信息化就是指建立电子政务或者说建立电子政府。

一些国内学者认为,电子政务最重要的内涵,是运用信息以及通信技术打破行政机关的组织界限,建构一个电子化的虚拟机关,使得公众摆脱传统的层层关卡以及书面审核的作业方式;而政府机关之间以及政府与社会各界之间也是经由各种电子化渠道进行相互沟通,并依据人们的需求、人们可以获取的形式、人们要求的时间及地点等,向人们提供各种不同的服务选择,从应用、服务及网络通道等三个层面进行电子化政府基本架构的规划。

另一些国内学者则认为,电子政务其实就是各级政府机构的政务处理电子化,主要包括政务电子化、信息公布与发布电子化、信息传递与交换电子化、公众服务电子化等等。

有些西方学者指出,所谓构建电子政府,实质上就是把工业化模型的大政府转变为新型的管理体系,以适应虚拟的、全球性的、以知识为基础的数字经济,同时也适应社会的根本转变。所谓工业化模型的大政府,其特点是集中管理、分层结构、在物理经济中运行。相比之下,新型的管理体系,即电子政务,它的核心则是:大量频繁的行政管理和日常事务都通过设定好的程序在网上实施,而大量决策权下放给团体和个人,政府必须考虑重新确立自身的职能。

综上所述,电子政务就是政府机构应用现代信息和通信技术,将管理和服务通过网络技术进行集成,在互联网上实现政府组织结构和工作流程的优化重组,超越时间、空间与部门分隔的限制,全方位地向社会提供优质、规范、透明、符合国际水准的管理和服务。

电子政务包含三个方面的信息:第一,电子政务必须借助于电子信息和数字网络技术,离不开信息基础设施和相关软件技术的发展;第二,电子政务处理的是与政权有关的公开事务,除了包括政府机关的行政事务以外,还包括立法、司法部门以及其他一些公共组织的管理事务,如检务、审务、社区事务等;第三,电子政务并不是简单地将传统的政府管理事务原封不动地搬到互联网上,而是要对其进行组织结构的重组和业务流程的再造,电子政府不是现实政府的一一对应。因此，电子政府与传统政府之间有着显著的区别，见表6.2。

表 6.2 传统政府与电子政府的比较

传统政府	电子政府
实体性	虚拟性
区域性	全球性
集中管理	决策权下放
政府实体性管理	系统程序式管理
垂直化分层结构	扁平化辐射结构
在传统经济中运行	在以知识为基础的数字经济中运行

　　随着从传统政府向电子政府的转变，将逐步形成一个复杂的电子政务系统，见图6.5。

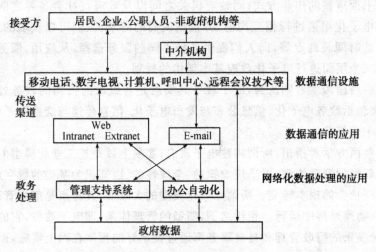

图 6.5　电子政务系统的结构

　　电子政务和办公自动化、政府上网之间还是有着显著区别的：

1）电子政务不同于办公自动化

　　所谓办公自动化，主要是指利用现代化的办公设备、计算机技术和通信技术来代替办公人员的手工作业，从而大幅度地提高办公效率。办公自动化设备早在 20 世纪 80 年代就已经开始在我国普及应用，而电子政务系统的大规模应用基本上是 90 年代中期以后的事情。

　　具体地说，电子政务和办公自动化系统在以下几个方面存在明显的差异：

　　第一，应用定位不同。电子政务侧重于政府部门内部以及跨部门、系统和地区的应用，而办公自动化系统的应用重点在部门内部，并且集中于办公人员的个人层面。

第二,应用主体不同。办公自动化广泛地应用于几乎所有的党政机关和企事业单位,而电子政务顾名思义,其应用主体主要是各级政府部门。

第三,系统用户不同。办公自动化系统的用户多为办公人员,而电子政务由于一般是互动式进行的,因此其系统用户的范围要广得多,除了政府部门的工作人员之外,还包括与这些部门相关的企业和公众等。

虽然电子政务和办公自动化在应用定位、应用主体、功能、系统管理模式等方面均存在较大的差异,但是它们之间仍然有着十分密切的关系。由于电子政务实现了打破部门界线的联网办公和互动式作业,因此可以把电子政务看做是办公自动化系统在范围和功能上的对外延伸,是面向全社会的政府办公自动化。

2)电子政务不同于政府上网

这个词来源于 1999 年启动的"政府上网工程"。当年 1 月,中国电信联合 40 多家部委(办、局)的信息主管部门,共同倡议发起了政府上网工程。这项工程的主旨是推动各级政府部门开通自己的互联网站,并推出政务公开、领导人电子信箱、电子报税等服务,从而为政府系统的信息化建设打下了坚实的基础。"政府上网工程"取得了巨大的成功。在短短的一年时间内,全国各级政府部门申请的 gov.cn 域名就达到 2400 余个,而且还开发出了大量成功的网上应用项目。正是由于"政府上网工程"取得了如此大的成功,所以人们后来经常用"政府上网"来指代我国的电子政务建设。

然而,严格地说,"政府上网"与电子政务建设并不是同一个概念。如果取"政府上网工程"的原意,那么"政府上网"的重点还是在于通过开通政府网站来推动政府部门与民众之间的电子政务活动。而完整意义上的电子政务则是一个更为宽泛的概念,还包括了政府部门内部以及部门之间的电子政务活动。所以,除非我们把"政府上网"的含义进行适当的扩展,把政府部门内部和部门之间的联网办公也包括进来,否则"政府上网"与电子政务之间不能简单地画等号。

表 6.3 政府上网和电子政务的区别

	传统的政府上网	新型的电子政务
功能覆盖	在因特网上建立正式站点,发布政府政务信息,提供政府网上便民服务	政务信息管理、数据报送、电子公文交换、行政文件归档等全方位的信息共享和协同工作
资源利用	"站多车少"的现象较多,服务项目少,难以真正起到便民效果,致使网络资源闲置	依托"三网一库"基本思想搭建系统的网络框架,立足政府业务实际、着眼未来、统筹规划,最大程度的避免了低水平重复建设
操作维护	处于政府宣传的初级阶段,网上办公水平较低,且信息维护更新困难,应用局限性很大	每个子系统均可以自助管理,栏目也可以实现安全分级管理和分部门管理,建立了系统统一的身份认证体系,满足文件的跨平台交换和共享

	传统的政府上网	新型的电子政务
后期扩展	初步实现政府业务上网,将部分管理业务移植到网上,系统预留的功能扩展及升级空间不大	系统实现开放式设计,具有极强的后期扩展能力,可以方便的和政府现有的电子商务网、教育网、农业信息网等专业网络互联互通
安全设计	利用 INTERNET/INTRANET 等计算机通信技术,租借服务器现象较多,很难达到安全标准	采用多种安全技术,并把政府办公业务内网、政府办公业务资源专网和政府公众服务外网严格物理隔离,专门设置保密网。采用了严格信息发布审核机制,确保了国家秘密的安全
标准制定	缺少统一标准的电子资源信息库的规划和建设,接口标准不统一	重视系统信息和业务数据的标准化工作。系统统一编码、统一存储格式、统一分类索引等

6.4.2 电子政务的分类

从图 6.5 可以看出,电子政务的内容非常广泛。从服务对象来看,电子政务主要包括政府间的电子政务(Government to Government,G2G)、政府对企业的电子政务(Government to Business,G2B)、政府对公民的电子政务(Government to Citizen,G2C)。

1) 政府间的电子政务,即 G2G

G2G 是上下级政府、不同地方政府、不同政府部门之间的电子政务。G2G主要包括以下内容:

(1)电子法规政策系统。对所有政府部门和工作人员提供相关的现行有效的各项法律、法规、规章、行政命令和政策规范,使所有政府机关和工作人员真正做到有法可依,有法必依。

(2)电子公文系统。在保证信息安全的前提下在政府上下级、部门之间传送有关的政府公文,如报告、请示、批复、公告、通知、通报等,使政务信息十分快捷地在政府间和政府内流转,提高政府公文处理速度。

(3)电子司法档案系统。在政府司法机关之间共享司法信息,如公安机关的刑事犯罪记录,审判机关的审判案例,检察机关检察案例等,通过共享信息改善司法工作效率和提高司法人员综合能力。

(4)电子财政管理系统。向各级国家权力机关、审计部门和相关机构提供分级、分部门历年的政府财政预算及其执行情况,包括从明细到汇总的财政收入、开支、拨付款数据以及相关的文字说明和图表,便于有关领导和部门及时掌握和监控财政状况。

(5)电子办公系统。通过电子网络完成机关工作人员的许多事务性的工作,节约时间和费用,提高工作效率,如工作人员通过网络申请出差、请假、文件复制、使用办公设施和设备、下载政府机关经常使用的各种表格,报销出差费用等。

(6)电子培训系统。对政府工作人员提供各种综合性和专业性的网络教育课程,特别是适应信息时代对政府的要求,加强对员工与信息技术有关的专业培训,员工可以通过网络随时随地注册参加培训课程、接受培训,参加考试等。

(7)业绩评价系统。按照设定的任务目标、工作标准和完成情况对政府各部门业绩进行科学的测量和评估。

2)政府对企业的电子政务,即 G2B

G2B 是指政府通过电子网络系统进行电子采购与招标,精简管理业务流程,快捷迅速地为企业提供各种信息服务。G2B 主要包括:

(1)电子采购与招标。通过网络公布政府采购与招标信息,为企业特别是中小企业参与政府采购提供必要的帮助,向他们提供政府采购的有关政策和程序,使政府采购成为阳光作业,减少徇私舞弊和暗箱操作,降低企业的交易成本,节约政府采购支出。

(2)电子税务。使企业通过政府税务网络系统,在家里或企业办公室就能完成税务登记、税务申报、税款划拨、查询税收公报、了解税收政策等业务,既方便了企业,也减少了政府的开支。

(3)电子证照办理。让企业通过因特网申请办理各种证件和执照,缩短办证周期,减轻企业负担,如企业营业执照的申请、受理、审核、发放、年检、登记项目变更、核销,统计证、土地和房产证、建筑许可证、环境评估报告等证件、执照和审批事项的办理。

(4)信息咨询服务。政府将拥有的各种数据库信息对企业开放,方便企业利用。如法律法规规章政策数据库、政府经济白皮书、国际贸易统计资料等信息。

(5)中小企业电子服务。政府利用宏观管理优势和集合优势,为提高中小企业国际竞争力和知名度提供各种帮助。包括为中小企业提供统一政府网站入口,帮助中小企业同电子商务供应商争取有利的能够负担的电子商务应用解决方案等。

3)政府对公民的电子政务,即 G2C

G2C 是指政府通过电子网络系统为公民提供的各种服务。G2C 主要包括:

(1)教育培训服务。建立全国性的教育平台,并资助所有的学校和图书馆接入互联网和政府教育平台;政府出资购买教育资源然后对学校和学生提供;重点加强对信息技术能力的教育和培训,以适应信息时代的挑战。

(2)就业服务。通过电话、互联网或其他媒体向公民提供工作机会和就业培训,促进就业。如开设网上人才市场或劳动市场,提供与就业有关的工作职位缺口数据库和求职数据库信息；在就业管理和劳动部门所在地或其他公共场所建立网站入口，为没有计算机的公民提供接入互联网寻找工作职位的机会；为求职者提供网上就业培训、就业形势分析，指导就业方向。

（3）电子医疗服务。通过政府网站提供医疗保险政策信息、医药信息，执业医生信息，为公民提供全面的医疗服务，公民可通过网络查询自己的医疗保险个人账户余额和当地公共医疗账户的情况；查询国家新审批的药品的成分、功效、试验数据、使用方法及其他详细数据，提高自我保健的能力；查询当地医院的级别和执业医生的资格情况，选择合适的医生和医院。

（4）社会保险网络服务。通过电子网络建立覆盖地区甚至国家的社会保险网络，使公民通过网络及时全面地了解自己的养老、失业、工伤、医疗等社会保险账户的明细情况，有利于加深社会保障体系的建立和普及；通过网络公布最低收入家庭补助，增加透明度；还可以通过网络直接办理有关的社会保险理赔手续。

（5）公民信息服务。使公民得以方便、容易、费用低廉地接入政府法律法规规章数据库；通过网络提供被选举人背景资料，促进公民对被选举人的了解；通过在线评论和意见反馈了解公民对政府工作的意见，改进政府工作。

（6）交通管理服务。通过建立电子交通网站提供对交通工具和司机的管理与服务。

（7）公民电子税务。允许公民个人通过电子报税系统申报个人所得税、财产税等个人税务。

（8）电子证件服务，允许居民通过网络办理结婚证、离婚证、出生证、死亡证明等有关证书。

6.4.3　电子政务的系统构成

电子政务的实现需要建立多个应用系统，完成多个应用目标。

1）网络应用平台子系统

网络应用平台子系统主要用于向政府内部网提供一个先进的、标准的、安全的网络运行平台，以保证整个网络系统基本服务的完整性、系统的开放性与可伸缩性。该子系统是内部网用户的入口，既可对用户身份进行认证，也可为用户提供基本的网络服务功能以及各种专业网络服务的通道。

2）网络安全管理子系统

网络安全管理子系统主要用于对政府内部网所有用户和所有网上业务系统进行统一管理，对网上的每一个用户进行授权，并对入网的每一项服务项目进行分发授权，以保证整个网络的安全运行。

3）信息发布子系统

信息发布子系统为用户提供了一个统一的信息共享环境，无论共享信息在物理上如何分布，用户都可以及时方便地获取。政府部门可根据自身的业务特点,将在业务运转过程中产生的共享信息在网上实时发布。该子系统还提供了各类业务系统上网发布接口,以及信息发布模板和工具,使普通用户不需编程就可建立信息发布栏目,并可自行对栏目信息进行编辑与维护。

4）公文运输子系统

公文运转子系统为政府部门或企业集团创建了一个协同办公的网络环境,使各项业务工作完全可以在网络环境下完成,从而有效地提高了办公效率,增强了决策制定的可协调性。

5）经济计划管理子系统

经济计划管理子系统可为综合管理部门提供便利的计划编制工具,以提高制订计划的效率和能力。每个计划都是一个集合.包括多个分类计划本,如农业计划、社会发展计划等。每个计划本又由多张计划表格组成,计划表格则由各种计划指标构成。因此,计划的基础就是计划指标数据库。计划编制人员可把计划表格制成模板,让每个单元格与数据库指标建立关联。在着手新一年的计划编制时,可将上一年的计划作为模板直接导入,通过调整基准年度产生当年的计划草稿.在此基础上就可方便地制作各种计划。

6）项目管理子系统

项目管理子系统可为政府部门的项目管理业务提供管理软件,动态跟踪项目的全过程,为政府决策提供依据。传统的项目管理系统是直接根据项目的业务需求来定制的,一旦项目属性发生变化,项目管理软件就需要重新改造。该子系统则以政府投资项目为设计对象,把各种项目信息作为项目属性,其中有些项目属性为系统默认属性,如项目名称、单位等。有些项目属性则为用户定义属性,用户可在系统原型基础上再确定特有属性,并对项目进行编辑与维护。此外,用户查询到某个项目后,就相当于打开了该项目的主页,与该项目相关的所有信息都有相应的链接,对项目的跟踪、查询将更加方便快捷。

政府部门实现电子政务后,通过电子化方式在各级政府部门之间传递信息,可大大提高政府部门的工作效率。

6.4.4　国外电子政务的发展

1）国外电子政务发展的阶段划分

当前,电子政务在世界范围内的发展有两个主要特征:第一个特征是以互联网为基础设施,构造和发展电子政务。第二个特征是,就电子政务的内涵而言,更强调政府服务功能的发挥和完善。之所以会出现这样两个主要的特征,是由于发达国家经过近 50 年的信息化进程,政府内部的管理信息系统和各种决策支持系统已经基本完成,从而有可能利用互联网将政府的信息系统在技术上和功能上向政府外部延伸;另一方面,也是因为互联网为重新构造政府和政府、企业、居民三者之间的互动关系提供了一个全新的机会。

国外电子政务的发展大致经历了四个阶段：

（1）起步阶段

政府在网上发布信息是电子政务发展起步阶段较为普遍的一种形式，主要是通过网站发布与政府有关的各种静态信息，如法规、指南、手册、组织机构、联络方法等。

（2）政府与用户单向互动

政府除了在网上发布与政府服务项目有关的动态信息之外，还向用户提供某种形式的服务。这个阶段的一个典型例子是用户可以从网站上下载政府制订的表格，如报税表等。

（3）政府与用户双向互动

政府与用户可以在网上完成双向的互动。一个典型的例子是，用户可以在网上取得报税表并在网上填完报税表，然后，从网上将报税表发送至国税局。而政府也可以根据需要，随时就某个非政治性的议题（如公共工程项目）在网上征求居民的意见，使居民参与政府的公共管理和决策等。

（4）网上事务处理

沿用上面的例子，国税局在网上收到企业或居民的报税表并审阅后，可以向报税人寄回退税支票，或者在网上完成划账，将企业或居民的退税所得直接汇入企业或居民的账户。这样，居民或企业在网上就完成了整个报税过程的事务处理。

2）国外电子政务发展概况

（1）美国

美国是较早发展电子政务的国家，也是电子政务最发达的国家。

美国的电子政务工作起源于 20 世纪 90 年代初。1994 年，美国"政府信息技术服务小组"（Government Information Technology Services）提出了《政府信息技术服务的前景》报告，该技术的力量彻底重塑政府对民众的服务工作，强调要利用信息技术协助政府与客户间的互动，建立以顾客为导向的电子政务以提供更有效率、更易于使用的服务，为民众提供更多获得政府服务的机会与途径。1996 年，美国政府发动"重塑政府计划"，提出要让联邦机构最迟在 2003 年全部实现上网，使美国民众能够充分获得联邦政府掌握的各种信息。1998 年，美国通过了一项《文书工作缩减法》，要求美国政府在 5 年内实现无纸化工作，让公民与政府的互动关系电子化。

2000 年 9 月，美国政府开通"第一政府"网站（www.firstgov.gov）。这是个超大型电子网站，旨在加速政府对公民需要的反馈，减少中间工作环节，让美国公众能更快捷、更方便地了解政府，并能在同一个政府网站站点内完成竞标合同和向政府申请贷款的业务。美国政府的网上交易也已经展开，在全国范围内实现了网上购买政府债券、网上缴纳税款以及邮票、硬币买卖等。

美国电子政务的筹划和实施是由美国联邦政府统一发起,并组织和进行调控的。在联邦政府下面共组成10个监管政府信息化的组织机构,全称为政府技术推动组,见图6.6。电子政务所需涉及到的各种日常事务,包括技术推进、法规政策建议、管理投资、改善服务、业绩评估等工作均由政府技术推动组担当。

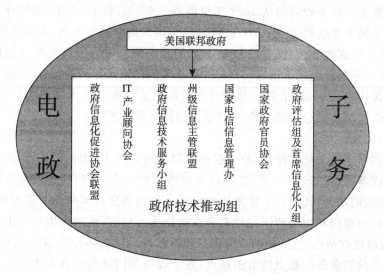

图 6.6　美国电子政务机构图

目前,美国的政府网站建设已经相当完善和成熟。美国联邦政府一级机构已全部上网,州一级政府也全部上网,几乎所有县市也已经建有自己的站点。美国政府正在将一个个独立的网连起来,做到网网相联,更加有效地管理和利用。美国的政府网站内容也非常丰富,成效也比较显著。

最著名的政府站点是美国白宫站点(http://www.whitehouse.gov)。白宫站点实际上是所有美国政府站点的中心站点,在该站点上有一个美国政府站点的完整列表,可以链接到美国所有已经上网的官方资源。同时白宫站点一级所有内阁级(相当于我国部委级)的站点都提供了文本检索功能,可以通过关键词查找这些站点上的所有文献和文章。检索既包括对单一站点的检索,也有一个统一的数据库,可以一次检索所有官方站点。白宫站点首页十分简明扼要,没有太多华丽的设计,内容既包括正式严肃的最新新闻、最新联邦热点事件、联邦统计数据,也包括较为轻松的总统、副总统的各自的家庭介绍等。

(2) 英国

英国政府信息化工作主要包括:1994年的政府信息服务计划和1996年的直接政府(Government.Direct)计划。在这两个计划中,英国政府提出了以电子形式传送政府服务给公众的新型公共服务方式,既可以拉近政府与公众的距离,也能为公众提供更多的与政府往来的途径。英国提出的电子政府目标是:提供更好更有效率的服务;改善行政的效率与公开化;替纳税人看紧钱包。英国政府先后发布了《政府现代化白皮书》、《21世纪政府电子服务》、《电子政务协同框架》等政策规划,并提出了到2008年在英国全面实现政府电子服务的目标。2000年3月30日,英国首相布莱尔在"信息时代特别内阁会议"上提出,把英国全面实施电子政务的时间从2008年提前到2005年;到2002年,英国政府机构服务的上网率要达到25%。2001年1月,英国内阁办公室宣布,英国建设"电子政务"的工作成效显著,现在已经有40%的政府服务可以通过互联网提供给公众,提前一年超额完成了预定的目标。根据英国国家统计局的报告,目前英国的成年网民中,有20%以上的人使用政府机构网站获取服务或官方文件等信息。政府机构网站总数达1 000多个,每星期的访问请求超过2 000万。

(3)法国

法国出于对文化的保护,曾一度抵触因特网。但从1998年开始,法国已逐渐接受因特网。1999年1月,法国政府宣布实施一个"为法国进入信息社会作准备"的政府项目,其中一个重要的内容就是利用信息技术使公共服务现代化,特别是政府部门利用因特网提供对公众的服务。目前,法国在因特网上大约有60个政府机构站点,已入网的政府部门包括教育、电信、环境等部门。法国政府建有一个政府各部门站点的索引站点,各个政府部门站点均在左上角有一个该索引站点的标志。该站点提供了按名称、职能等检索方式,来查找政府机构的功能。法国比较著名的政府站点,有爱丽舍宫站点和总理站点,是两个最高级政府首脑站点。

(4)新加坡

新加坡从20世纪80年代起就开始发展电子政务,现在已成为世界上电子政务最发达的国家之一。新加坡的政府站点www.gov.sg,像一本政府白皮书,完全代表政府,而不是政府的某一个方面。在用户交互性方面,新加坡政府在其中心站点有一个统一的接受用户反馈的部分,用户发往政府各个部门的意见、建议、反馈等都通过这里的统一格式进行。与美国、法国单独设立总统的电子信箱的做法不同,新加坡政府网站已经具有较为完善的在线服务功能,比如在其中心站点上,用户可以查到新加坡任意一个注册医生和诊所。中心站点内容包括政府各部门、政府公告、事件焦点、政府在线服务、政府服务一览、站点搜索、用户反馈等。各个政府网站内容一般包括自我职能介绍、服务介绍、相关最新动态、常见问题解答等。

目前,普通公民在家里通过政府的"电子公民中心"网站即可完成各种日常事务,例如查询自己的社会保险账号余额、申请报税、为新买的摩托车上牌照、登记义务兵役等。2000年新加坡政府借助互联网完成了第四次人口普查,普查的速度和效率都比以前得到极大的提高。

3）国外电子政务发展的特点和经验

综观国外电子政务发展的状况,特别是发达国家的电子政务发展状况,可以看出有如下的一些特点:

第一,发达国家推动电子政务的发展,普遍与政府改革紧密地结合。近20年来,发达国家在社会压力、财政压力以及经济全球化压力下,普遍进行了大规模的政府改革运动。在政府改革中,各国涉及的内容是多方面的,但概括起来看,带有共性的做法主要包括:减少政府对市场的干预,放松政府对社会、市场的管制;削减名目繁多的规制,简化政府管理的行政流程;在政府管理中引入市场机制,推行公共服务市场化;将政府职能向社会转移,更多地发挥非政府组织或民间组织在公共管理中的作用;优化政府组织结构,裁减机构和人员,削减财政开支;将政府的决策和执行功能分离,加强对政府的绩效评估,提高政府管理透明度等。为了巩固这些改革成果,发达国家普遍把推动政府信息化放在了十分重要的地位,并把巩固改革成果与推动政府信息化、发展电子政务有机结合起来,从而收到了显著效果。

第二,在推动政府信息化的过程中,发达国家重视制定统一的规划和技术标准,以此来规范电子政务的发展。美国于1993年制定并颁布了《美国国家基础设施行动计划》,1994年又提出了《政府资讯科技服务远景》,从而确定了美国联邦政府推动电子政府发展目标。欧盟制定了"信息社会行动纲领",对未来的政府信息化作出了周密的安排。英国在1996年颁布"绿皮书",对电子政务的发展作出了系统规划,并提出了近期和远期目标。加拿大在1994年由工业部长提出了一份有关发展信息高速公路的战略框架,其中有关政府信息化的问题被作为主要内容。日本在1993年制定了《行政资讯推进共同事项行动计划》,提出了政府信息化的三个层次:第一个层次是1994年由内阁通过的《行政资讯推进基本计划》;第二个层次是1995年由行政资讯跨省厅委员会通过的《行政资讯推进共同事项行动计划》;第三个层次是各厅省提出的本部门推动行政资讯计划的具体行动计划和方案。

第三,注重实际应用,并把为企业、公众服务、实现资源共享放在重要地位。电子政务的核心价值之一,就是要从根本上改善政府的公共服务。为此,发达国家在推动电子政务的发展中,把改善传统的公共服务放在了十分重要的地位。比如,美国提出要按照民众的方便来组织政府信息的提供,以帮助公民"一站式"访问现有的政府信息和服务。并提出要建立全国性的电子福利支付系统,发展整合性的电子化取用信息服务以及跨政府部门的申请与纳税处理系统和电子邮递系统等。英国提出在增进政府机制的效率和有效性的同时,建立起政府的信息服务中心,提供单一窗口式服务,发展数字签章、认证、数码电视等。法国提出要开放政府信息,通过网络为社会提供各种窗口式服务。加拿大把电子化政府的核心信息基本框架定位在:一是共同性电子商务信息基本框架及服务;二是单一窗口创新措施的支持服务,即"一站到底"服务中心的支持服务,共同信息服务站支持服务;三是网络合理化和管理服务,如各种通信服务,网络管理主控中心服务以及骨干网络服务等;四是资料处理设施管理服务等。

值得注意的是,发达国家在确定电子政务的目标时,把电子化服务作为重要的衡量指标。他们认为,在电子化政府战略中,如果没有为公民服务、以及运行效率衡量的目标,电子政务的发展就将是失败的。

第四,在具体实施方面,发达国家普遍实行分阶段实施的策略,由简单到复杂,由易到难。比如美国,把电子政务的发展分为四个阶段实施:第一阶段为初始阶段,主要是提供一般的网上信息,简单的事务处理以及有限的技术复杂程度;第二阶段,要进一步发展门户网站,更复杂的事务处理,实现初步协作,技术复杂程度也逐步提高;第三阶段,要实现政府业务的重组,建立集成系统以及复杂的技术体系;第四阶段,要建立具有适应能力的政务处理系统,实现政府与企业、公民的互动式交流与服务,与此同时,建立高度复杂的技术支持系统。按照美国的规划,到 2005 年将有 35％的政府部门将处于第二阶段,到 2010 年,绝大多数现有政府部门将按照电子政府的要求,被改造。这说明电子政府的建立是一个复杂的过程,即使像发达国家也不可能一蹴而就,必须分步实施。

6.4.5 我国电子政务的发展

1) 我国电子政务发展概况

中国电子政务的提出源于 1985 年的"海内工程"。当时的建设目标为:在中央政府开展办公自动化建设,逐步实现决策与政府行政管理信息网络化。20 世纪 80 年代末期,中央和地方党政机关所开展的办公自动化(OA)工程,建立了各种纵向和横向内部信息办公网络,为利用计算机和通信网络技术奠定了基础。1993 年底,为适应全球建设信息高速公路的潮流,中国正式启动了国民经济信息化的起步工程——"三金工程"(即金桥工程、金关工程和金卡工程),重点是建设信息化的基础设施,为重点行业和部门传输数据和信息。金桥工程立足信息化基础设施建设,已构筑起我国的信息高速公路;金关工程构建了国家经济贸易信息网络;而金卡工程则面向大中型城市建设银行电子货币工程。这种以政府信息化为特征的系统工程,凸现出我国电子政务的雏形。1999 年 1 月,"政府上网工程"宣布正式启动,"政府上网工程"主站点 http://www.gov.cninfo.net 和导向站点 http://www.gov.cn 也正式开通,旨在推动各级政府部门为社会服务的公众信息资源汇集和应用上网。到 2001 年,全国绝大多数乡级以上政府都设有站点,并通过网站,向社会发布信息,有的还开始提供在线服务。同时,专业化的政府服务网站也日益增多,服务内容更加丰富,功能不断增强,互动性得到很大提高。中央与地方的工商、海关、国税和地税等部门纷纷推出各种网上办公业务。

在中央政府的积极推动下中国电子政务建设取得了一定的进展,但电子政务建设在不同地区、不同部门发展很不平衡,迄今为止依然存在着许多问题阻碍着中国电子政务的建设与发展。

(1) 政府公务员的观念和科学素质有待提高

第一,公务员认识上存在误区。相当多的政府部门把电子政务仅仅当做政府部门的计算机化,不重视软件的开发和政府业务流程的整合,而是用计算机系统去模仿传统的手工政务处理模式,结果很多政府部门的计算机设备成为高级打字工具,或者成为一种摆设,没有发挥应有的作用。另一种是简单地把电子政务等同于政府上网,以为把政府一些政策、法规、条例搬上网络就万事大吉,没有把传统的政务工具同网络服务有机地结合起来,提供全方位的服务,仅仅局限于把一些法律、法规、政策、条文从纸上搬到网上,公开的信息数量少,质量也不高,网上信息更新很不及时,网页与网页之间的连接渠道少,各级政府的电子政务还没有形成网络,政府信息网络重视了网页的介绍宣传的静态功能,对于政府部门的信息未有动态的反映,也缺乏和用户的交流沟通手段。群众虽然从网上可以了解一些政务信息,但要办理一些事务却缺乏必要的渠道,政府与上网公民之间缺乏互动性、回应性。

第二,电子政务的发展,必然对传统行政权力的行使提出了更高的要求,如透明度要高、更加规范等,这势必对公共权力的行使和运用起到一定的限制和监督作用。正是这一点,也容易引起少数公务员的抵触情绪。从这个意义上说,更新观念,主动接受电子政务这一新的管理手段,将是对公务员的权力观、利益观的一个严峻的考验。

第三,公务人员的信息知识和运用信息工具的水平较低,难以适应电子政务发展的要求。近年来我国在加强公务员的知识培训、提高公务员的管理能力和水平方面进行了一系列卓有成效的工作,包括公务员的计算机知识等方面都有了显著提高。但从整体上看,仍然不能适应政府信息化发展的需要。在推进政府信息化的过程中,提高公务员的整体素质、特别是计算机应用方面的能力,将是一项艰巨的任务。

(2) 缺乏整体规划和统一标准

建设电子政务,关键要搞好整体规划,制定统一的技术标准,这是国外发展电子政务一条普遍的经验。我国虽然在这方面作出过一些具体规定,但至今还没有制定出政府信息化的中长期总体规划,特别是有关统一的技术标准方面,同时,国家行政"条块分割"的管理体制与电子政务的统一性、开放性、交互性和规模经济等自然特性产生严重冲突,各级地方政府和部门在开展电子政务时往往各自为政,采用的标准也各不相同,业务内容单调重复,造成新的重复建设。如何在统一的规划和标准下,整合现有资源,防止重复建设和各自为战,成为电子政务发展中的关键所在。

另一方面,政府管理本身很复杂,而未来的电子政务,要实现的是"一站式"的办理和不受时间空间限制的"在线服务",这就需要实现政府各部门之间进行交互式办公和处理大量为公众服务的事项;但每一个部门的管理业务本身又是一个相对独立的系统,业务差别很大,要使这些不同业务部门的政府机构之间实现互通互联,做到"一线式服务",是一个非常复杂的问题。在实施中,只有高度重视统一规划、统一标准,才能稳步推进,取得良好的效果。要做到这一点并不容易。这就意味着,我国电子政务的推进,必须建立在分步实施,有选择地重点突破的基础之上,否则,就有可能走许多弯路。

(3) 信息安全成为当前政府信息化中的关键问题

与电子商务相比,电子政务对信息的安全有着更高的要求。信息的安全性阻碍了政府信息化建设进程,特别是对那些涉及国家安全和政府机密的部门更是如此。互联网不仅互连,而且互动,它的一个重要特征就是匿名性与隐秘性的结合,加之网站(网页)自身仍然存在技术上难以解决的问题,使得一些不法分子更容易进行政治和刑事犯罪活动,如网上诈骗、偷税漏税等。国家颁布实施了有关法规和规章,软件生产企业也不断推出安全保护性软件和系统解决方案,但难以防止电脑"黑客"对政府网站的攻击和破坏,严重地影响了电子政务的正常运行,甚至破坏政府网站的体系结构,导致"网上政府"瘫痪,损坏了政府作为公共服务提供者、管理者在公众心目中的形象。

另一方面,我国在信息技术方面的整体研发能力还有待提高,而政府的信息安全技术又必须由我们自主开发,这在一定程度上也对我国的电子政务的发展,提出了严峻挑战。我们只有下决心自主地研制保障信息安全的产品,掌握这方面的世界先进技术,才能为政府信息化提供安全保障。

(4) 信息化整体水平偏低,信息基础设施建设落后

我国社会整体的信息化水平低,包括电子商务发展也较缓慢,在一定程度上会制约电子政务的发展。从国家的角度来看,政府信息化的推进,必须建立在社会信息化的基础之上。因为政府信息化很难孤立地进行,离开企业、社会乃至个人信息化,政府信息化就将失去基础。从目前我国的实际情况看,不仅整个社会的信息化水平较低,即使企业,电子商务发展的水平也比较低,这在一定程度上必然对我国的电子政务发展产生某些制约因素。

目前由于信息高速公路的建设还未全面完成,网络的运行速度还很慢,各地政府的计算机、电信设施、网络设施的建设普及率还不高,尤其是在偏远和落后地区更是距离遥远,整体的物质和技术还远远不能适应建设电子政务的需要。此外,我国电信服务的服务价格还较高,在一定程度上也影响了网络的普及和电子政务的应用。

2) 我国电子政务发展对策分析

(1) 转变观念,充分认识发展电子政务的重要性和紧迫性,从战略上高度重

视电子政务的发展

政府是社会公共信息资源的主要拥有者,也是电子信息技术的主要使用者。信息网络化首先应从政府开始,通过信息技术的应用,推动电子政务的发展。促进公共信息上网,实现信息资源共享,是降低社会交易成本、监督政府工作的有效措施。当前,行政决策者应该尽快从"官本位"的行政观念转变到"民本位"的服务宗旨上,建设政府网络平台,向公众开放一切可以公开的信息,改传统的行政手段为现代化手段,协调好各部门之间的关系,并从技术部门、科研院所、系统网络公司聘请专家组成政府信息化建设专家咨询委员会,实现电子政务建设论证的规范化、决策的科学化、工程的优质化。另外,主管部门要加强对政府信息网络化建设的业务技术指导,注意推介成功的典型,搞好交流与合作。

(2)加强信息基础设施建设

信息基础设施建设是建设电子政务的关键。我国可以充分利用社会主义国家集中力量办大事的原则,像建设铁路、公路、水库等基础设施一样,通过发行公债筹集资金,与企业和有关机构共同建设国家信息基础设施,提高国家信息网络的覆盖率,为包括农村地区在内的大多数居民和企业提供廉价的接入连接,为电子政务的开展和国家信息化建设,打下坚实的基础。

(3)制定发展规划和相关技术标准,明确阶段目标

发展电子政务,国家要制定宏观的发展规划,建立相应的领导机构,加强对电子政务的研究、规划和组织协调。并根据国情,制定实际可行的阶段性目标,努力贯彻落实。可以借鉴国外先进国家的经验,在国务院建立电子政务的领导机构,统一领导、组织中央政府和地方政府的电子政务的研究、规划、实施,发布国家电子政务实施纲要,制定统一的电子政务实施规范,为全国电子政务的开展提供指导。

目前对于我国电子政务建设的定位是,"以电子政务带动国家信息化建设",同时我国"十五"期间提出了"以信息化带动工业化",所以说电子政务建设的策略必须站在全局的高度上来进行规划。

(4)制定相应的法律法规和技术规范,促进电子政务发展,保护网络安全

发展电子政务,立法要先行。立法要从有利于发展信息技术发展、有利于电子政务开展的角度,解决电子政务发展中亟待解决的问题,如电子签名、电子支付的合法性,制定电子政务信息技术规范,并及时修改传统法律中与信息技术发展不相适应的成分。在制定技术标准时,不仅要有相关部门的领导、IT专家参与,还要吸收行政管理专家参与,这样才能使电子政务规划更具有权威性。同时,还要加强政府信息的安全管理,不断提高反病毒、反黑客技术,保证信息网络的安全,制定相应的管理法律法规,对政府信息网络的建设、管理、维护、内容和形式的规范进行必要的规定和约束,保障政府信息网络的规范安全运行。

(5)建设一支能适应电子政务发展和现代化建设需要的国家公务员队伍

电子政务对国家公务员的思想观念、知识结构、知识存量、应用技能都提出了严峻挑战,政府网络化建设很大程度上取决于国家公务员整体素质的高低。因此,加强以复合型人才为标准的国家公务员知识更新、电子计算机应用技能培训,提高国家公务员的综合素质是实现电子政务必须解决的首要问题。政府应采取"引进来"、"送出去"的办法,大力培养复合型人才。首先,通过公开招聘、考试录用等途径,从高等院校、科研院所、企业引进计算机专业技术人才,同时选派一批已初步掌握计算机基本知识、熟悉计算机操作技能的国家公务员,到高等院校、科研院所学习培训,为电子政务提供人才支持。特别是在政府机构改革之际,应充分利用调整和优化人员结构的机会,选拔一批高素质的计算机专业人才充实到政府部门,切实解决政府信息化建设中"人才短缺"的问题,实现技术管理和二次开发的部门化、本地化。

(6)把政府改革同电子政务建设密切结合,实现高效率政府管理和服务

我国正在进行政府机构改革,改革目标是建立高效、廉洁、务实的政府。电子政务为政府改革提供了有力的工具。应把政府机构改革同电子政务建设有机地结合起来,对政府业务流程进行必要的重组,从更好地对公众服务和管理的角度出发,建立精干高效的扁平式网络化政府组织机构。

从政府职能的科学配置来看,核心是要按照市场经济和发展电子政务的要求,以及我国加入WTO面临的客观环境,重新定位政府的角色,减少政府不必要的干预。要实现这一目标,至少有三个问题急需解决:首先,要树立"科学管理、优质服务"的职能意识;其次,在行政体系内部,要合理界定和划分政府各部门的职责权限,加强管理与服务的有效性;再次,在重新界定政府职能中,要把政府职能的转变放在关键地位。在某种意义上说,上述三个问题解决的程度,将直接影响到电子政务发展的基础,因此必须引起我们的高度重视。

从政府组织机构的整合来看,关键要按照电子政务的要求,深化政府机构改革,通过组织整合,使政府机构的运行更加符合电子政务的需要。

从行政流程的重组来看,要对计划经济体制时期形成的传统行政流程进行大刀阔斧的改造,使政府管理和服务更加符合电子政务"简便、透明和高效"的客观要求。在这方面关键要解决好以下四个问题:首先,要建立统一的政府部门工作规范;其次,对现行的行政审批制度进行深化改革;再次,要制定有关政务公开的具体实施办法,提高政府管理的透明度;最后,要认真清理收费项目,改革收费管理制度。只有在上述四个领域的改革上取得显著成效,行政流程的改革才有可能真正深入下去。

7　信息政策与信息法规

信息政策与信息法规是信息政策、信息法和其他信息法规、条例、规章等的统称,主要包括信息政策、信息法,以及调整信息领域经济关系和社会关系的行政法规、地方性法规、自治条例、单行条例、部门规章和地方政府规章,也是实施信息资源管理的重要手段。

7.1　信息政策与信息法规概述

7.1.1　信息政策与信息法规的含义和区别

中外学者对信息政策的理解不同,较有代表性的如美国《图书馆与情报学百科全书》定义信息政策为:用来指导人们对信息生命周期进行监控和管理的一系列相互关联的原则、法律、方针、规章、规定和计划的集合体[1]。东京大学浜田纯一教授认为,信息政策是包含了通信政策、信息通信政策、传播政策的全部内容,并且具有广泛射程的发展性的概念。我国学者卢泰宏教授提出,信息政策是指国家用于调控信息业的发展和信息活动的行为规范的准则,它涉及信息产品的生产、分配、交换和消费等各个环节,以及信息业的发展规划、组织和管理等综合性的问题。这些表述虽然不尽相同,但基本看法趋于一致,都认为信息政策是国家或相关组织为实现信息资源管理的目标而制定的有关调控信息和信息活动的行为规范和准则,它涉及信息和信息活动的每一个领域。

信息法规是与信息政策有一定区别和联系的概念。乌家培先生认为信息法规是由信息法律(Legislation)和信息规章制度(Regulation)共同构成[2]。即信息法规是通过法律程序对各项信息政策予以确立,使之规范化,具有约束力,是保障信息政策得以贯彻、实施的重要法律手段。从这个定义我们可以看出信息政策和信息法规主要区别在于[3]:

一是本质的不同。信息政策代表政策制定者的利益和意志,不具备强制性;信息法规代表国家的利益和意志,具有强制性。信息政策可以通过特定的程序被国家相应机关制定或认可为法律。

二是性质的不同。信息政策作为社会信息活动的宏观性指导原则,在执行

〔1〕　Hernon P,Relyea HC. Information policy. Encyclopedia of Library and Information Science,1991(48)

〔2〕　乌家培. 关于信息法规与信息政策. 信息世界,1998,(4):6～9

〔3〕　黄重阳主编. 信息资源管理. 北京:中国科学技术出版社,2001:2263～2269

过程中允许有灵活性,并且随着信息环境的变化而不断补充、修改和完善;信息法规是在长期实践和经验累积的基础之上确立下来的比较固定的行为规范,而且其制定、修改和废除都需要经过严格复杂的法律程序,因而稳定性较强。

三是功能的不同。信息政策的基本功能是"导向",即运用行政手段鼓励和支持社会的信息活动以达到信息政策目标;信息法规的基本功能是"制约",即运用法律手段限制和约束社会的信息行为以保护信息活动的健康发展。

同时,信息政策与法规又是互相联系的,二者的联系表现在信息政策是信息法规的基础,信息政策对信息法规的确定具有指导作用。

总之,信息政策与信息法规都是管理信息资源的两种人文手段,在社会信息化进程中发挥着各自不可替代的作用。信息政策要解决的是确定信息化的发展方向和具体方针,为社会信息管理活动提供具有导向性和约束力的行为准则;信息法规则主要从法律上对信息领域的经济关系和社会关系作出规定。两者既不能被简单地等同,又不能割裂两者之间的有机联系。

7.1.2 信息政策和信息法规的内容体系

1) 信息政策的内容体系

随着信息交流国际化的发展,信息技术的无限渗透、信息资源的开发与利用、组织与管理越来越复杂化,呈现多维动态性。作为对信息活动宏观调控的信息政策势必在内容体系上对信息环境的诸多因素进行多角度不同层面的分析、综合、提炼和论证。政策的制定既要以事实为依据,又要有立场讲原则。既要兼顾国家的利益,又不能忽略政策与国际接轨和跨国协调。据此,我们认为信息政策应包含以下内容。

① 信息产业政策

信息产业政策是从社会信息环境和整个国家政策的高度来确定信息产业的发展目标和发展战略,保证其发展方向的正确性、发展规模的适度性;确定产业结构调整的原则与方向,即向成长快、具有主导作用的先导产业倾斜;重点扶植有潜力的企业,造就一批大型的跨国经营的龙头产业,能够参与国际分工、国际竞争,打破资源的本土观念,竞争全球的信息、技术和人力资源。

② 信息技术政策

信息产业是以信息技术应用为基础的高科技产业的主导产业。信息技术产业又是信息产业的先导产业。技术渗透、人才涌动、资金催进、政策推波助澜,四力合一,可将产业推向市场竞争的顶峰。在技术应用领域,技术政策发挥着极其重要的作用。国家可以鼓励关键性技术,战略性技术超常规自主开发,建立起以知识、技术武装的技术攻关队伍,对发展民族技术产业至关重要。信息技术政策涉及信息技术的发展战略,信息技术的选择及应用范围,信息设备配置与网络建设,信息技术的开发与创新,信息技术的引进与转化吸收,信息技术标准等问题。

③ 信息市场政策

信息市场包括信息商品化,信息技术转让,信息服务提供,信息生产、流通、消费、分配,信息用户、信息价格、信息竞争机制与规则等众多因素。信息市场政策的功能就是要对信息市场实施有序化管理,规范信息交流行为,培育配套协调的信息市场体制——包括供求关系、价格机制、竞争机制、风险机制、投资机制等。

④ 信息交流与合作政策

包括信息交流活动的行为规范,多边信息交换与合作的协调,国际信息交流中国家主权的维护,跨国数据转换与控制,知识产权保护,还包括信息交流有序环境的共建。必须对涉外信息交流与合作施以必要的调控与管理,防止信息泄露与侵权。防止信息强国对信息弱国的经济文化侵略和信息侵犯。信息具有流动性、共享性,信息通过交流实现信息效用的倍乘效应。人才聚集,信息交流频繁,创新思维融汇的区域,是信息、人才整合功效最强辐射的地区,美国的硅谷就是最好例证。国家信息政策有必要采取类似于经济特区的优惠政策,发展科技园区,带动整个民族科技产业的发展。

⑤ 国际网络政策

随着网络规模的进一步扩大,网络将成为社会发展的一种重要需求。伴随网络应用的普及和深化,网络安全将引起国家和社会的极大关注。网络管理、网络政策应运而生。中国发展网络产业最重要的是顺应潮流,量力而行。利用互联网络,关键要善于驾驭,引向民族化。网络民族化要解决的问题有:一是在Internet上构造一个规范化的中文信息平台;二是因地制宜,趋利避害;三是通过网络互联,优化配置我国信息资源;四是重点扶植科教园、邮电网等民族网络产业;五是发展网络贸易——中国的电子商务,开拓中国的网络经济时代,积极参与经济全球化过程。

⑥ 信息人才政策

"科技以人为本"是一句极富哲理、内涵深奥的创业口号,代表企业文化的精髓。人才被视为企业的第一资源,其拥有的知识、技能和创造性是企业最宝贵的财富。在社会财富的创造中,人才的作用愈来愈重要。现代企业间的竞争归根结底是人才与技术的竞争,而人才又是决定性因素,人才成长是产业变化的重要动力。因此,国家必须对信息人才的培养与人才战略作出明确的政策选择,针对日趋激烈的全球人才竞争,构建本国的人才高地。最佳的人才战略应该是发展教育,信息资源和人力资源的开发主要靠教育。总之,立足教育、发展科技、培养人才是信息人才政策的基础。

2) 信息法规的内容体系

关于信息法规内容体系的构建近年来成为信息界、法学界研究的热点,取得了不少优秀成果,很多专家都提出了较有代表性的体系框架,信息法规的内容包括以下法规制度[1]：

① 信息基本法

信息基本法是规范和调整整个信息化活动和信息化关系的法律总称，它将以宪法为依据，对信息法律的立法宗旨、基本原则、调整对象及范围、信息化法律关系、奖惩原则等做出明确的规定。信息基本法是信息法规体系的基础和准则，对各种具体法律规定的制定起指导作用。

② 信息产业法律制度

虽然上世纪 50 年代后期我国就提出一些发展信息产业的举措，但一直没有制订出明确的振兴信息产业法规。致使我国某些信息技术领域的优势很难转化为相应的产业优势，制约了经济发展的后劲。因此，制定以《信息产业法》为主体的信息产业法律制度已经成为信息产业发展的迫切需要。如信息产业发展法、信息产业投资管理条例、信息技术法、信息工程建设投资管理条例、信息设备制造法等。信息产业法是信息产业可持续发展的根本法律保障。

③ 信息技术法律制度

信息技术在科学技术中占有独特的位置，影响愈来愈大、愈来愈复杂，信息技术活动在信息化社会中也愈来愈占据重要的位置。因此，将信息技术区别于其他的科学技术，将有关信息技术的立法纳入信息法体系具有重要意义。

④ 信息资源管理法律制度

在信息资源法律制度的构建中，应重点制定《信息资源法》，规定政府信息和其他公用信息开发利用的具体规则，促进和保护合法信息的开发利用；规定新闻出版与信息的传播具体规则，约束非法信息的传播；规定信息传输与数据交换的具体规则，确保信息传输过程中的物理安全等内容，如新闻法、广告法、信息传播法、电信法、数据通信法、计算机信息网络的国际联网管理规定等。

⑤ 信息市场管理法律制度

保证信息流通渠道畅通和信息市场秩序是发展信息经济的重要环节。今后在加强对已有法律修改完善的同时，还应以规范信息市场主体、维护信息市场体系和秩序为出发点，健全信息市场管理法律制度，改变目前信息市场无章可循、无法可依的局面。

⑥ 信息安全法律制度

信息安全问题是信息化社会中最为重要的问题之一，主要涉及计算机信息系统、信息流的安全问题。现有的《保守国家秘密法》、《档案法》等有关国家秘密信息权的法律法规均应纳入信息安全法律制度。

⑦ 信息产权法律制度

随着现代信息技术的发展和广泛应用，域名、网络知识产权等新的知识产权

〔1〕 程文艳. 我国信息法律体系的完善研究. 图书馆建设，2003，(4)：14～16

现象将原先的知识产权概念大幅度地扩充,网络环境下信息产品的知识产权保护等新问题对知识产权法律制度提出了新的要求。因此,必须修改、完善保护知识产权的有关法律法规,并将其纳入信息法体系。

⑧ 电子商务法律制度

电子商务是当前信息法律体系的重点,发达国家都是从战略发展的角度来规范建立电子商务的立法。我国的电子商务发展很快,立法工作必须跟上。

⑨ 国际信息交流和合作法律制度

以法律形式对信息的跨国流动做出限制性的规定,在保障信息自由流动的同时确保国家的信息主权。如涉外信息交流法、跨国数据传输管理规定、国际信息交流合作协议等。

7.2 国外主要国家的信息政策与信息法规

上世纪 50 年代末以来,世界各国的信息政策法规研究已形成了一批重要的研究成果,极大地推动了全球信息产业的发展。例如美国早在 1958 年就提议在国家科学基金会(NSF)内设科学信息服务局(OSIS),协调和促进已有的信息计划,还发表了许多相关的报告和著作。欧洲等国也逐步扩大信息政策和法规的范围,从对有关信息的生产、处理、存储与传递的研究,逐步拓展到有关产业经济、网络主权、国家安全和国际化等广泛领域的研究[1]。

7.2.1 美国

作为互联网的诞生地和信息拥有量最大的国家,美国对信息重要性的认识更加深刻,从国家政策法律层次上规范相关的信息活动,出台了一系列有助于信息事业发展的信息政策法规。

美国是最早制定信息政策的国家,其主要出发点是适应日新月异的技术进步,谋求新的经济和政治利益。早在 1958 年美国出台了著名的《贝克报告》,主张建立联邦政府科学信息局。该报告认为,美国社会的进步依赖于科学信息的自由流动,美国必须在承认所有现存的信息机构和信息计划的基础上,将政府和非政府的信息机构合并成统一的信息网络,由国家的指导机构来支持、协调和补充现有的信息计划,这是美国第一部专门的信息政策研究报告。1991 年 7 月,在美国第二次图书馆和信息服务白宫会议上,国家信息政策被列为十大专题之首,并加以讨论并草拟了建设提案,以此作为 90 年代美国国家信息政策的框架。1993 年 9 月美国又制定并颁布了《美国国家信息基础设施:行动计划》,为了贯彻这一行动计划,美国政府特签署总统令,成立"美国国家信息基础设施顾问委

〔1〕 张备. 信息政策与法规. 北京:解放军出版社,2005:261~274

员会"以及信息基础设施特别工作小组,下设信息政策委员会,由此可见美国对信息政策的重视。

美国的信息政策内容丰富,范围广泛,可分为国内政策和国际政策。除了涉及信息本身的版权、通信、信息技术、跨国信息传递等措施外,还通过多项政策对各类信息机构和有关团体加以制约,形成了比较完整的信息体系和自发调节机制。为了配合信息政策的实施,美国亦建立了十分健全的信息法律制度,增强了国家信息政策的权威性,为其顺利实施提供了保障。美国信息政策和法规包括以下内容:

① 信息公开和知识产权保护政策和法规。如 1966 年颁布的《信息自由法》,后经克林顿政府修订增加了《电子信息自由法》。美国国立卫生研究院(National Institutes of Health,NIH)制定的"促进公众存取研究信息"的政策。在知识产权保护问题上,1995 年 9 月 5 日发布了题为《知识产权和国家信息基础设施》的白皮书,1997 年通过《网络著作权责任限制法案》,《世界知识产权组织版权条约实施法案》和《数字著作权和科技教育法案》,1998 年颁布《数字千年版权》等等。

② 信息安全政策和法规。如 1975 年起草的《联邦计算机系统保护法》,1984 年美国国会通过的《联邦禁止利用电子计算机犯罪法》,1986 年美国国会通过的《计算机诈骗与滥用法》,1987 年美国国会制定《计算机安全法》,1998 年美国克林顿政府发布 63 号令,《克林顿政府对关键基础设施保护的政策》,成为直至现在美国政府建设信息安全的指导性文档。"9·11"事件之后布什政府意识到信息安全的严峻性,发布了 13231 号行政令《信息时代的关键基础设施保护》,宣布成立"总统关键基础设施保护委员会",代表政府全面负责国家信息安全工作。后来,又发布了《保护网络空间的国家战略》重点突出国家政府层面上的战略任务。2005 年 2 月,美国总统信息化咨询委员会向布什提交了一个信息安全紧急报告,提出了四条建议:大力加强信息安全科研的投入;大力加强信息安全队伍的建设;对现在的安全创新进行再思考;克服信息安全从科研到产业这样一种结构性的弱点。2005 年 2 月 28 日,美国国家标准与技术研究会(NIST)公布了联邦计算机系统与信息安全指南。可以看出,近年来美国对信息安全问题的重视和力度,达到了一个前所未有的水平。

③ 互联网域名管理。1998 年 1 月 30 日美国商务部公布了美国域名政策绿皮书,建议将域名及地址系统的管理权力转移给非官方组织。对于 ISP 的法律地位、法律责任的规范制约方面,也已形成了从立法的系统法律设定到司法的行动实践。如《数字千年版权法》、《消费者与投资获取信息法》等法律均对 ISP 在线经营时可能遇到的法定义务、侵权界定等诸多法律问题进行全方位法律规定。

④ 电子商务。1996 年 12 月 11 日,美国政府发表《全球电子商务政策框架》,从财务、法律、市场准入等三个方面全面阐述了美国政府的立场。1997 年 5

月30日美国电子商务工作委员提出《关于电子商务最佳实施方案调查的总结》,1997年7月1日美国政府发表《全球电子商务政策框架白皮书》,提出电子商务发展的五大原则。1998年美国参议院和众议院分别通过《互联网免税法案》,1999年12月美国有关部门公布《互联网商务标准》,2000年6月美国总统克林顿正式签署《电子签名法案》,使电子签名和传统方式的亲笔签名具有同等法律效力。布什上台后继续推行积极的电子商务政策,支持北大西洋自由贸易协定,以达到以下目的:使互联网成为世界的免税区;消除信息技术的非关税壁垒;保护美国的新思想和知识产权;在全世界建立国际通行的电子商务标准。

7.2.2 日本

日本将科技信息作为研究和开发的基础,以科技立国,在制定信息政策和法规方面也体现出重视人力和科技两大因素。

日本的主要信息政策有:1960年10月发表了科技会议第一号咨询报告《以10年后为目标的科技振兴的综合基础政策》,1969年10月,日本科技振兴会议在题为《关于科技信息交流的基本政策》的答辩中提出建立"全国科技交流系统"的构想,1983年,制定了《信息产业的未来前景》,1985年制定《邮电通信新领域开发制度》,1994年出台《日本信息技术基础设施建设新政策》,1994年10月日本"信息通信社会推进本部"向政府提出了"日本应在2010年以前建成'信息高速公路'"的建议。新千年来,在政府部长会议上通过的第2期科学技术基本计划(2001—2005)向科技倾斜,显示日本科技创世纪,科技创新立国的雄心以及2006年1月出台的《IT新改革战略》提出日本信息化建设的下一步的基本理念、目标和政策等。这些政策都有力地推动了日本信息产业的发展。

从1957年至今,日本政府也颁布了许多相关的信息法律法规。其中主要有1957年4月颁布的《日本科技信息中心法》,促使了日本科技信息中心成立。1957年6月实施了《电子工业振兴临时法》。1970年颁布了《信息处理振兴事业协会及有关法律》。1971年又颁布了《特定电子工业和特定机械工业临时措施法》。1986年修改了《著作权法》,以著作权的形式保护计算机软件。1999年5月制定了《关于行政机构拥有的信息公开的法律》,指明了被公开的信息的内容、免除公开的范围、信息公开的程度及具体手续。1987年在刑法中又增订了惩治计算机犯罪的若干条款,并规定了较重的刑罚。2000年2月13日日本政府决定实施反黑客法,禁止未经授权的电脑网络存取。2000年5月日本还通过了第一部电子商务相关法律《关于电子签名和认证业务的法律》。2001年4月开始实施的《信息公开法》。

7.2.3 新加坡

作为亚洲四小龙之一的新加坡也是最早提出网络信息政策的国家之一。

1981 年,新加坡开始实施"全国电脑化计划",目的在于提高服务效率,鼓励和支持电脑软件和服务业的发展。1986 年,新加坡实施"全国信息科技计划",1991年实施"信息科技 2000 年总蓝图"等计划的颁布都表明该国重视互联网发展的政策。归纳来看,新加坡的信息政策经历了政府部门信息化、全国电脑化、实现信息化社会三个发展阶段,突出信息技术的战略性应用和大力发展本国信息产业,是新加坡信息化建设的两个努力方向。

新加坡的信息政策和法规中较有影响的成果如下:

① 实施"智能岛"计划。即 1992 年提出的 IT2000 计划,也称国家基础设施(NTI)计划。这项计划使新加坡在过去 10 年的 IT 领域保持着高达 38％的年平均增长率,1996 年,调整互联网的发展方向,促使全国的政府单位迈向计算机化,启动"新加坡一号计划",鼓励市民和政府上网。

② 实行政府网上办公。从 20 世纪 80 年代开始发展电子政务,现已成为世界上电子政务最发达的国家之一。

③ 积极推进电子商务。新加坡政府一开始便成立了专门委员会,让网上交易合法化,进而发展成为亚太地区电子商务中心。

④ 制定信息纲要。1992 年 12 月成立新加坡信息开发管理局,制订"21 世纪信息通信技术蓝图"旨在将新加坡建设成为全球信息通信中心之一。随后又制订《信息通信技能证明和认可框架》的新发展纲要,增强本国信息通信行业的竞争力。

⑤ 实行许可证制度。新加坡广播管理局 1996 年宣布对互联网络实行管制和分类许可证制度,分别制定了《因特网分类许可方案》、《分类许可通知》、《因特网行为准则》等规范。于 1998 年修订了 1993 年出台的《滥用计算机法》,与此同时,政府还制订了与此相配套的《信息安全指南》和《电子认证安全指南》,更好地为电子政务和电子商务等发展保驾护航。以及《电于交易法》、《电子交易法执法指南》和《电子交易(认证)条例》等法规。

⑥ 制定互联网行业自律公约。新加坡政府采取了政策、法律、行业自律规范等多种制度方式来遏制互联网领域的消极影响和危害,并建立了一套较为完善的互联网行业自律机制。

⑦ 实行电子签名法律制度。新加坡对确定电子签名的法律效力、规范电子签名的行为,明确电子认证服务机构的法律地位及电子签名的安全保障措施等多个方面作了具体规定,使电子商务和电子政务的实施有了明确的法律主体,使参与电子商务交易各方受到法律的保护,扫清了电子商务、电子政务运行过程中的法律障碍。

7.3 我国信息政策和信息法规概况

我国信息政策和信息法规的建设工作虽然起步较晚,但仍在有条不紊地开展中,围绕着信息政策和信息法规的各项内容,已形成了一个全方位、多层面的体系。

从上世纪 80 年代到 90 年代初期,国务院及下属的国家科委、国家计委、国家经委等部门就为国家信息技术发展政策的形成做了大量基础性的调研、论证、起草工作,形成了初期阶段的相关政策,如《通信技术政策》、《关于加速发展微电子和计算机产业的对策》、《关于加速建设和发展我国计算机信息系统的对策》以及《关于我国电子和信息产业发展战略的报告》等。1988 年,国务院正式批准了《信息技术发展政策要点》以及计算机、微电子、软件和传感器四个专项信息技术发展政策要点,1990 年,国家科委以《中国科学技术蓝皮书第 4 号》的形式正式发布,名称为《信息技术发展政策》。这些初期的政策对我国信息技术和信息产业的发展起到了总结经验、调整政策、探索出路的作用。

90 年代以来,我国针对不同行业还制定了相关的政策和法规,主要有:《中华人民共和国电信条例》、《通信工程质量监督管理规定》、《关于加快发展科技信息服务业的规划纲要和政策要点》、《信息市场管理条例》《中华人民共和国计算机信息网络国际联网管理暂行规定》。这些规定、条例为我国信息产业的发展提供了规范性的指导。

新千年来,国际环境发生了翻天覆地的变化,信息化成为当今世界发展的大趋势,是推动经济社会变革的重要力量。党的十六大报告中将推进信息化作为我国面向新世纪的战略举措,明确提出信息化是我国加快实现工业化和现代化的必然选择,并阐述了新型工业化道路的内涵:"坚持以信息化带动工业化,以工业化促进信息化,走出一条科技含量高、经济效益好、资源消耗低、环境污染少、人力资源优势得到充分发挥的新型工业化路子"。在"十七大"政府报告中根据新世纪新阶段的时代要求,对我国信息化发展赋予了新的重任,强调必须"全面认识工业化、信息化、城镇化、市场化、国际化深入发展的新形势新任务,深刻把握我国发展面临的新课题新矛盾,更加自觉地走科学发展道路,奋力开拓中国特色社会主义更为广阔的发展前景"。首次将信息化作为与工业化、城镇化、市场化、国际化并举的重大形势和任务,信息化被赋予了前所未有的高度。

在此背景下,根据全面建设小康社会的战略目标,以提高自主创新能力为中心,结合建设电子强国、电信强国的目标,在认真贯彻落实科学发展观、坚持发展是第一要务的基础上,信息产业厅发布了"信息产业十一五"规划和 2020 年中长期规划纲要,作为我国当前发展信息产业的主要政策。

1）“十一五”发展思路与目标

未来五年,信息产业要紧紧围绕全面建设小康社会、构建和谐社会和建设创新型国家的战略目标,以邓小平理论和“三个代表”重要思想为指导,贯彻十六大和十六届五中全会精神,落实科学发展观,着力自主创新,提升竞争能力,完善发展环境,推进战略转型,实现电信业、电子信息产业和邮政业的“三个转变”,加强无线电管理,服务于国民经济和社会信息化,为实现信息产业强国战略目标奠定坚实基础。

① 主要经济指标:到 2010 年,我国信息产业总收入达到 10 万亿元,年均增长 17.6％。其中,电信业收入达到 8860 亿元,年均增长 7.6％;电子信息产业销售收入达到 9 万亿元,年均增长 18％;邮政业收入达到 990 亿元,年均增长 8％。到 2010 年,我国信息产业增加值达到 2.6 万亿元,年均增长 15％,占 GDP 的比重为 10％。电子信息产品出口额占全国外贸出口额的比重保持在 35％左右。

② 服务水平目标:到 2010 年,全国电话用户总数达到 10 亿户,其中固定电话用户数达到 4 亿户,普及率 30 部/百人,移动电话用户达到 6 亿户,普及率 45 部/百人。互联网网民数达到 2 亿,普及率 15％。基本实现“村村通电话,乡乡能上网”;邮政的投递时限和投递质量进一步提高,年函件总量达到 140 亿件左右。

③ 创新能力目标:在国家政策引导下,初步形成以企业为主体的技术创新体系,建立一批重点领域共性技术开发平台,全行业引进消化吸收再创新能力进一步强化,集成创新能力显著增强,原始创新能力有所提高。培育一大批具有自主创新能力、拥有自主知识产权的企业。通信新业务开发能力不断提升,涌现一批自主知识产权的业务品牌,业务专利数不断增加;软件、集成电路、新型显示、新一代通信、数字视听、高性能计算及网络等关键技术研发能力接近国际先进水平,部分产品技术进入世界先进行列,掌握一批核心技术,拥有一批自主知识产权,技术成果转化率显著提高,标准制定的国际影响力大大增强。

④ 竞争能力目标:到 2010 年,海外电信业务市场份额进一步扩大,基础电信运营企业的管理能力和竞争能力大幅度提升,形成一大批具有竞争活力的增值业务运营企业;软件、集成电路、新型元器件等电子信息核心产业规模翻两番,部分关键技术实现突破,产业链进一步向上游延伸,元器件、材料、专用设备国内配套能力显著增强,集聚优势资源,形成一批在全球具有特色和影响力的产业基地和产业园,以及一批效益突出、国际竞争力较强的优势企业。初步形成能够适应信息产业发展和体制改革的监管模式,管理能力得到进一步提高。

⑤ 协调发展目标:继续加强农村和中西部地区通信能力建设,加快形成电信运营业与其上下游合作共赢的产业链;依托国家电子信息产业基地和产业园,基本形成东中西部地区差异化发展的产业格局;支持天津滨海新区、海峡西岸信息产业发展;无线电频率资源配置合理,基本满足各方需求,各种无线电业务协调发展。

2）主要任务与发展重点

（1）主要任务

规划中提出了未来五年期间的主要任务包括：① 不断提高综合信息服务水平；② 进一步加强信息基础设施建设；③ 大力发展核心基础产业；④ 重点培育新的产业群；⑤ 积极推进产业集聚式发展；⑥ 推动现代邮政业发展；⑦ 大力提升信息化建设支撑能力。

（2）重大工程

十一五期间要重点发展 12 个重点工程：集成电路、软件、新一代移动通信、下一代互联网、数字视听、宽带通信、先进计算、新型元器件、电信普遍服务、网络与信息安全、邮政服务设施、无线电监测。

3）政策措施

规划中还对我国信息产业发展的政策法规提出展望，为保障我国信息产业的顺利发展，将要采取的措施包括：

（1）加强政策法规建设，深化管理体制改革

尽快出台电信法，加快无线电立法。力争出台软件和集成电路产业促进条例、信息技术应用促进条例等法律法规，修订《中华人民共和国邮政法》和《中华人民共和国无线电管理条例》，完善相关配套规定。贯彻落实《中华人民共和国电子签名法》。研究制定促进数字电视、新型显示器件等产业发展的专项扶持政策。在符合 WTO 规则的前提下，加大对国产电子信息产品的政府采购政策支持力度，建立健全相关法律制度。

继续深化电信体制改革，不断优化市场竞争格局，进一步鼓励非公资本参与电信市场运营。落实邮政体制改革方案，建立健全邮政服务标准体系、服务质量监督体系和信件快递业务的市场准入制度。

加强行业监管机构和监管队伍建设，提高监管能力。健全行业管理体系，注重调动和发挥地方行业管理部门的积极性，提高管理水平。规范行业协会等中介服务组织，充分发挥其桥梁、纽带作用。

（2）完善创新体制机制，培育产业核心竞争力

贯彻落实《国务院关于实施〈国家中长期科学和技术发展规划纲要〉的若干配套政策》，通过市场准入、研发投入、工程带动、政府采购、标准制定、投融资支持等综合措施，建立以企业为主体的自主创新体系，促使资金、人才、市场向优势骨干企业倾斜，形成一批拥有自主知识产权和知名品牌、国际竞争力较强的优势企业。

鼓励运营企业研究开发新业务，特别是加强自主知识产权业务品牌的开发应用，研究制定相关配套政策措施，促进运营企业加大研发投入，提高新业务专利数量。调动上下游企业的积极性和创造性，支持相关企业建立产业联盟，共同打造和完善利益共享、合作共赢的产业链。

支持消化吸收再创新，加强集成创新，鼓励原始创新。制订"我国信息产业

拥有自主知识产权的关键技术和重要产品目录"并定期调整,组织实施一系列科技攻关和产业化重大工程。引导和支持大型骨干企业开展产业化前期战略性关键技术和重大装备的研究开发,推动公共技术开发平台建设。

引导产学研联合研制技术标准,促进标准和研发、制造、运营相结合,加强标准实施的组织和引导。加大对基础性、战略性标准的投入力度,鼓励企业积极参与国际标准的制定,提高国家标准的国际影响力。

(3) 健全电信监管体系,营造良好市场环境

建立和完善基础电信业务市场准入评估体系,按照新技术新业务和市场发展的需求,适时调整业务分类和市场准入政策,积极发挥非公有制经济主体的作用,进一步促进有效有序市场格局的形成。建立有效的法律监督、经济调节和利益保障机制,完善监测系统等技术支撑手段,改进网间结算标准和结算方式,重点解决互联网等的互联互通问题,保障网间通信的畅通。继续积极稳妥地推进资费管理方式改革,完善资费的市场化形成机制。加大服务质量监督力度,积极发挥中介机构及社会力量的作用,形成"政府监管、企业自律、用户监督"的良好互动局面,切实保护消费者权益。科学规划、合理分配有限的码号、域名、频率等紧缺资源,完善资源的有偿使用和管理制度,努力提高资源的利用率。规范通信建设市场和设备进网管理。

(4) 提高利用外资水平,加快信息产业"走出去"步伐

坚持对外开放,继续优化环境,大力吸引国外资金、技术和人才。以突出核心基础产业、鼓励外商投资企业在华设立研发和运营中心、引导外资投向中西部地区、东北地区等老工业基地为重点,适时调整外商投资产业指导目录,提高利用外资的水平。

将信息产业"走出去"纳入国家外交、经贸的总体战略和实施框架中,充分发挥多边、双边机制作用,加强政府服务,为企业"走出去"提供多方面支持。开展全方位、宽领域、深层次的国际合作与交流,积极参与信息产业领域的各类多边、双边和区域合作机制的活动,为信息产业发展和"走出去"创造良好的国际环境。

加强政府间的协作,充分发挥行业协会、企业联盟等中介组织的作用,加快建立符合国际通行规则的技术性贸易措施体系,建立国际贸易争端协调机制,增强行业规避、应对贸易摩擦的意识和能力,提高国际规则运用水平,积极参与及推动国际贸易规则谈判,规范出口竞争秩序。

(5) 建立普遍服务基金,完善普遍服务机制

完善电信普遍服务相关的法律法规,尽快建立以电信普遍服务基金为核心的普遍服务长效机制,理顺普遍服务的管理体制,明确管理原则,确立管理方式,规范管理程序。在基金出台之前,继续采取"分片包干"的方式,推进电信普遍服务工作。

建立邮政普遍服务基金,制定邮政普遍服务的范围、标准和资费价格体系,

并监督执行。

（6）完善产业发展的财税、金融环境

中央和地方各级政府要加大对信息产业的投入力度，建立国家对信息产业投入的稳定增长机制，保持有利于产业发展的投入水平。

制定鼓励核心基础产业发展的税收优惠政策，加大对企业自主创新投入的所得税抵扣力度，允许企业加速研发用仪器设备折旧，进一步扩大电子信息产品全额出口退税范围。明确邮政专营业务和专营保护、政府财政补贴、税费优惠等扶持政策。

鼓励政策性银行支持核心基础产业的重大科技创新和产业化项目。建立风险投资机制，鼓励创新型中小企业发展。建立有利于集成电路、平板显示器件等资本密集型产业发展的企业融资环境。

（7）贯彻落实人才兴国战略，加强人才队伍建设

树立人才是第一资源的观念，创造各类人才脱颖而出的良好环境。加强信息技术人才、管理人才、复合型人才的引进、培养和使用，研究制定有利于造就领军人才和技术带头人的分配政策和激励措施。积极吸引留学和海外高层次创新人才。实施高技能人才培训工程，通过高等学校、民办或私营机构、企业、中介机构等多种渠道和方式，加大继续教育、职业教育力度，加强工程实用人才的培养，壮大高技能人才队伍。加强各级行业主管部门和人员专业化建设，提高管理人员的素质和水平。

7.4　知识产权制度

7.4.1　知识产权法概述

1）知识产权与知识产权法概念

知识产权（Intellectual Property）这一概念产生于 18 世纪的德国。1967 年建立的世界知识产权组织（WIPO）沿用了这一称谓。关于其定义，主要有两种表达方法：一是完全列举知识产权保护对象范围或划分的方法，多见于国际组织机构颁布的公约、协定中；如《世界知识产权组织公约》第 2 条第 8 款中，确定知识产权的范围是著作权、邻接权、专利权、外观设计计权、商标权、产地标记权、防不正当竞争权和其他智力创作活动所产生的权利。二是下定义来表达知识产权概念，多见于我国的知识产权论著或教科书中。如郑成思主编的《知识产权法教程》一书中将知识产权定义为：人们就其智力创造的成果依法享有的专有权利。刘春田主编的《知识产权法》将知识产权定义为：知识产权属于民事权利，是基于创造性智力成果和工商业标记依法产生的权利的统称。

从上述对知识产权概念的解释中可以看出，知识产权是公民或法人对通过

自己的劳动取得的创造性智力成果和经营管理活动中积累的经验、知识而依法享有的权利,也可称为智力成果权。知识产权存在广义和狭义两种范畴。广义的知识产权如《世界知识产权组织公约》的理解包括一切人类智力创作的成果。狭义的知识产权指的是文学产权和工业产权。文学产权包括著作、期刊、绘画、雕塑、摄影、电影、唱片、电视广播等,它所保护的是作家、艺术家、作曲家等脑力劳动者发挥自己的才智、技术并通过创造性劳动而完成的产品。

工业产权是指人们在工业领域通过脑力劳动所创造的智力成果所享有的一种专有权。主要包括:① 创造性成果权,如专利权、商业秘密权、集成电路布图设计权等;② 识别性标记权,如商标权、商号权、产地标记权等。

知识产权法是调整因创造、使用智力成果而产生的各种社会关系的法律规范的总和,是确认、保护和使用知识产权的一种法律制度。

2) 知识产权的性质与特征

知识产权是一种无形财产权,客体的非物质性是知识产权的本质属性,其具体表现为:① 不发生有形控制的占有;② 不发生有形损耗的使用;③ 不发生消灭智力成果的事实处分与有形交付的法律处分。

知识产权具有以下法律特征:一是知识产权的客体是创造性的智力活动成果,它必须具有为人所知的客观形式,所以知识产权由国家机关依法核准或确认而产生,具有法律确认性;二是知识产权具有专有性,即排他性,是创造人对自己的智力成果享有的专有性、排他性的权利;三是知识产权具有时间性,即法律保护在有效期限内的知识产权,期限届满即丧失效力;四是知识产权具有地域性,即任何一个国家所确认的知识产权,只在本国领域内有效,在其他国家或地区不发生效力。

3) 知识产权法的地位与体系

知识产权法的地位是指它在整个法律体系中所处的地位,世界知识产权法多采用单行法的体例。我国的知识产权法属于民法的范畴,但采取民事特别法的方式给予保护。

知识产权法一般包括以下几种法律制度:① 著作权法律制度;② 专利权法律制度;③ 工业版权法律制度;④ 商标权法律制度;⑤ 商号权法律制度;⑥ 产地标记权法律制度;⑦ 商业秘密权法律制度;⑧ 反不正当竞争法律制度等。

7.4.2　主要的知识产权保护法

1) 著作权法

(1) 著作权法概念

著作权是指基于文学、艺术和科学作品依法产生的权利。我国《著作权法》第51条规定,著作权与版权系同义语。确认和保护作者对其作品享有某些特殊权利的法律便是著作权法。

（2）著作权法的基本内容

以我国著作权为例，著作权法律制度的基本内容包括如下几方面：

① 著作权的立法宗旨与基本原则。我国著作权法开宗明义指出："为了保护文学、艺术和科学作品的作者的著作权，以及与著作权有关的权益，鼓励有益于社会主义精神文明、物质文明建设的作品的创作与传播，促进社会主义文化和科学事业的发展与繁荣，根据宪法制定本法。"这一立法宗旨与基本原则贯穿于我国著作权法的全部条款。

② 著作权的主体。著作权的主体即著作权法律关系的主体，简称为著作权人，是指依法对文学和艺术及科学作品享有著作权的人。我国《著作权法》第9条规定："著作权人包括：（一）作者；（二）其他依照本法享有著作权的公民、法人或者非法人单位。"另外，在《著作权法》中还单独规定了电影、电视和录像作品，特定职务作品以及委托作品的著作权主体的情形。

③ 著作权的客体。著作权的客体即著作权法保护的作品范围。我国《著作权法》第3条采用列举的方式规定"本法所称的作品，包括下列形式创作的文学、艺术和自然科学、社会科学、工程技术等作品：（一）文字作品；（二）口述作品；（三）音乐、戏剧、曲艺、舞蹈作品；（四）美术、摄影作品；（五）电影、电视、录像作品；（六）工程设计、产品设计图纸及其说明；（七）地图、示意图等图形作品；（八）计算机软件；（九）法律、行政法规规定的其他作品"。

④ 著作权的内容。著作权的内容，是指著作权人根据法律的规定对其作品有权进行控制、利用、支配的具体行为方式，反映了法律对作者与其所创作作品之间的具有人格利益和财产利益的联系方式。我国《著作权法》规定的著作权内容包括人身权利和财产权利。人身权包括发表权、署名权、修改权和保护作品完整权，财产权包括使用权和获得报酬权。此外，它还包括与作者或其他著作权人的人身权利和财产权利有关的其他内容。

⑤ 著作权的限制。著作权限制是指法律规定对著作权人的著作权的行使给予一定的限制，其限制实际上是主要对著作权财产权的限制。这种限制主要包括三种情况：一是对著作权行使期限的限制。我国《著作权法》第21条规定，作者的署名权、修改权、保护作品完整权的保护期不受限制。公民、法人或者非法人单位对其作品的发表权、使用权和获得报酬权的保护期为50年。二是著作权的地域限制。著作权法是国内法，只能在本国有效。但《世界版权公约》等国际公约及其他各国订立双边或多边协定，已使得版权法的保护地域扩大了。对于外国人在中国境内发表的作品，《著作权法》第2条第3款规定："根据其所属国同中国签订的协议或者共同参加的国际条约享有的著作权，受本法保护。"三是对权利行使范围的限制，指对著作权主体享有的著作权规定一些"例外"。在"例外"情况下，使用作品不构成侵权。主要包括个人学习、研究、评论、介绍、新闻报道、执行公务等情形。

⑥ 著作权的侵权及法律保护。在著作权法领域中,侵权主要涉及对著作权的侵权和对与著作权相关的邻接权的侵权,即未经著作权人和与著作权有关的权利人的许可,不遵守著作权法规定的条件,擅自利用受著作权法保护的作品以及表演、录音录像制品和广播电视节目的行为。对侵权行为规定了解决纠纷的途径和应承担的法律责任。

⑦ 著作权的邻接权保护。著作权的邻接权指的是作品传播者在传播作品时所享有的权利。我国《著作权法》将邻接权表述为"与著作权有关的权益",且在《著作权法实施条例》的第 36 条中规定:"与著作权有关权益,指出版者对其出版的图书和报刊享有的权利,表演者对其表演享有的权利,录音录像制作者对其制作的录音录像制品享有的权利,广播电台、电视台对其制作的广播、电视节目享有的权利。"出版者、表演者、录音录像制作者、广播电视因传播作品而产生的与著作权有关权益都在著作权法的规定之中。

2)专利权

(1)专利权法概念

专利作为一个法律名词,原意是指国王亲自签署的带有玉玺王印的各种独占权利证书。"现代专利"一词有广义与狭义之分。广义的专利可以指专利技术,也可以指刊载专利技术信息的专利文献,还可以指获得独占使用权的专利证书。其最基本的含义是指专利权。专利权是指一项发明创造,向国家专利行政部门提出专利申请,经依法审查合格后,向专利申请人授予的在规定的时间内对该项发明创造享有的专有权。

专利法是由国家制定的,调整发明创造者、发明所有人和发明创造使用者之间对发明的所有和使用行为关系的法律规范总称。狭义的专利法仅指专利法典本身,广义的专利法则包括专利法、专利法实施细则、专利行政法规以及其他法律中与专利相关的条款。

(2)专利权法特征

综观世界各国专利制度,可以归纳出专利权法律制度的基本特征:

① 法律保护。专利法是国内法,大都根据本国的政治、经济以及其他各种要素来制订,但专利法也是涉外法,必须考虑国际上一些共同遵守的惯例和原则。

② 提出申请。专利权取得的前提是由申请人提出专利申请,并非自然产生或由国家自动授予。

③ 科学审查。是对提出专利申请的发明创造进行形式和包括发明创造定义、新颖性、创造性、实用性等专利性条件的审查。

④ 公开通报。是指申请人在申请专利时,将其发明创造的主要内容写在专利申请文件中提交给专利行政部门,之后经审查合格后,将发明创造的内容以专利说明书的形式向社会公开。

⑤ 国际交流。各国的专利法只在本国范围内有效,但由于各国在建立专利法时彼此之间按照或参照《保护工业产权巴黎公约》等国际公约的有关规定,所以各国专利法的趋同化或国际化趋势较为明显。在有关条约的成员国内,对其他条约成员国的公民或组织,给予同等的国民待遇。

（3）专利权法基本内容

专利权法规定了专利申请人在规定时间内对某项发明创造所享有的权利。以我国颁布的《专利法》为例,专利权法律制度大致包括以下内容:

① 专利权的客体,即专利权人的权利和义务所指向的对象。我国专利权客体的种类有三种:发明、实用新型和外观设计。

② 专利权的主体,即依法能够申请并获得专利权的人,其既可以是自然人,也可以是法人。我国《专利法》根据发明创造的性质,规定专利的主体有非职务发明创造的发明人或设计人、职务发明创造的所在单位、符合《专利法》规定的外国人或外国企业等。

③ 专利的申请和审批。规定了专利申请的条件是必须具备新颖性、创造性和实用性;规定了专利申请的原则包括书面原则、先申请原则、优先权原则和单一性原则;规定了专利申请书的撰写要求;规定了专利的审批流程。

④ 专利权的内容,即专利权人在有效期间享有的权利和应承担的义务。包括独占实施权、许可实施权、专利转让权、标记权、署名权、获得奖励和报酬权等权利以及公开发明创造的内容、缴纳年费等义务。

⑤ 专利权期限、终止及无效。专利权的期限指专利权从生效到失效的合法期限,我国发明专利权的期限为 20 年,实用新型和外观设计为 10 年,均自申请日起计算。专利权的终止是指专利权在保护期届满或因其他原因使专利权失效。《专利法》第 45 条规定:"自国务院专利行政部门授予专利权之日起,任何单位或者个人认为该专利权的授予不符合本法有关规定的,可以请求专利复审委员会宣告该专利权无效。"

⑥ 专利侵权和保护。专利侵权行为有两种:一种是除法律另有规定以外,未经专利权人许可,为生产经营目的而制造、使用、许诺销售、销售、进口专利产品或者使用专利方法及使用、许诺销售、销售、进口依照该方法直接获得的产品的行为,或者制造、销售、进口外观设计专利产品;另一种是假冒他人专利的行为,它是指在与专利产品类似的产品或者包装上加上他人的专利标志和专利号,冒充他人专利产品。当侵权行为发生后,应采取相应的法律手段来保护专利权人。

3）商标权

（1）商标权法概念

商标是商品生产者使用在商品上用来区别他人商品的一种特殊标记。从法律意义上讲,商标不仅是商品或服务的标记,更重要的是一项权利;从经济意义上讲,商标就是一种财产。商标持有者可以通过使用商标或者通过注册商标而获得这种权利并受到法律保护。同时,作为这种权利的转让,可以使持有者获得收入,因为消费者往往看重这种标识而选择具有这种标识的产品或服务。因此,对商标这种无形资产的拥有便构成了一种权利——商标权。

商标权法是由国家制定的,保护商标持有人对其持有商标享有的权利以及调整商标持有人对商标的使用关系的法律规范总称。

(2) 商标权法律制度的特征

商标权属于知识产权范畴,是工业产权的重要组成部分。商标权具有知识产权的共同特征,即具有专有性、时间性和地域性等法律特征。同时,商标作为一种特别的无形资产,还具有财产权的一般属性,这里包括所有权和处分权。所有权包括专有使用权、禁用权、续展权、收益权等;处分权包括转让权、许可使用权。商标权人可以按照自己的意愿处理其商标专用权,可以依法转让,也可以依法许可他人使用。商标权是单一财产权,它不同于其他知识产权(如著作权、专利权等)具有人身权和财产权双重内容,商标权只具有财产权内容,不具备人身权内容,商标权可以和商标权人完全分离,如果商标权人实施了转让权,将商标转让给他人使用时,其原商标人已不再保留任何权利。商标权还可以用来抵押,或作为财产被继承。

(3) 商标权法的基本内容

以我国《商标法》为例,说明商标权法的基本内容。

① 我国《商标法》的立法宗旨。《商标法》在第1条中就指明了商标法的立法宗旨,即"为了加强商标管理,保护商标专用权,促使生产者保证商品质量和维护商标信誉,以保障消费者的利益,促进社会主义商品经济的发展,特制定本法。"

② 商标权的主体,即依法享有商标所有权的人。在我国为商标注册人。

③ 商标权的客体,即商标法律关系中作为权利主体的商标权人享有的权利和作为其义务主体的特定人承担的义务所共同指向的对象,为注册商标。并规定了商标权的客体必须具备的法定条件。

④ 商标的注册与管理程序。商标注册是商标申请人为了取得商标专用权,将其使用或准备使用的商标,依照《商标法》规定的条件、原则和程序,向国家工商行政管理局商标局提交注册申请,经商标局审查,予以注册的各项法律行为或活动的总称。商标管理是指商标行政管理部门为保护商标权人的合法权益,维护市场秩序,依法对商标使用和印制等行为所进行的监督、检查、服务等管理活动的总称。

⑤ 商标权的内容,即商标权的权项组成。包括商标专用权、商标续展权、商标转让权、商标许可使用权等项权利。

⑥ 商标权的法律保护。即规定商标权的保护范围、侵犯商标权的行为及相应的处罚措施等。

8 知识管理

自上世纪 70 年代末、80 年代初伴随着世界各国信息化进程的加速,信息资源管理已发展成为影响最广、作用最大的管理领域之一,成为一门受到广泛关注的富于生命力的新学科。进入新世纪,信息技术尤其是网络技术的发展构成了信息资源管理发展的新的背景,信息资源管理的研究出现了许多新的热点领域。其中知识管理理论与实践备受瞩目。

8.1 知识管理概述

8.1.1 知识管理的产生与演变

科学技术的迅速发展和人类知识的极大丰富,迫切需要与之相适应的管理模式、管理理论和管理实践。正当人们对"信息资源管理"理论的研究方兴未艾时,又出现了"知识管理"这一提法,并且很快成为学术界、企业界的研究热点。

知识管理的实践活动可追溯到 20 世纪中期第二次世界大战后北美洲的商务实践[1]。当时第一批大学生开始加入到了劳动力队伍,他们具有高学历、拥有知识的特点,对战后经济的复苏起到巨大的推动作用。许多新企业开始引进组织和管理企业的新方法,员工也开始在岗位职责和工作规划等方面参与进来,引发了对知识管理的强大兴趣。1959 年,彼得·德鲁克(Peter F. Drucker)在其《明日的里程碑》(Landmarks of Tomorrow)一书中创造了"知识工人"(knowledge worker)这个新词汇。他认为产业工人中出现了一种新型的劳动力阶层。他看到战后这种新型的劳动力具备了前所未有的教育水平。德鲁克声称,这些工人接受了大量的正规教育,具备获得与应用理论和分析知识的能力。

1966 年,迈克尔·普拉尼(Michael Polanyi)在《个人知识》(Personal knowledge)中首次明确了隐性知识和显性知识之间的区别。普拉尼注重于隐性知识的研究,并提出这是所有知识的来源,研究的重点不再局限于知识的价值,而是人如何获得与应用知识。他还认为知识管理比信息管理更为重要。

1982 年,管理咨询专家托马斯·彼得斯(Thomas J. Peters)和罗伯特·小沃特曼(Robert H. Walterman,Jr)出版了《追求卓越:美国最佳公司的经验》一书。指出,那些在残酷竞争环境下蓬勃发展的公司都有共同的价值观和实践,尽管它们的规模、使命、产品和客户基础各不相同。虽然没有指出这个共同点就是开展

---

[1] 德鲁克等著;杨开峰译. 知识管理. 北京:中国人民大学出版社,1999:29~31

了知识管理实践,但是反映了企业管理活动中开始注意到知识管理。

1985年,保尔·斯特拉斯曼(Paul Strassman)出版了《信息盈利》一书,提出了一个理论,即没有一家公司可以保持其生产力,除非它有一个适当的工具来测量和评价人力资本的价值。从此,知识作为一种可鉴别的、可量度的概念开始出现。

这一阶段的研究都还是在实践中探索,知识及其管理实践活动逐渐引起了重视,但还没有一个术语能很好地概括这一活动。1986年,联合国国际劳工大会上首次提出知识管理的概念,从此"知识管理"开始正式进入人们的视野。1989年成立了欧洲的国际知识管理网络(The International Knowledge Management Network,IKMN)。1989年:《财富》杂志调查美国100家大企业的执行总裁,他们均认为知识是企业最重要的资产;一个美国企业社团启动了"管理知识资产"的项目;有关知识管理的论文开始在《斯隆管理评论》,《组织科学》,《哈佛商业评论》以及其他刊物上出现;关于组织学习和知识管理的第一批专著也开始出版,如圣吉的《第五项修炼》和Sakiya《知识价值的革命》。

从上世纪90年代开始,知识管理的研究进入了一个相对成熟和发展的时期。总部在瑞典的Skandia公司的雷夫·埃德文森(Leif Edvinsson)担任知识主管,这也是世界上第一个知识主管(Chief Knowledge Officer, CKO)。埃德文森成了知识资本研究课题的权威领导,并解释了诸如知识资本、创新和客户满意度这样的资产该如何并入公司的资产平衡表。1997年,他和迈克尔·马隆(Michael S. Malone)合作,发表了关于知识资产的权威性著作《发掘隐藏的智力,实现公司的真正价值》。

在亚洲的日本,野中郁次郎(Nonaki, Ikujiro)在《哈佛商业评论》(1991年11—12月号)上发表了一篇著名的论文《知识创新型企业》。他认识到,知识创新并不是对客观信息进行简单的"加工处理",而是发掘员工头脑中潜在的想法、直觉和灵感。开发这类知识,通常需要采取标语、隐喻和象征等"软"形式,它们是持续创新必不可少的工具。这类知识实际上是隐性知识,并由此形成隐性知识管理的几种方法。野中郁次郎还综合日本企业管理经验,提出了一个关注知识创新企业中管理角色、管理职责、组织设计和业务事件的新思路。

1991年,《财富》杂志特约撰稿人Thomas Stewart发表了《脑力》一文,介绍美国智力资本是怎样成为美国最有价值资产的,由此引发了智力资本管理研究和实践的浪潮;1995年,美国质量与生产力中心和安达信的知识管理会议吸引了500位企业总管并主持11家企业的知识管理基准调查;1998年,一种以《知识管理》命名的新的期刊在英国出现;1999年,美国80%的企业已经或正在实施知识管理计划。可以说,知识管理已经在全球管理学理论界与实践者中间形成热潮。

知识管理产生和演变呈现出"百花齐放"的现象,上述理论和事件仅仅是采颉了片断。事实上,关于知识管理的观点是层出不穷的,这个产生于企业实践活动中的概念,从一开始就引起了多方的关注和重视,各种提法不一而同,如"知识资产"、"知识创新"、"学习型组织"等等,从一个侧面也反映出知识管理的研究内容的综合性和丰富性。

8.1.2　知识管理相关概念

1）知识

理解知识管理首先要理解的一个概念就是知识。根据牛津-韦氏大辞典的定义,知识是一种被知道的状态或事实;是被人类理解、发现或学习的总和;是从经验而来的加总。管理大师德鲁克说"知识将取代土地、劳力、资本、设备,成为最重要的生产要素",后来,在其著作《后资本主义》一书中指出"知识在每个活动领域中所代表的含义不同,在企业经营活动之上定义会比学术或教育上较为狭隘。"以下我们将从不同角度来探讨知识概念。

中国源远流长的历史和文化发展中,积累了相当丰富的关于知识概念的探索[1]。知乃"致知"、"学而知之"、"知行合一",识乃另有含义:能辨别,有见解。在《辞源》中知识有两种解释:一是"相识见知的人",二与现代汉语中的含义相近,"指人对事物的认识"。后者出现于清朝洪亮吉的《洪北江集》中,"孩提之时,知饮食而不知礼让,然不可谓非孩提时之真性也。至有知识,而后知家人有严君之义焉"。到了现代,1980 年出版的《辞海》中将"知识"定义为"人们在社会实践中积累起来的经验",并指出"从本质上说,知识属于认识的范畴"。《现代汉语词典》中的定义是"人们在改造世界的实践中获得的认识和经验的总和"。1998 年3 月,中国国家科技领导小组办公室在《关于知识经济与国家知识基础设施的研究报告》中,对"知识经济"中的"知识做出如下定义":经过人的思维整理过的信息、数据、形象、意象、价值标准以及社会的其他符号化产物,不仅包括科学技术知识——知识中最重要的部分,还包括人文社会科学的知识、商业活动、日常生活和工作中的经验和知识,人们获取、运用和创造知识的知识,以及面临问题做出判断和提出解决方法的知识。这些定义都是在几千年中国文化发展沉淀下形成的有关知识的权威定义。

历史上,许多西方哲学家、思想家也探讨过什么是知识这个问题,而且仁者见仁、智者见智,充满着激烈的争论[2]。柏拉图在《泰阿泰德篇》中对知识的定义是哲学史上关于知识的第一个古老定义:即知识是经过证实了的真的信念,直接指出知识是依靠经验来证明的。随着数学、逻辑学等学科的发展,某些知识的证明是不能完全来自经验和依靠经验的。于是有些哲学家又提出非经验知识,

〔1〕　张润彤,朱晓敏. 知识管理学. 北京:中国铁道出版社,2002:3～5
〔2〕　胡军. 什么是知识. 求是学刊,1999,(3)

将知识区分为经验知识（后验知识）和非经验知识（先验知识）两类,前者的证实依赖于感觉经验,后者则依赖于康德的所谓的"纯粹理性"。由此形成了哲学界对知识研究的两个学派:经验主义和理性主义,这个分类得到哲学家莱布尼茨和休谟的认同。在随后的研究中,先验知识被许多哲学家否认,主要原因是关于先验知识形成的具体条件是一个悬而未决的理论问题,讨论的重点是对经验知识的定义及其证实。柏拉图关于知识的定义也成为经验知识的经典定义,他回答了所谓知识必须满足的三个条件:信念的条件、真的条件和证实的条件。

美国实用主义哲学的重要代表人物杜威(Dewey)在 1963 年提出"有用即真"的主张[1],他认为知识来自外在的经验,并将其对知识的独特见解归纳为四种特性:活动性,知识并非凭空而来,它是借由人类的实际活动而产生;工具性,人类的生存环境是达尔文进化论的延伸,而知识为人类应付环境之生存工具;实验性,知识的形成与确定只有透过实验科学的验证,才能体现其真实性与应用价值;创造性,知识是通过人类各种活动的相互作用,再经由个人的思考与判断加以创造而成的。

从哲学们对知识的定义、知识的形成条件以及知识的特性这些问题的探讨和阐释中,我们可以得出结论:知识是通过在自然界、人类社会生活的实际活动与个人的思维判断而形成,其产生过程不断的经由实验科学的验证,使其成为人类得以求生存的重要工具。

当代诸多管理学大师更对知识的概念进行了研究。德鲁克指出"知识是一种能够改变某些人或某些事物的信息,这既包括使信息成为行动的基础的方式,也包括通过对信息的运用使某个个体(或机构)有能力进行改变或进行更为有效的行为的方式"。车驰曼认为"将知识设想或看作一种对信息的集合的观点,事实上已经将知识这一概念从其全部生活之中剥离了出去;知识只存在于其使用者身上,而不存在于信息的集合中,使用者对信息的集合的反应才是最重要的。"达文波特和布鲁赛克所著的《营运知识》书中,从组织的观点认为知识是一种流动性质的综合体,它包括结构化的经验、价值及经过文字化的信息,同时也包括专家独特的见解,为新经验的评估、整合与信息提供架构。具体的来说,专业人员将公司目前在各方面所做出来的各项统计信息加以分析,并依据本身经验、判断法则作出公司未来的营运走向,此一过程所作的判断是经由时间的验证,经验法则才慢慢一点一点归纳出来,此种决策的智慧便是知识。

其他有代表性的观点还有 Harris(1996)将知识定义为:知识是信息、文化脉络以及经验的组合。其中,文化脉络为人们看待事情时的观念,会受到社会价值、宗教信仰、天性以及性别等影响;经验则是个人从前所获得的知识;而信息则是在数据经过储存、分析以及解释后所产生的,因此信息具有实质内容与目标。

〔1〕 杜威. 我们怎样思维——经验与教育. 北京:人民教育出版社,2005:159～163

知识之所以在数据与信息之上,是因为它更接近行动,它与决策相关。Zack
(1999)认为知识是我们从信息中提炼出的基本的信仰与标准。

从企业管理角度对知识的定义表明知识具有的特性是:牵涉到信仰和承诺,
知识关系着某一种特定的立场、看法和意图,与企业的愿景与职责有关;牵涉到
决策与行动,知识通常含有某种目的,与企业的利润导向有关;牵涉到意义。知
识通常和特殊情境相呼应,也要迎合组织内部的需求和发展。

如前所述,无论是中国文化的千年积累,还是西方哲学的经验主义和实用主
义阐释,以及近代管理学界的争论,知识的定义仍是一个备受关注的话题。尽管
表述不一,但是仔细分析发现有些共同的因素。因此,达文波特在综合多位学者
研究的基础上,归纳了知识的六大构成要素[1]:

(1)经验:指的是过去曾经做过、或是曾经经历的事情。经验最大的好处是
鉴往知来。自经验获取的知识,能够帮助人们认出熟悉的模式,并找出当前发生
的事和过去有什么关联。

(2)有根据的事实:有根据的事实能让人们知道哪些行得通,哪些行不通。
透过有根据的事实,叙述在现实状况中所获取的丰富经验。

(3)复杂性:经验与事实根据所占的重要性,突显出知识能够处理复杂事物
的事实。知识并非排除异己的僵硬结构,它能够以复杂的形式来处理复杂的
事物。

(4)判断:有别于数据与信息,知识本身包括了判断的成分。知识不但能够
透过以往的经验,来判断新状况和信息,也能够自我审视与琢磨,因应新状况的
发生。

(5)经验法则与直觉:当新问题与前人所处理过的旧问题相似时,经验法则
就能协助找出解决方法的途径。

(6)价值观与信念:人们的价值观与信念,对组织的知识具有极大的冲击。
组织毕竟是由人所组成的,其想法与行动,难免会受到组成人员的价值观和信念
的影响。

这六大要素表明知识这个古老的概念在人类社会发展长河中孕育发展的必
要条件,也是知识区别于其他一切社会现象的根本所在。

2)数据、信息、知识辨析

在对知识概念剖析的基础上,我们再将知识与相关的两个概念:数据和信息
进行辨析。

Zack 提出数据代表从环境中所获得的事实和观察,将数据放在某个有意义
的情境中,就是以信息形式呈现,所获得的结果就是信息。Marchard 提出知识
和信息之间的转换图,直接全面地表达了两者之间关系。

---

〔1〕 托马斯·H·达文波特,劳伦斯·布鲁赛克著. 营运知识. 南昌:江西教育出版社,1999

表 8.1　知识与信息的转换

To ＼ From	知　　识	信　　息
知识	内隐到内隐 信息在人与人的交谈之间转移	内隐到外显 人借由文件、信息、数据等转移知识
信息	外显到内隐 人将文件、信息、数据等赋予意义	外显到外显 文件、信息、数据等经由组织化、转换成指标、地图、规则和存储系统等

　　达文波特也曾将三者的特性作了明确的定义与说明。所谓"数据"是对事件审慎、客观的记录。以组织的专业用语来说，数据是结构化的记录，其本身不具关联性与目标的。因此，数据多未必是有益的。但是，数据是创造信息的重要原料，所以在获得信息的过程中，数据是不可或缺的。而所谓"信息"是包括关联性与目标的数据。信息不但有潜力能够塑造接受者的看法，它本身有具体的轮廓之外，并且是为了某些目的所组织起来的。"知识"是一种流动性质的综合体：其中包括结构化的经验、价值以及经过文字化的信息。在组织中，知识不仅存在文件与储存系统中，也蕴含在日常例行工作、过程、执行与规范中。知识来自于信息，信息转变成知识的过程中，均需要人们亲自参与。知识之所以比数据与信息价值更高的原因是因为它更接近"行动"。所以一般而言，知识是不易结构化的、不易经由机器设备取得、通常是内隐的且不易转换。因此，知识的转换过程是：现实中的事件经描述后成为数据，数据经分析并应用于目标决策中成为信息，信息经学习并通过人的经验融入到战略政策中最终转换为知识。从数据到信息的转换采用的方法有：浓缩（Condensed）、情境化（Contextualized）、计算（Calculated）、分类（Categorized）、更正（Corrected）。从信息到知识的转换采用的方法有：比较（Comparison）、结果（Consequences）、关联性（Connections）、交谈（Conversation）等。

　　从这些分析中，可以看出，数据、信息和知识是三个不同层次的概念，三者之间既有区别，又有联系。如果从知识管理的角度来看，数据是与知识管理最不相关的概念，它是来自人们的观测、测量、调查或计算活动中能够按照一定规则排列组合起来的符号串。信息则是数据所反映的内容，数据必须要经过有效的知识管理模型的处理，配合特定的实例运作才可以变成信息，而众多信息中会成为知识的便是少数实例运作的有用的信息，经过人的推论才能转化成知识。数据是信息和知识的原材料，信息则是知识的原材料。

3）知识管理概念

　　由于知识管理理论和实践的广泛性和多样性，对其下一个大家广泛认同的定义较为困难。有以阿贝克和米歇尔代表的一类观点，他们将知识管理的对象限于知识或信息;还有以维娜·艾利和维格为代表的一类管理,他们扩大了知识管理的范围,认为知识管理的对象不仅包括知识,还包括与知识交流相关的事物,如技术、组织结构和其他资源。罗伯特从产出的角度定义知识管理是运用现在的知识来创造更多元的价值,使在正确的时间、得到正确的信息,并传递给正确的员工,以提供竞争的优势。史劳顿从活动过程的角度认为知识管理是智能资产的确认、最佳化与积极管理,这种智慧资产包括人工成品具有的显性知识,或是个人、社群拥有之隐性知识。此外,还有一些学者从不同角度作了界定。如卡尔·弗拉保罗认为"知识管理就是运用集体的智慧提高应变和创新能力",是为企业实现显性知识和隐性知识共享提供的新途径。卡尔·斯沃彼从认识论的角度对知识管理进行定义,认为知识管理是"利用组织的无形资产创造价值的艺术"。[1]

国内媒体则比较愿意接受下面一种定义:知识管理就是对一个企业集体的知识与技能的捕获,然后将这些知识与技能分布到能够帮助企业实现最大产出的任何地方的过程。知识管理的目标就是力图能够将最恰当的知识在最恰当的时间传递给最恰当的人,以便使他们能够做出最好的决策。

限于篇幅,还有许多提法不一一赘述。这些定义反映了人们从各个侧面对知识管理不倦的探索,而综观各个侧面的研究则使我们有可能对知识管理有个粗浅但全面的理解。我们认为,这些定义都从某一层面上反映了知识管理的特性,那么,找出共同的认知才是理解知识管理的正确思路。台湾学者王如哲归纳了对知识管理的共识如下[2]:

(1) 知识管理等于信息和信息技术加上新的工作组织;

(2) 知识管理强调无形资产;

(3) 知识管理是一种"有意的策略",将正确的知识适时提供给适当的人员,并协助他们分享以及将信息应用到提升组织绩效的行动之中;

(4) 知识管理的对象是"智慧资产";

(5) 知识管理是将"隐性知识外显化"的过程;

(6) 知识管理是整合的知识系统;

(7) 知识管理是通过"信息管理"和"组织学习"来改进组织知识之使用。

8.1.3　知识管理与信息管理的比较

知识和信息是两个既有联系又有区别的概念,由此可知知识管理与信息管理在产生背景、内涵、管理方式及所研究的对象和内容等方面都存在较大的

〔1〕 张润彤,朱晓敏.知识管理学.北京:中国铁道出版社,2002:8
〔2〕 王如哲.知识管理与学校教育革新[J].中国台湾教育研究集刊,2000(45卷):35～55

差异[1]。

1) 两者的区别

(1) 产生的背景不同

信息管理是为解决社会信息现象的复杂多样性、社会信息的无序性与人类需求的特定性之间的矛盾而产生的。随着社会和技术的进步,知识的特殊重要地位确立,信息管理的固有缺陷也开始暴露,表现在:信息管理对象局限于显性知识,未能充分意识到隐性知识的存在,从而限制了信息管理的范围;忽视了信息利用或使用的过程(即学习与创新),从而限制了其社会地位的提升;对信息需求机理重视不足,忽视了对用户的研究,从而限制了管理效能的发挥;未能对知识资产进行切实的资本化运作,从而限制了企业资本增值的作用。正是为了克服信息管理的这些局限性,知识管理才成为关注的焦点,它是信息管理的发展和升华。

(2) 内涵的不同

信息管理的直接目标是对信息的处理,一切问题都是围绕信息的组织、控制和利用展开的,其目的是有效地满足社会的信息需求,信息管理是对信息流的控制。知识管理的核心问题在于强调知识创新,而不是吸收和占有多少知识,这是任何技术都无法实现的,也是信息管理和知识管理在内涵上的根本区别。

(3) 管理手段和方式不同

知识管理深化了信息技术的要求,在信息向知识转化的处理上,利用了数据挖掘、人工智能等先进技术。在数据库的存储与传播上,采用了数据仓库、语义网、网格技术。

知识管理是面向专业化和个性化的全方位管理。专业化是按照专业或课题领域来组织管理和实施服务,保证对用户问题和环境的确切把握,对用户决策过程的跟踪和服务。"个性化"是针对具体用户的具体问题和过程提供相应的知识服务,提高知识创新的能力。这是一种全方位的管理思想。

知识管理强调系统化的研究方法,把信息与人结合起来,有利于知识的发掘、传播和利用,从而保证知识的创造、共享和使用,并转化为集体智慧和创新能力。

知识管理引入了新的组织管理模式,信息主管的工作重点在信息和技术的利用上,而知识主管把工作重点放在推动知识创新和培育集体创造力上。

2) 两者的联系[2]

作为先后出现的两种管理理论,从信息管理发展到知识管理,遵循着人类社会自身的发展轨迹,也符合人类对信息问题认识深化的过程,因而两者之间也有

〔1〕 陈晰明.信息管理与知识管理的比较研究.情报科学,2003,(4):381~384
〔2〕 秦铁辉,徐成.信息资源管理与知识管理关系初探.情报科学,2005,(12):1765~1770

着千丝万缕的联系。从对两者产生背景的分析我们可以看出,知识管理是在人类不断积累着处理信息问题的经验教训的基础上被提出来的。由于社会的发展,企业处于非线性变化的环境中,为了适应环境,并在竞争中取胜,就必须依靠知识不断创新,在做好信息管理的同时提出如何实现创新的要求,这就是知识管理。

其次,信息管理先于知识管理而存在,它的理念和具体做法,不可避免地会影响到知识管理,从而为知识管理提供基础。信息技术也是知识管理的重要工具,例如,信息技术可以加快信息传递的速度,使各类信息有序化程度提高,对知识创新中的信息保障起着积极的作用。

最后,知识管理是信息管理的追求目标。知识管理重视对人的隐性知识的挖掘,也更加重视知识创新和提供解决问题的方案,这些都是信息管理所不能及的。信息管理和知识管理的最终目标都是为了提高组织的行动效力、保障企业的长远利益,知识管理在融合了信息管理的技术和内容的基础上使之日臻完善,因此,由信息管理向知识管理的发展是历史的必然选择,它昭示着人类文明的发展和进步。

8.2　知识管理的内容

知识管理并非"是给昨日的信息技术披上今日更加令人炫耀的时髦外衣",而是有其深刻的研究内容,其中主要归纳为以下方面。

8.2.1　知识的分类

依照知识的特性可以从不同的角度对知识分类。德国哲学家马克思·舍勒(Max Scheler)将知识划分为应用知识、学术知识和精神知识三大类。美国经济学家费里兹·马克卢普(Fritz Machlup)按照认识者的主观解释来分析知识的种类,认为知识包括五个方面的内容:实用知识、学术知识、闲谈和消遣知识、精神知识、不需要的知识(多余的知识)。后来,他还从科学的与历史的、一般抽象与特殊具体的、分析的与经验的、永恒的与暂时的角度,对知识的类别进行了分析,提出知识可分为世俗知识、科学知识、人文知识、社会科学知识、艺术知识、没有文字的知识(如视听艺术)。此外,还有人按照知识共享程度分为:个人知识、组织共享知识、组织受控知识和社会公共知识。

在对知识的分类研究中,经济合作与发展组织(Organization of Economic Cooperation and Development,OECD)1996 年提出了目前最权威和流行的分类。将"知识"归纳为四种类型:"知道是什么"(Know-what),即关于事实方面的知识,如我国在哪一年举办奥运会,这类知识通常被近似地称为信息;"知道为什么"(Know-why),即记载自然和社会的原理与规律方面的理论,通常是由专门科研机构创造的;"知道怎样做"(Know-how),指某类工作的实际技巧和经验,如保存于内部企业发展的诀窍或专业技术;和"知道是谁"或人力知识(Know-who),指知道谁有所需要的知识,这类知识更具隐蔽性。后来,美国学者查尔斯·萨维奇补充了OECD的知识分类,增加了"知识适用的场合"(Know-where)和"知识使用的时机"(know-when)两类。

如果从知识管理研究的需要来划分,野中郁次郎和竹内广隆在其合著的《知识创造型公司》中提到知识划分为显性知识和隐性知识得到更多研究知识管理专家的认同。

所谓显性知识,是指可以通过正常的语言方式传播的知识,典型显性知识主要是指以专利、科学发明和特殊技术等形式存在的知识,存在于书本、计算机数据库、CD ROM等中。显性知识是可以表达的,有物质载体的,可确知的。在OECD对于知识的四类划分中,关于Know-what和Know-why的知识基本属于显性知识。

所谓隐性知识,或称为"隐含经验类知识"(tacit knowledge),往往是个人或组织经过长期积累而拥有的知识,通常不易用言语表达,也不可能传播给别人或传播起来非常困难。例如,技术高超的厨师或艺术家可能达到世界水平,却很难将自己的技术或技巧表达出来从而将其传播给别人或与别人共享。隐性知识所对应的是OECD分类中关于Know-how和Know-who的知识,其特点是不易被认识到、不易衡量其价值、不易被其他人所理解和掌握。

显性知识和隐性知识的划分突破了过去人们对知识的认识,将还未经系统化处理的经验类知识给予了承认。如果说显性知识是"冰山的尖端",那么隐性知识则是隐藏在水面以下的大部分,它们虽然比显性知识难发觉,却是社会财富的最主要源泉。知识管理中的一个重要观点,就是隐性知识比显性知识更完善、更能创造价值,隐性知识的挖掘和利用能力,将成为个人和组织成功的关键。

8.2.2　知识的创新

知识的两种类型——隐性知识和显性知识是可以相互转化的,这种转化的过程正是知识的创新过程。日本学者野中郁次郎研究了组织中的知识创新的四种基本模式(《知识创新型企业》)。

(1)从隐性到隐性。有时,单个个体可以直接与其他个体共享隐性知识。例如,徒弟在拜师学艺时,通过观察、模仿和练习,掌握了师傅的隐性技能,把他们变成自身隐性知识的一部分。即徒弟被这种技能"潜移默化"了。

但是,这种"潜移默化"具有相当大的局限性。虽然徒弟能从师傅那里学习技能,但不管是师傅还是徒弟,都没有掌握技能背后的系统化的原理。他们所领会的知识从来都不能清楚地表述出来,因此很难被组织有效地综合利用。

（2）从显性到显性。单个个体也能将不连续的显性知识碎片合并成一个新的整体。例如,企业的审计师收集整个企业的信息,并将他们总结成一份财务报告。由于这份报告综合了许多不同来源的信息,所以它也是一种新知识。但是,这种"综合"并没有真正扩展公司已有的知识储备。

（3）从隐性到显性。如果在组织中,每个员工能清楚地表达出他掌握的技能,他就将头脑中的隐性知识转换成了显性知识,使它能够被组织的成员共同分享。同样,如果审计师不去编制一个传统的财务计划,而是利用多年的工作经验开发新的预算控制方法,这也是隐性知识显性化的过程。

（4）从显性到隐性。随着新的显性知识在整个企业内得到共享,其他员工开始将其内化,用来拓宽、延伸和重构自己的隐性知识系统。比如,审计师的建议改变了整个财务控制系统,其他员工开始应用这一系统,并逐渐将其视为工作资源和工具的必备之物。

这四种模式在知识创新型企业中普遍存在,而且发生着动态的相互作用,野中郁次郎称作知识螺旋,并且用一个生动的案例说明了这个过程。

1985年,大阪松下电器公司的开发人员在开发新型家用烤面包机的时候,遇到一个难题:怎样让面包机揉好面?他们绞尽脑汁,却无所收获,面包皮都烤糊了,里层还是生的。最后,软件专家田中郁子独辟蹊径:大阪国际饭店制作的面包享誉全大阪,为什么不研究研究它呢?于是,田中郁子拜国际饭店的首席面包师为师,研究和面技术。她观察到,这位面包师采用了一种独特的拉面团技术。在项目工程师们的紧密配合下,经过一年的反复试验,田中郁子终于确定了松下需要的设计方案,成功地模仿了首席面包师的拉面团技术,并烤出了同样美味的面包。最终,松下电器公司开发出独特的"揉面"技术,在此基础上生产的面包机大放异彩,上市仅一年,就改写了新品厨房器具的销售记录。在这个案例中,田中郁子正是进行了两种知识的转化过程。a. 她学到了面包师的隐性技能（潜移默化）。b. 她将这些秘诀转化成显性知识,并将它传授给小组和企业的其他人员（明示）。c. 开发小组将这种知识标准化,汇总到操作手册或工作手册中,并在产品设计中体现出来（组合）。d. 通过这个产品创新的经历,田中郁子及其小组成员丰富了自己的隐性知识（内化）。尤其是他们开始隐隐约约地明白,只有像家用面包机这样的产品,才真正谈得上品质卓越,因为它做出来的面包就像专业面包师做的一样香甜可口。这就又开始了一次知识螺旋运动,只不过这一次的起点更高。在家用面包机设计过程中取得的关于真正品质的隐性知识,被非正式地传递给松下电器公司的其他员工,这些员工又运用这种隐性知识来制定其他产品（无论是厨房用具、视听设备,还是白色家电）的质量标准。这样一来,整个组织的知识基础便拓宽了。

8.2.3　知识的处理

知识管理也是一个遵循生命周期特性的过程,这个过程中首先是新知识的产生并被发现,随后知识被组织,最后新知识被应用,完成了一个周期。我们将这个过程中的三个阶段分别称为知识的获取、知识的组织和知识的应用。

1）知识的获取

新的知识不会突然产生,总是要再前人的基础上进行,实现知识管理的第一步是要获取大量的相关知识。最具代表性的知识获取工具就是搜索引擎。

互联网技术的发展将人类获取知识的能力带到了一个崭新的阶段。但人们也逐渐发现自己被淹没在信息的海洋中,显得无所适从。虽然搜索引擎不能直接给人们带来知识,但是它们却提供了知识的存放位置,给人们提供了知识的原材料——丰富的信息。而随着搜索引擎的技术发展,有些搜索引擎具有初步的智能,它能够根据用户输入的关键字,实现模糊检索,并且能根据用户对各搜索结果的使用频率,自动更新搜索结果。

互联网上的搜索引擎是企业获取外部知识的重要工具,现在已经有不少成熟的软件支持企业内部知识的获取。Lotus Notes R5 提供的搜索器,能够在Notes 文档中实现高效率的全文检索,并且能够实现检索条件的任意组合,使用户能够迅速地查找需要的资料。Lotus Notes R5 还整合了互联网搜索引擎和专家搜索器,使用户在 Notes 的环境下也能方便获取其他资源。

数据挖掘技术也是一种常用于知识获取的工具。数据挖掘,也可称为数据库中的知识发现(Knowledge Discovery in Database, KDD),是从大量的、不完全的、有噪声的、模糊的、随机的数据中提取出可信、新颖、有效并能被人理解的模式的高级处理过程。数据挖掘所能发现的知识有如下几种:广义型知识——反映同类事物共同性质的知识;特征型知识——反映事物各方面的特征知识;差异型知识——反映不同事物之间属性差别的知识;关联型知识——反映事物之间依赖或关联的知识;预测型知识——根据历史的和当前的数据推测未来数据;偏离型知识——揭示事物偏离常规的异常现象。所有这些知识都可以在不同的概念层次上被发现,随着概念树的提升,从微观到中观再到宏观,以满足不同用户、不同层次决策的需要。例如,从一家超市的数据仓库中,可以发现的一条典型关联规则可能是"买面包和黄油的顾客十有八九也买牛奶",也可能是"买食品的顾客几乎都用信用卡",这种规则对于商家开发和实施客户化的销售计划和策略是非常有用的。至于发现工具和方法,常用的有分类、聚类、模式识别、可视化、决策树、遗传算法、不确定性处理等。

2）知识的组织

已获得的领域知识形式化地加以描述、存储,使系统能有效地利用这些知识,这个过程称为知识的组织。知识管理中常常应用以下知识组织技术。

① 知识地图

知识地图是用于帮助人们知道在哪儿能够找到知识的知识管理工具。对企业知识管理而言,知识地图协助使用者快速且正确地找到所欲寻找的知识之来源,再据此获得所需的知识。知识地图仅指出知识的所在位置或来源,并不包含知识的内容,其连接的节点包括了人员、程序、内容以及其间的关系。总而言之,知识地图的主要功能在于,当我们需要某项专业知识时,可以通过知识地图的指引,找到所需的知识,而不用满足于一些容易取得,但不完善的知识,或是耗费时间去追踪更好的知识来源。

知识地图有不同的类型。概念型知识地图最常见于一些网站分类,知识以分类方式呈现,将知识分门别类的进行归类,各个类别之间并没有从属关系,实际上这种知识地图更多的是信息的组织。职能型知识地图将知识以等级方式呈现,知识的形态和来源以专家知识为主,主要应用在组织机构图的绘制中,描绘了哪方面知识被组织中哪些人员拥有。流程图型知识地图中知识的形态和来源包含了显性知识、内隐知识以及专家经验,呈现了流程之间的顺序关系。如果用户对某一流程有疑问时,可以根据知识地图找到相关的文件(显性知识)或解决专家(隐性知识)。图 8.1 中展示了某公司的职能型知识地图。

图 8.1 中显示该业务部门由一位业务经理带三位业务员和客服人员所组成,并还有一位外聘的法律顾问。从这张地图中,我们可以知道业务部门的知识资产有哪些? 而这些知识资产为哪些员工所有。如果业务经理需要一位熟悉外语能力的业务员去国外接洽业务时,便可以很快地从知识地图中找到业务员 B。

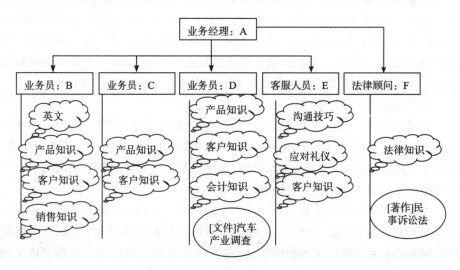

图 8.1　某公司的职能型知识地图

② 语义网

语义网(Semantic Web)是一个由万维网联盟的蒂姆·伯纳斯—李(Tim Berners-Lee)在 1998 年提出的一个概念。语义网来源于人类联想记忆的心理学假设模型,它由节点和连接节点的弧(有向边)组成,其中节点表示领域中事物、概念、属性及知识实体等,弧表示所连接节点之间的语义联系。语义网具有下列特点:能把实体的结构、属性与实体间的因果关系显式地和简明地通过相应的节点弧线推导出来;由于与概念相关的属性和联系被组织在一个相应的节点中,因而使概念易于受访和学习;表现问题更加直观,更易于理解,适于知识工程师与领域专家沟通。目前,语义网理论已经突破传统超文本缺乏明确标记的弱点,以资源间的关联性为主轴,尝试建立一套更具结构性的知识展现架构。如图 8.2 是一个语义网的例图。

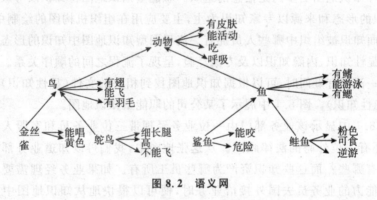

图 8.2 语义网

但是,语义网络结构的语义解释依赖于该结构的推理过程而没有结构的约定,因而得到的推理不能保证一定有效;节点间的联系可能是线状、树状或网状,甚至是递归状的结构,使相应的知识存储和检索可能需要比较复杂的过程。所以,当前的语义网的主要缺陷是难以形成完整正式的语义,对于展现的网络结构也缺乏一致性。还需要借助其他机制与方式来改善实际应用上的困难。

③ 主题地图[1]

主题地图是一种类似于语义网的知识表示模式,它结合了传统索引、图书馆学与人工智能等领域的优点,在资源世界中,犹如 GPS 般提供定址与联结功能,可以有效地组织知识以利于探索、推理、解决大量无序资源所带来的问题。它是一项结合了知识工程和资源组织的新技术。

主题地图包括三个要素:T(Topic)是主题,A(Associations)是关联,O(Occurences)是资源指引。TAO 以主题描述知识结构及其关联性,主题又可以被对应到其他主题或现实世界中的实体,而资源指引则是指引导一个属于该主题

---

〔1〕 胡亚军,刘鲁红.知识组织的几种主要方法.中国信息导报,2005,(12)

资源的可识别载体。例如,人,哺乳动物、动物分别都是主题。就"人"这一主题而言,其资源指引可以链接到某人的出生证明、结婚证书、出版著作、个人网页或一小段简介文字。关联显示了主题之间的语义关系,如"罗贯中"和"三国演义"之间具有"写作"关系。

从本质上看,主题地图以主题作为基本素材,利用关联建立主题间的关系,并利用范围限制名称、资源指引和关联的有效范畴,这就是最基本的主题地图。图8.3是意大利歌剧主题图。

图8.3　意大利歌剧主题图

意大利歌剧主题图是由挪威 Ontopia 软件公司开发的,其主页为 http://www.ontopia.net/operamap/index.jsp。意大利歌剧主题图包含了28个国家的150个著名的古典歌剧。这个主题图基本上分为7个主题,即歌剧、作曲家、歌词作者、作者、剧院、城市和地区、国家。在国家主题中,可以看到中国和北京。在中国和北京下都可以看到歌剧图兰朵。点击图兰朵链接,可以看到相关内容,如该歌剧发源于北京,首次在意大利公演是1926年4月25日,在米兰的斯卡拉歌剧院。此外还有剧中人物、著名唱段、剧情简介、歌曲片段、其他网页等介绍的关联和链接。

④ 本体(Ontology)

Gruber1993年给出了一个比较著名、有影响力的本体定义"本体是一个概念模型的明确的规范说明"。它是一个规范的、得到公认的描述,Ontology 中的词(概念或类)于某一学科相关。由于本体具有明确地详述语意和关系的语言表达能力,所以被应用到许多领域。前面介绍的主题地图虽然也能处理概念的关联问题,但是一个无方向性的相关关系,并且没有定义何种相关关系,故使用上相对局限。本体则可作为知识表达的基础,避免进行重复的领域知识分析,且由于统一的术语和概念可达成知识共享的目的。

本体组织知识的特征是,在简单情况下,本体只描述概念的分类层次结构,在复杂情况下,本体在概念分类层次的基础上,加入一组合适的属性、关系来表示概念间的其他关系,约束概念的内涵解释。完整的本体一般都具备概念、关系、函数、公理和实例这 5 个基本元素。本体作为一种能在语义层次上描述知识的概念模型,具有良好的概念层次结构和对逻辑推理的支持能力。

在本体研究中,以描述某一领域的本体研究受到广泛的关注,在医学、企业、学科、数字图书馆、历史等领域都有相应的本体成果出现。如图 8.4 为中国民族音乐领域本体的一个片断[1]。

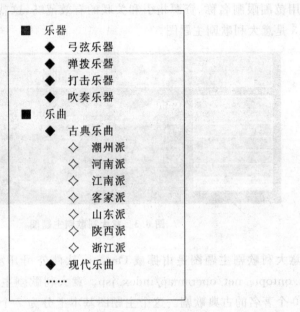

■ 乐器
◆ 弓弦乐器
◆ 弹拨乐器
◆ 打击乐器
◆ 吹奏乐器
■ 乐曲
◆ 古典乐曲
◇ 潮州派
◇ 河南派
◇ 江南派
◇ 客家派
◇ 山东派
◇ 陕西派
◇ 浙江派
◆ 现代乐曲
……

图 8.4　中国民族音乐领域本体的一个片断

3) 知识的应用

知识的管理的主要作用是促进知识的有效应用,因而有关知识的应用模式及方法也在不断探讨中。有四种应用知识的方法被提出,分别为中介化、外化、内化和认知。这四种方法与知识的形态转换(即显性知识与隐性知识的相互转换)有直接的联系。

(1) 中介化

中介化是知识与人群的联系。中介化指的是一种信息经纪行为,即将寻求某种知识的人与能够提供这种知识的人撮合起来,从而为知识使用者"匹配"一个最佳的个人知识提供者,即卖方。有两种常见的中介类型,即同步的与异步的。

异步的中介作用发生在外化和内化不在同一时间产生的情形。在组织的某个部门提出对某种知识的需求之前,知识通常存放在知识库中。当知识使用者

〔1〕 薛云,叶东毅等.基于《中国分类主题词表》的领域本体构建研究.情报杂志,2007,(3)

需要那种知识时,就会对知识库进行搜索,并提取该种知识。这种方法尤其适用于显性知识的应用。

同步的中介作用发生在外化和内化同时产生的情形。此时的知识是在未被储存的情况下转移的,亦即知识使用者和知识提供者是在直接交流中实现交易的。这种交易对中介的挑战是需要具备充分的直觉和及时的处理能力。这种方法在隐性知识转换中较常见。

（2）外化

外化是知识与知识的联系。它指的是在外部储存器捕获知识,并按照某种分类框架或事物的本体来利用知识的过程。知识管理系统好比是一个生态系统,不能长时间只消耗、不补充资源。因而外化涉及两个重要过程:适当的在储存器中捕获与存储知识和知识的分类与组织。

知识的获取与储存可以采取数据库、文件或录像带的形式。知识的储存方式应当适应于被储存的知识类型。如数据库适应于结构化的知识,而对于非结构化的知识以文件方式为佳,可视化的知识最好保存在录像带中。知识的分类与管理是外化过程中的难点,不管采用何种分类方式,都希望达到为知识使用方提供易于吸收的知识。在此情况下,知识地图或知识结构图将作为知识搜寻的助手。

（3）内化[1]

外化是从组织外部广阔的知识海洋中捕获对本组织有用的知识、发现组织内部存在的各种知识特别是隐性知识并进行集成以利于传播,内化则是设法发现与特定消费者的需求相关的知识结构。在内化的过程中,通过过滤来发现企业知识库中与知识寻求者相关的知识,并把这些知识呈现给知识需求者。内化能帮助研究者就某一问题或感兴趣的观点进行沟通。在内化的高端应用软件中,提取的知识可以以最适合的方式来进行重新布局或呈现。文本可以被简化为关键数据元素,并以一系列图表或原始来源的摘要方式呈现出来,以此来节约知识使用者的时间,提高使用知识的效率。

（4）认知

认知是经由前三个方式交换得出的知识的运用。现有技术很少能实现认知过程的自动化,通常都是采用专家系统或使用人工智能技术,并据此作出决策。认知是内部和外部响应的非常主动的形式。就最简单的形式而言,认知是通过运用经验来对前所未遇的事件、机遇或挑战确定最适合的结果。例如,一家保险公司确定顾客的赔偿案是应当打官司还是赔偿,一般是根据近似的情形自动决策。

〔1〕 张润彤,朱晓敏.知识管理学.北京:中国铁道出版社,2002:18～19

8.3 知识管理研究中的热点领域

8.3.1 知识门户

　　门户技术是为解决网络时代"信息孤岛"问题而诞生的一个新概念,互联网作为海量信息的平台,客观上需要有一种机制,可以提供各种信息的有效集中及基于 Internet 的统一访问机制,从而方便人们获取有价值的高效的信息服务。再者从应用来看,许多组织中都已有各种应用系统和以数据库、文档等形式存储的信息资源,这些资源往往条块分割,分散维护成本昂贵,需要将现有的资源加以整合,集成到一个统一的平台。这一切,催生了门户技术的产生和发展。

　　门户可以这样理解,它是针对特定用户群体和领域的 Web 站点,能够提供的服务包括:内容聚合、发布与用户相关的信息、相互协作和团体服务、个性化信息服务或应用访问等功能的集合,而用户通过门户可以访问到多种异构数据源,包括关系数据库、多维数据库、文档管理系统、电子邮件系统、新闻和各种文件系统。正是这些特色服务功能使门户网站区别于一般的网站,例如当用户链接到组织所收集的关于它的某些信息时,门户需要该用户提供一个标记用于验证该用户身份的合法性,同时门户还可以对这些信息进行相应的裁剪来适应某个用户的需要。

　　从门户的类型来看,企业有从多种来源收集信息并为所有与企业有关的人提供相关的信息与服务的企业门户;有政府部门为公众与政府工作人员快捷的获得所有相关政府部门的业务应用、组织内容与信息的政府门户;还有让用户可以创建一个个性化的网站,并将各种信息内容和 Web 服务整合在一起的个性化信息门户,如 My Yahoo!,My MSN,及 Google 的个性化主页等。从门户的发展历程来看经历了 Internet Web 门户、Intranet Web 门户到信息门户和知识门户的进化过程。特别是在知识管理中,知识门户成为主要实现手段。

　　知识门户融和了计算机技术、网络技术、人工智能的应用,建立了用户与知识之间的联系,通过提供个性化和自适应的交互手段,帮助用户方便地找到需要的知识或知识载体(如专家)并与之交流。它集成已有的应用和技术,帮助用户主动发现知识,或通过分析用户的使用习惯和兴趣,向用户推荐相关知识或知识载体。其主要功能是管理和组织相关知识资源,自动寻找这些资源的关联关系,为用户提供快捷准确的知识导航和交互环境。

　　下面以知识门户在企业知识管理中的应用为例,说明企业知识门户的主要功能和结构。如图 8.5 是深圳市蓝凌管理咨询支持系统有限公司提出的一个比较完整的企业知识门户解决方案,并成功地应用于许多公司的知识门户项目。(http://www.landray.com.cn/)

图 8.5 蓝凌知识门户解决方案

知识门户解决方案由统一数据服务层、核心服务层、KM 应用层及门户接入组成,其中:数据服务层负责文档等非结构化数据、业务等结构化数据,内外部信息的存储、访问与控制,向上提供统一的服务接口;核心服务层提供系统底层服务构件,如流程引擎、内容管理等,提供可重用性;KM 应用层实现 KM 各应用功能,并以统一的知识门户形式展现。

知识门户的主要功能是:(1) 应用与数据集成。针对企业信息可能以多种数据格式保存,知识门户必须提供足够的信息检索、信息共享能力。知识门户使用一个 Web 浏览器界面,既简单又实用有效。所有的用户都可以通过单一的界面即企业的主页访问他们需要的信息。对于企业应用系统来说,这是一种瘦客户端的应用模式,系统维护只需在后台服务器上进行,可以快速升级,既降低了维护费用,又方便了用户使用。(2) 知识分类与内容管理。信息抽取、分类意味着从门户内各种信息源自动取出元数据,并能帮助用户识别各种信息之间的关系。信息只有通过抽取和分类,才能进行共享和传播。知识门户通过对已有应用系统的集成,可以使用户通过单一的渠道访问所有信息。这种集成不是简单地在页面上增加网页链接,而是通过集成化的方法把原有应用通过一个核心组件服务器集成在一起,来获取其他应用系统中的相关数据和信息。(3) 个性化。通过知识门户接口展示的信息可加以定制(即个性化),为不同角色的用户提供个性化服务。这种个性化特点节省了用户的时间,并提供了安全保证,因为它们只能看到那些他们感兴趣的或他们有权限访问的信息。例如,经理可以快速地处理当天的紧急信息,而商业分析者们在作诸如详细的财务或供应链优化分析时可以挖掘不同层次的信息。(4) 系统管理集成。门户系统使用统一的账户管理,借助目录服务系统使得采用一致的用户账户和密码,一次登录企业所有的信息系统,包括知识管理系统。门户系统利用权限的控制和个性化的知识展示,使得企业面向内部员工、合作伙伴、客户采用一致的信息门户和登陆场所,提供集成化的信息服务。

8.3.2　知识网格

2001 年 9 月,美国《福布斯》杂志的科技版发表了一组文章,预告一种叫做"网格"的技术将引领信息技术的下一波浪潮,并预测到 2020 年,它将带动信息产业产生 20 万亿美元的产值。网格的出现引起许多国家的普遍重视,被誉为"互联网发展的第三次浪潮",也是目前网络技术发展的最前沿阵地。网格是一种不同于当前互联网的基础设施,它的基本理念是:不再关注单个网站和与互联网连接的单个设备,而是试图实现互联网上所有资源的全面连通,包括计算资源、存储资源、通信资源、软件资源、信息资源、知识资源等。概括来讲,网格就是把整个互联网整合成一台巨大的超级计算机,其根本特征在于实现资源共享,消除资源孤岛。一个形象的比喻说明网格技术下人们使用网上资源就像是使用电一样,任何满足网格接入标准的任何设备能在任何时间任何地点插入网格,用户能任意按照指定方式使用。

网格作为网络技术发展的前沿科学,能为知识管理提供各种应用平台。网格技术应用于组织的知识获取、知识组织、知识创新过程中,将全面提高知识管理的效率。网格可分为计算网格、信息网格和知识网格。计算网格用于高性能的科学计算领域,信息网格向用户提供随手可得的信息,实现信息的无障碍交换。知识网格则为用户提供全面的知识服务,是知识管理变革的新动力。

美国学者 F. Berman2001 年首次提出了知识网格这一概念,指出知识网格的主要研究内容是利用网格、数据挖掘、推理等技术从大量在线数据集中抽取和合成知识,使搜索引擎能够智能进行推理和回答问题,并从大量数据中得出结论。几乎与此同时,我国学者诸葛海也研究了知识网格并认为知识网格是一个智能互联环境,它能使用户或虚拟角色有效地获取、发布、共享和管理知识资源,并为用户和其他服务提供所需要的知识服务,辅助实现知识创新、协同工作、问题解决和决策支持。它包含了反映人类认知特性的认识论和本体论;应用社会、生态和经济学原理;采纳下一代互联网所使用的技术和标准。从定义中,可以看出知识网格有以下五个不同于其他技术的特征:

第一,人们能够通过单一语义入口获取和管理全球分布的知识,而无需知道知识的具体位置。第二,全球分布的相关知识可以智能地聚合,并通过后台推理与解释机制提供按需的知识服务。达到这个目标的方法之一是知识提供者提供元知识。统一的资源管理模型将有助于实现知识服务的动态聚合。第三,人或虚拟角色能在一个单一语义空间映射、重构和抽象的基础上共享知识及享用推理服务,在其中相互理解没有任何障碍。知识网格使得知识共享更加普适。第四,知识网格应能在全球范围搜索解决问题所需的知识,并确保合适的知识集。第五,在知识网格环境中,知识不是静态存储的,它能动态演化而保持常新。这意味着知识网格中的知识服务在使用过程中可以不断自动演化改进。

知识网格主要研究五个问题:一是知识获取与知识表示的理论、模型、方法和机制;二是知识的可视化和创新;三是在动态虚拟组织间进行有效的知识传播和知识管理;四是知识的有效组织、评估、提炼和衍生;五是知识的关联和集成。知识网格的发展将带来知识管理的变革,它集人类当前全部知识为一体、合理组织、表述和谐的、动态生长的网络知识集成系统,利用计算机网络通过信息集成和知识集成来实现知识的合理组织和动态生长,从而实现知识产生、传播和应用的总体最优化。知识网格相对于传统的知识管理将产生极大的知识增值,从而大大推进人类对知识的利用,促进对新知识的创造,推动知识产业的重大发展。

8.3.3 商务智能

商务智能是企业在知识管理活动中兴起的一个前沿领域。这个概念最早是由 Gartner Group 的 Howard Dresner 于 1996 年提出来的,他将商务智能定义为一类由数据仓库(或数据集市)、查询报表、数据分析、数据挖掘、数据备份和恢复等部分组成的、以帮助企业决策为目的的技术及其应用。IBM 认为商务智能是一系列由系统和技术支持得以简化信息收集、分析的策略的集合,它应该包括企业需要收集什么信息、谁需要去访问这些数据、如何把原始数据转化为最终导致战略性决策的智能、客户服务和供应链管理。简言之,商务智能是能够帮助用户对自身业务经营做出正确明智决定的工具。一般现代化的业务操作,通常都会产生大量的数据,如订单、库存、交易账目、通话记录及客户资料等。如何利用这些数据增进对业务情况的了解,帮助企业人员在业务管理及发展上作出及时、正确的判断,也就是说,怎样从业务数据中提取出有用的信息和知识,然后根据这些信息和知识采取明智的行动,这就是商务智能的任务。

商务智能的技术体系主要由数据仓库(DW)、在线分析处理(OLAP)以及数据挖掘(DM)三部分组成。数据仓库是商务智能的基础,许多基本报表可以由此生成,但它更大的用处是作为进一步分析的数据源。所谓数据仓库(DW)就是面向主题的、集成的、稳定的、不同时间的数据集合,用以支持经营管理中的决策制定过程。多维分析和数据挖掘是最常听到的例子,数据仓库能供给它们所需要的、整齐一致的数据。在线分析处理(OLAP)技术则帮助分析人员、管理人员从多种角度把从原始数据中转化出来、能够真正为用户所理解的、并真实反映数据维特性的信息,进行快速、一致、交互地访问,从而获得对数据的更深入了解的一类软件技术。数据挖掘(DM)是一种决策支持过程,它主要基于人工智能、机器学习、统计学等技术,高度自动化地分析企业原有的数据,做出归纳性的推理,从中挖掘出潜在的模式,预测客户的行为,帮助企业的决策者调整市场策略,减少风险,做出正确的决策。

商务智能和知识管理有着相似的地方,例如两者最终处理的都是知识,而且都强调知识的形成受到企业文化和人的影响。但是两者也有区别,知识管理中的知识主要来源于人,商务智能中的知识来源于数据,它是经过分析产生的知识;商务智能看重的是分析数据的技术,知识管理侧重管理和利用知识,然而,在内容获取和显示方面都依赖共有终端技术。[1]

〔1〕 周谨.我国商务智能研究.现代管理科学,2007,(4):44～46

主要参考书目

1　孟广均等. 信息资源管理导论. 北京:科学出版社,2008

2　马费成等. 信息资源管理. 北京:高等教育出版社,2006

3　马费成等. 信息管理学基础. 武汉:武汉大学出版社,2002

4　[美]麦迪·克斯罗蓬主编;沙勇忠等译.信息资源管理的前沿领域.北京:科学出版社,2005

5　黄重阳.信息资源管理.北京:中国科学技术出版社,2001

6　钟佳桂.信息资源管理.北京:人民大学出版社,2008.6

7　程刚.现代企业信息管理创新(第1版).合肥:合肥工业大学出版社,2005.12

8　王鲁滨等.现代信息管理.北京:经济管理出版社,2005.11

9　王雅丽.网络信息资源管理.北京:经济管理出版社,2008.1

10　王景光.信息资源管理.北京:高等教育出版社,2002

11　岳剑波.信息管理基础.北京:清华大学出版社,1999

12　邹志仁.信息学概论.南京:南京大学出版社,1996

13　柯平等.信息管理概论.北京:科学出版社,2002

14　钟守真等.信息资源管理概论.天津:南开大学出版社,2000

15　谢阳群.信息资源管理.合肥:安徽大学出版社,1999

16　霍国庆.企业战略信息管理.北京:中国科学出版社,2001

17　黄梯云.管理信息系统.北京:高等教育出版社,2000

18　[美]瑞芒德·麦克劳德,乔治·谢尔.管理信息系统——管理导向的理论与实践.北京:电子工业出版社,2002

19　卢泰宏.国家信息政策.北京:科学技术文献出版社,1993

20　[美]斯蒂芬.哈格,梅芙.卡明斯等.信息时代的管理信息系统.北京:机械工业出版社,2000

21　[美]罗伯特.斯库塞斯,玛丽.萨姆纳.管理信息系统.大连:东北财经大学出版社,2000

22　[美]肯尼思.C.兰登,简.P.兰登.管理信息系统精要.北京:经济科学出版社,2002

23　甘仞初.管理信息系统.北京:机械工业出版社,2001

24　李东.管理信息系统.北京:北京大学出版社,1998

25 薛华成. 管理信息系统. 北京：清华大学出版社，1999

26 刘积仁等. 软件开发项目管理. 北京：人民邮电出版社，2002

27 琳达. M. 阿普盖特. 公司信息系统管理. 大连：东北财经大学出版社，2000

28 罗超理等. 管理信息系统的原理与应用. 北京：清华大学出版社，2002

29 仲秋雁等. 管理信息系统. 大连：大连理工大学出版社，2001

30 甘仞初. 信息资源管理. 北京：经济科学出版社，2000

31 ［美］凯西. 施瓦尔贝. IT项目管理. 北京：机械工业出版社，2002

32 ［美］杰克. 吉多等. 成功的项目管理. 北京：机械工业出版社，1990

33 中国项目管理研究委员会. 中国项目管理知识体系与国际项目管理专业资质认证标准. 北京：机械工业出版社，2001

34 李国纲. 管理信息系统. 北京：中国人民大学出版社，1993

35 汪应洛. 系统工程理论方法与应用. 北京：高等教育出版社，1992

36 马张华. 信息组织. 北京：清华大学出版社，2001

37 储节旺等. 信息组织原理、方法和技术. 合肥：安徽大学出版社，2002

38 周宁. 信息组织. 武汉：武汉大学出版社，2001

39 倪晓建. 信息加工. 武汉：武汉大学出版社，2001

40 张琪玉. 情报语言学基础. 武汉：武汉大学出版社，1997

41 刘嘉. 网络信息资源的组织——从信息组织到知识组织. 北京：北京图书馆出版社，2002

42 孙建军. 网络信息资源搜集与利用. 南京：东南大学出版社，2000

43 张晓林. 元数据研究与应用. 北京：北京图书馆出版社，2002

44 罗式胜. 文献计量学概论. 广州：中山大学出版社，1994

45 孙建军. 文献情报计量理论和方法. 南京：南京大学出版社，1994

46 张进. 计算机信息检索软件设计原理. 武汉：武汉大学出版社，1994

47 苏新宁. 信息传播技术. 南京：南京大学出版社，1998

48 苏新宁. 信息技术及其应用. 南京：南京大学出版社，2002

49 赖茂生. 计算机情报检索. 北京：北京大学出版社，1993

50 何晓萍等. 信息检索. 北京：海洋出版社，2002

51 肖明. 信息资源管理. 北京：电子工业出版社，2002

52 华薇娜. 网络学术信息资源检索与利用. 北京：国防工业出版社，2002

53 黄梯云. 管理信息系统. 北京：高等教育出版社，2001

54 琳达. M. 阿普盖特. 公司信息系统管理. 沈阳：东北财经大学出版社，2000

55 谭祥金，党跃武. 信息管理导论. 北京：高等教育出版社，2000

56 郑慕琦. 管理科学概论. 北京：科学技术文献出版社，1991

57 胡昌平. 管理学基础. 武汉：武汉大学出版社，2002

58 徐国华等. 管理学. 北京：清华大学出版社，1998

59 国家科委科技政策局.软科学的崛起.北京:地震出版社,1988
60 张国良.传播学原理.上海:复旦大学出版社,1995
61 石庆生.传播学原理.合肥:安徽大学出版社,2001
62 德鲁克等著;杨开峰译.知识管理.北京:中国人民大学出版社,1999
63 张润彤,朱晓敏.知识管理学.北京:中国铁道出版社,2002
64 托马斯·H·达文波特,劳伦斯·布鲁赛克著.营运知识.南昌:江西教育出版社,1999